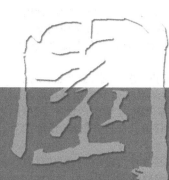

GAOZHI GAOZHUAN

YUANYI ZHUANYE XILIE GUIHUA JIAOCAI 高职高专园艺专业系列规划教材

食用菌生产技术

SHIYONGJUN SHENGCHAN JISHU

主　编　张瑞华　张金枝

副主编　安福全　于囡囡　迟全勃

U0216086

重庆大学出版社

内容提要

本书根据我国现阶段高职高专特点、人才培养目标及园艺专业教学基本要求,为适应高职高专"食用菌生产技术"课程的教学需要,按照高职高专工学结合教学模式基本要求,以培养高等职业技术应用型人才为目标,以培养食用菌制种、灭菌、接种及栽培技术为基础,按工学结合、项目教学法以及任务驱动法编撰而成。

本书兼顾南北方传统栽培及工厂化栽培技术,共分为 4 个项目,重点介绍了平菇、香菇、金针菇、双孢菇、草菇、鸡腿菇、黑木耳、灵芝、滑子菇、杏鲍菇、秀珍菇的生物学特性、主要栽培品种以及实用和新的栽培技术;阐述了食用菌的价值及发展概况、形态、分类及生活史、生理生态、消毒灭菌、主要生产设备、菌种生产及病虫害识别及防治等方面的知识。每个项目设有项目学习设计,每个任务设有任务资讯、任务工单以及思考练习题。每个项目后设置了需要学生重点掌握的实训内容。

本书不仅适合高职高专院校农艺、园艺、资源与环境、林学、种植、微生物、生物学专业教材,而且对农林大中专院校的师生、科研院所的技术人员、食用菌生产经营者及爱好者有较高的参考价值。

图书在版编目(CIP)数据

食用菌生产技术/张瑞华,张金枝主编. —重庆:重庆大学出版社,2014.8(2023.8 重印)

高职高专园艺专业系列规划教材

ISBN 978-7-5624-8410-3

Ⅰ.①食… Ⅱ.①张…②张… Ⅲ.①食用菌—蔬菜园艺—高等职业教育—教材 Ⅳ.①S646

中国版本图书馆 CIP 数据核字(2014)第 151785 号

食用菌生产技术

张瑞华 张金枝 主 编

策划编辑:屈腾龙

责任编辑:陈 力　　版式设计:屈腾龙
责任校对:谢 芳　　责任印制:赵 晟

*

重庆大学出版社出版发行

出版人:陈晓阳

社址:重庆市沙坪坝区大学城西路 21 号

邮编:401331

电话:(023)88617190　88617185(中小学)

传真:(023)88617186　88617166

网址:http://www.cqup.com.cn

邮箱:fxk@cqup.com.cn(营销中心)

全国新华书店经销

POD:重庆新生代彩印技术有限公司

*

开本:787mm×1092mm　1/16　印张:14.25　字数:357千

2014 年 8 月第 1 版　　2023 年 8 月第 2 次印刷

ISBN 978-7-5624-8410-3　定价:36.00 元

    食用菌产业是新型生态型高效农业,是振兴地方经济,使农民增收的重要产业。在国家实施的"星火计划""扶贫计划"和"菜篮子工程"中,食用菌项目均占有较重要地位。我国虽是世界生产大国,但并不是世界生产强国,要尽快实现生产强国的目标,需要大量高素质技术型人才作为支撑。行业人才的需求是我国高等职业教育培养人才的标准,实用、适用的教材是实现培养"高等技术应用型人才"的有效载体之一。

    鉴于行业发展和高职人才的培养需求,重庆大学出版社组织了全国多所高职院校从事食用菌教学、生产、科研一线工作的教师编写了本书。本书主要由4个项目、23个任务、8个实训组成。项目1为生产设计,主要介绍了食用菌生产的基础知识,包括食用菌价值及产业发展概况、形态结构、分类及生活史、生理生态;项目2为菌种生产,主要介绍了食用菌菌种生产设备、消毒灭菌、菌种培养基配制、接种、培养及质量鉴定、菌种保藏及复壮;项目3为栽培生产,主要介绍了11种不同食用菌生产技术;项目4为食用菌病虫害识别及防治。

    本书由张瑞华,张金枝担任主编。教材编写分工如下:潍坊职业学院张瑞华(前言,任务1.1,任务2.1、2.2,任务3.1、3.3、3.4、3.6,任务4.1、4.2、4.3,实验实训指导3、4、7、8);新疆农业职业技术学院张金枝(任务1.2,任务2.3,任务3.5、3.7、3.8、3.11,实验实训指导1、2);云南临沧师范高等专科学院安福全(任务1.3,任务3.9、3.10);北京农业职业学院迟全勃(任务2.4、2.5、2.6);张瑞华、迟全勃(任务3.2)、潍坊职业学院于囡囡(实验实训指导5、6)。本书经新疆农业职业技术学院张金枝、辽宁农业职业技术学院唐伟、山东保益生物科技股份有限公司单伟坤等审稿后,由张瑞华定稿。

    由于编者水平有限,不足之处在所难免,恳请读者批评指正。

编 者

2014 年 5 月

目 录
Contents

项目1 **生产设计**

项目教学设计

学习项目名称	生产设计
任务名称 1.1　食用菌价值及其产业发展概况 1.2　食用菌的形态结构、生活史及分类 1.3　食用菌的生理生态	教学方法和建议： 　1.通过任务教学法实施教学,实施场所为实验实训室、实训基地等。 　2.将生产设计分成3个工作任务单元,每个工作任务单元按照"资讯—决策—计划—实施—检查—评价"六步法来组织教学,学生在教师指导下制订方案、实施方案、最终评价学生。 　3.教学过程中体现以学生为主体,教师进行适当的讲解,并进行引导、监督、评价。 　4.教师提前准备好各种媒体学习资料、任务工单、教学课件,并准备好教学场地。
学习目标	能辨认常见食用菌的种类。 区分一级菌丝和二级菌丝、内菌幕和外菌幕。 辨认菌索、菌核的外部形态。 明确食用菌生长所需的营养物质及其对食用菌的作用。 掌握生产中常见食用菌的生理类型。 熟记碳源、氮源、生长因子、碳氮比的基本概念。 明确生产中木生菌、粪草生菌、土生菌的几种常见种类。 掌握食用菌生长对环境条件的需求规律。 明确各种环境条件对食用菌生长的影响。 了解食用菌与其他生物的相互关系和影响。
教师所需的执教能力	熟悉国内外食用菌产业发展的概况及前景;熟悉食用菌的形态结构与分类;熟悉食用菌的生理生态并与食用菌栽培的相关问题联系起来;能根据教学法设计教学情境;能够按照设计的教学情境实施教学

任务 1.1　食用菌价值及其产业发展概况

工作任务单

项目1　生产设计	姓名：	第　组
任务 1.1　食用菌价值及其产业发展概况	班级：	

工作任务描述：
　　了解食用菌的营养价值和药用价值,熟悉食用菌生产现状及发展趋势。

任务资讯：
　　1.食用菌有何经济价值?
　　2.食用菌的发展前景如何?
　　3.你所在地的食用菌生产现状如何? 有哪些有利及不利的发展条件?
　　4.试分析我国食用菌生产的有利因素及限制因素。

具体任务内容：
　　1.根据任务资讯获取学习资料,并获得相关知识。
　　(1)食用菌的界定、经济价值;
　　(2)食用菌产业现状及发展趋势。
　　2.根据学习资料制订工作计划。
　　3.各组根据调研情况,写出关于食用菌发展现状及趋势的调研报告。

考核方式及手段：
　　1.考核方式:
　　教师对小组的评价、教师对个人的评价、学生自评相结合,将过程考核与结果考核相结合。
　　2.考核手段:
　　笔试、口试、调研报告等方式。

任务相关知识点

　　食用菌是营养丰富、味道鲜美、强身健体的理想食品,也是人类的三大食物之一;同时,它还具有很高的药用价值,是人们公认的高营养保健食品。栽培食用菌,原料来源广,技术简单易行,投资少,见效快;既可变废为宝,又可综合开发利用,有着十分显著的经济效益和社会效益。随着人们生活水平的不断提高和商品经济的进一步发展,食用菌产品不仅行销于国内各大市场,而且还畅销于国际市场。食用菌生产日渐成为一项很有前途的新兴产业。

1.1.1　食用菌的营养与药用价值

1）营养价值

评价食物的营养价值主要为蛋白质及其氨基酸组成、碳水化合物、脂肪、维生素、矿物质和膳食纤维六大营养素的含量和比例。食用菌富含高蛋白质、低脂肪、低糖、无淀粉、无胆固醇、多维生素、氨基酸、矿物质及膳食纤维,且比例平衡,结构合理。

（1）蛋白质

食用菌粗蛋白质含量为其干重的 13% ~46%（表 1.1）,远高于水果、蔬菜和粮食作物,可与肉、蛋类食物媲美,营养价值较高。并且食用菌蛋白质能被人类较好地吸收利用,吸收率达 75%,而大豆蛋白质的利用率只有 43%。利用真菌生产高质量的食用菌类食品,被称为 21 世纪"白色农业"的发展方向。

表 1.1　部分食用菌与蔬菜、粮食中蛋白质含量的比较（g/100 g 干重）

食用菌		蔬　菜		粮　食	
种　类	蛋白质	种　类	蛋白质	种　类	蛋白质
蘑菇	36.1	白萝卜	0.6	小麦	12.4
香菇	13.4 ~18.5	大白菜	1.1	稻米	8.5
平菇	10.5 ~30.4	菠菜	1.8	玉米	8.5
草菇	25.9 ~30.1	黄瓜	0.8	高粱	9.5

蛋白质所含氨基酸种类也比较齐全,有 17 ~18 种氨基酸,其中包括人体所必需的 8 种氨基酸。18 种氨基酸的总量为 10.71% ~24.81%,8 种人体必需氨基酸在总氨基酸中的比例为 30% ~50%,是极好的营养保健食品。

（2）矿质元素

食用菌含有多种丰富且具有生理活性的矿质元素。它不仅含有人体必需的大量元素钙、镁、钾、磷、硫等,还含有人体必需的微量元素锌、铜、铁、锰、镍、铬、硒、锗等,元素的总量为 2.37% ~4.5%,是矿质元素含量丰富的食品。食用菌有一定的保健益寿功能,对各种疾病的防治作用与微量元素的含量有密切关系。例如,100 g 双孢蘑菇干品中含钾 640 mg,而含钠只有 10 mg,这种含高钾低钠的食物对高血压患者十分有益。食用菌都不同程度地含有被称为"当代最神奇的元素"——硒元素。不同的食用菌及不同部位的矿物元素含量存在一定的差异。

（3）维生素

食用菌含有丰富的维生素,如维生素 B_1、B_2、B_{12}、维生素 D、维生素 C 等。食用菌维生素含量为蔬菜的 2 ~8 倍。一般每人每天吃 100 g 鲜菇即可满足对维生素的需要。据测定,每 100 g 鲜草菇中维生素 C 含量高达 206.27 mg,为辣椒的 1.2 ~2.8 倍,是柚、橙的 2 ~5 倍,西红柿的 17 倍。香菇含有丰富的维生素 D 原,维生素 D 原经紫外线照射可转化为维生素 D。每 g 干香菇含维生素 D 原高达128 IU(国际单位),是大豆的 21 倍,紫菜的 8 倍。一个正常人每天需要的维生素 D 为 400 IU(国际单位),每天食用 3~4 g 干香菇就可满足对维生素 D 的需求。维生素 D 是钙质成骨的必需因素,多食香菇可有效地预防软骨病,表1.2 为部分食用菌维生素含量的比较。

表1.2 部分食用菌维生素含量的比较(mg/kg 鲜品)

菌 类	维生素				
	维生素 B_1	维生素 B_2	维生素 B_3	维生素 C	维生素 D 原
双孢菇	1.6	0.7	48.0	131.9	1 240.0
香菇	0.7	1.2	24.0	109.7	2 460.0
平菇	4.0	1.4	107.0	93.0	1 200.0
草菇	12.0	33.0	919.0	206.27	—
金针菇	3.1	0.5	81.0	109.3	2 040.0

(4)糖类、脂类

食用菌脂肪含量很低,而其中的74%~83%是对人体健康有益的不饱和脂肪酸。其中的油酸、亚油酸、亚麻酸等可有效地清除人体血液中的垃圾,延缓衰老,还可降低胆固醇含量和血液黏稠度,预防高血压、脑血栓等心脑血管系统的疾病。如蘑菇的脂肪为2%,仅为猪肉的1/16。另外,食用菌不仅不含胆固醇,而且含有丰富的类甾醇,可以有效降低血液中胆固醇的含量。

2)药用价值

食用菌既是菜、是药,又是保健品。如灵芝、天麻、木耳、冬虫夏草等早在古代就被作为药物,距今已有两千余年历史,在我国中医学上占有一席之地,同时我国也是利用食用菌治病最早的国家,在汉代的《神农本草经》及明代李时珍的《本草纲目》中就有记载。随着科学技术的发展,食用菌的药用价值日益受到重视,有许多新产品如食用菌的煎剂、片剂、糖浆、胶囊、针剂、口服液等已应用于临床治疗和日常保健。

(1)有效药用成分

食用菌的有效药用成分存在于菌丝体、子实体、菌核或孢子中,其中包含氨基酸、蛋白质、维生素、酶类、有机锗、多糖、甙类、生物碱、甾醇类及抗生素等多种物质,对人体有一定的保健作用,对疾病有预防、抑制或治疗作用。具有生理活性的主要成分是多糖类、三萜类及核苷类化合物。

食用菌也含有各种酶,能利尿、健脾胃、助消化;含有能强身滋补,清热解毒,抗病毒和抗癌等的药效成分,但是不同的食用菌含有不同的药效成分。

(2)主要药效

①增强免疫力。食用菌有增强机体免疫力的功能。食用菌中的药用成分通过提高人体的免疫功能,以防治或消灭细菌、病毒及癌细胞侵袭。其主要活性物质为真菌多糖和糖蛋白,目前已临床应用的有多种食用菌多糖,如香菇多糖、云芝多糖、猪苓多糖、灰树花多

糖、灵芝破壁孢子粉等,被作为医治癌症的辅治药物。从香菇中分离出的 6 种以上的多糖体,具有较强的抗肿瘤作用,故食用菌已成为筛选抗肿瘤药物的重要来源,表 1.3 为几种食用菌抑癌率。

表 1.3　几种食用菌抑癌率(%)

菌　类	抑癌效率	菌　类	抑癌效率
香菇	80.7	猴头菇	91.3
平菇	75.3	木耳	42.6
茯苓	96.9	银耳	80.0
金针菇	81.1	草菇	75.0

②预防和辅助治疗心脑血管系统疾病。有关医学研究还表明,长期食用香菇、平菇、金针菇等食用菌,可以降低人体血清中胆固醇的含量;木耳和毛木耳含有破坏血小板凝聚的物质,可抑制血栓的形成;凤尾菇通过降低肾小球滤速起降血压作用,对肾型高血压有较好的食疗效果;灵芝可有效地降低人体中血液黏稠度。因此,食用菌是各种心脑血管疾病患者的理想食品。而起这一作用的主要是食用菌中的各种不饱和脂肪酸、有机酸、核酸和多糖类物质。

③抗菌、抗病毒。许多食用菌含有抗菌的生物活性物质,如冬虫夏草中的虫草素,牛舌菌发酵液中的牛舌素,亮菌中的假蜜环菌甲素,马勃中的马勃素,茯苓、硫黄菌中的齿孔酸等,对结核杆菌、肺炎球菌、革兰氏阳性和阴性菌、金黄色葡萄球菌均有明显的抑制作用。

部分食用菌含有干扰素诱导剂,可诱导人体产生干扰素而抑制病毒,其中以香菇为典型,香菇生产者、经营者和常食用者不易患流感病,是因为香菇含有双链核糖核酸等诱导干扰素,增强了人体免疫力的缘故。

1.1.2　食用菌产业的现状、前景与发展趋势

1)食用菌产业的现状

(1)产量和地位

中国食用菌栽培历史悠久,是世界上最大的生产和出口国,并走出了一条独具特色的食用菌产业发展道路,食用菌产业迅猛发展,产量逐年递增。据中国科学院微生物所统计,全国已查明真菌种类为 1 500 种以上,其中人工驯化栽培成功的有 60 余种,仅次于粮、棉、油、菜、果,成为第六大类产品,也成为农村经济发展的重要产业。据中国食用菌协会统计,1978 年,中国食用菌产量还不足 10 万 t,产值不足 1 亿元,而到 2007 年全国食用菌总产量已达 1 682 万 t,在不足 30 年的时间内约扩大 170 倍,占世界总产量的 70% 以上,其中平菇、香菇、金针菇、黑木耳、银耳、草菇、滑菇、灵芝、天麻等的产量均为世界第一。而多年位居中国食用菌产量前 5 位的品种为:平菇、香菇、双孢菇、木耳(含毛木耳)、金针菇。福建、河北、江苏、四川等食用菌种植大省产量均达上百万 t,食用菌产业县已有 500 余个,食用菌产值超亿元的县有 100 余个,从事食用菌生产、加工和营销的各类食用菌企业达 2 000 余家,

从业人员为 2 500 万人,图 1.1 所示为 1978—2009 年中国食用菌产量示意图。

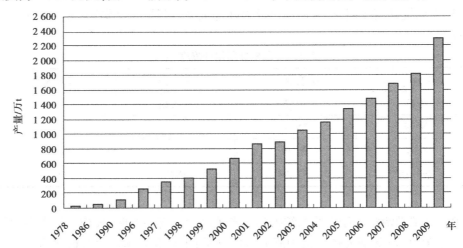

图 1.1　1978—2009 年中国食用菌产量

(数据来源于中国食用菌协会)

(2)主栽品种与主产区

从栽培品种上看,目前中国人工栽培的食用菌品种有 60 余种,如双孢蘑菇、香菇、金针菇、平菇、凤尾菇、秀珍菇、滑菇、竹荪、毛木耳、黑木耳、银耳、草菇、银丝草菇、猴头菌、姬松茸、杏鲍菇、白灵菇、灰树花、皱环球盖菇、长根菇、鸡腿蘑、真姬菇等,其中香菇、双孢菇等产量均达到上百万 t。除人工栽培食用菌外,还发展了以灵芝、冬虫夏草、茯苓等为代表的药用菌产业和以松茸、牛肝菌、块菌、羊肚菌等为代表的野生食用菌产业。从产区来看,福建、黑龙江、河北、河南、山东、浙江、江苏、广东和四川等省为主产区,已占中国食用菌出口总额的 75% 以上。

2)产业发展的前景

(1)原料广、价低廉

培育食用菌的原料都是农副产品的下脚料,如秸秆、木屑、玉米芯、棉籽壳、麸皮、米糠等。据联合国粮农组织提供的报告,仅农作物秸秆,全世界每年产量为 23.53 亿 t,通过光合作用,生成有机物约 2 000 亿 t,其中只有 10% 的有机质被转化为人类或动物可以食用的淀粉和蛋白质,其余都以粗纤维的形式存在,任其在大自然自生自灭。因此,进行可再生的生物资源再利用是非常有必要的。

仅以稻草为例,若以每公顷稻田产 7 500 kg 稻谷计算,大约有同等数量的稻草可以收获。将这些稻草用来栽培凤尾菇,约可生产 3 750 kg 鲜菇,人类从中可获得 75 kg 蛋白质,约为 1 065 kg 大米的蛋白质含量。在荒地不可再垦伐,单产幅度和复种指数还难以获得大幅度增加的今天,利用农作物秸秆来发展食用菌生产有着重要意义。

我国是一个农业大国,每到秋收季节,大量下脚料堆积在农村的房前屋后,人们通常用作肥料、饲料、燃料或者任其腐烂,是极大的污染和浪费,若用来栽培食用菌就会变废为宝。我国每年约产农业下脚料 525×10^6 t,工业下脚料 50×10^6 t,畜、禽粪便 250×10^6 t,此外还有野草资源。目前仅有 0.5% ~ 0.6% 用来栽培食用菌。这些广泛存在的下脚料对人类而言是废弃料,也是污染源,而对于食用菌来说却是必需的食粮。菌丝分解纤维素、木质素等复杂有机物的能力很强,在常温常压下,可将人类不能利用的粗纤维转化成可食用的优质菌体蛋白。

(2)不争人地力、效快益高

开展食用菌生产完全可以利用庭院空地、闲散劳动力,不会与农业生产发生矛盾。食用菌不与人争粮、粮争地、地争肥、农争时。食用菌的生长期短,从种植到收获一般为 30 ~ 40 d,草菇仅需 10 几天,是理想的短平快的项目,且栽培技术易学、易懂,生产设备简单,投入值低,产出值高,体现出良好的经济效益,见表 1.4。

表 1.4　几种食用菌的效益分析

菌　类	栽培面积/m²	成本/元	产量/kg	纯效益/元
双孢菇	100	800 ~ 1 000	1 000	3 000 ~ 3 200
草菇	100	740	500	2 260
平菇	100	3 700	3 500	7 000

(3)市场广阔

随着人民生活水平的提高,对食用菌的消费量也越来越高,进入 21 世纪以来,食用菌需求变得更为旺盛。营养学家提倡科学的饮食结构应是"荤—素—菌"搭配。欧美不少国家把人均食用菌的消费量当作衡量生活水平的标准。新加坡每年人均食用菌的消费量约为 4 kg,日本约为 3 kg,美国约为 1.5 kg,中国约为 0.5 kg。

中国人口众多,其膳食结构也逐步向营养、抗病、保健、无公害方向发展,故对食用菌消费量约以每年 10% 的速度上升;国际市场上食用菌及其加工品的交易日趋活跃;我国食用菌产品的出口量也逐年上升。无论是国际市场还是国内市场,食用菌的销售市场非常宽阔,有潜在的巨大市场。

(4)菌糠用途广

培养料经食用菌菌丝体的一系列转化,粗蛋白含量明显提高,粗纤维含量大大下降,并含有丰富的氨基酸、维生素、矿质元素、真菌多糖等物质,有浓重的菇香味,有很高的再利用价值。若用作饲料,可减少精料,增强家畜抗病力。若用作肥料,既能改良土壤,又是可溶性、养分高的超级堆肥。若用于沼气生产,产量会比一般沼气原料多产气 70% 以上。也可在菌糠中加入 20% 的新料,再用于栽培食用菌。

3)产业发展趋势

(1)生产方式的组织化、规模化、规范化、标准化和专业化

我国食用菌产业的发展起源于一家一户的家庭式分散小生产,随着我国经济的发展和国际市场质量要求的不断提高,这种家庭式分散小生产的产品质量不稳定,特别是食品安全不能得到有效控制,并且不能满足市场对食品安全要求的需要。国内食品质量监督中食用菌产品质量问题时有发生。特别是在 2000 年我国加入 WTO 后,国际市场农产品门槛不

断提高,国内外市场要求成为我国食用菌生产方式走向组织化、规模化、规范化、标准化的强大推动力。分散式的生产方式难以建立生产的可追溯体系,国际市场的开拓受到严重制约。

(2)品种结构更加完善,草腐菌类发展潜力巨大

20世纪70年代,我国商业栽培食用菌只有黑木耳、香菇、双孢菇3种,80年代发展到黑木耳、香菇、平菇、金针菇、滑菇、草菇、银耳、毛木耳8种,90年代以来新的商业栽培种类剧增,现已发展到20余种。在传统栽培的大宗种类产量稳定增长的同时,新增种类市场空间将更大,因此,未来食用菌产品的品种结构将更加完善,符合市场需求。随着国家大力倡导和发展循环经济政策的出台、建设节约型社会、促进三农问题解决各项措施的落实,草腐菌类增长将超过木腐菌,近年来这一趋势已经显现,特别是甘肃、宁夏、内蒙古等秸秆资源丰富同时具有独特冷资源的区域,双孢蘑菇已成为这些地区反季节规模栽培的首选食用菌。

(3)南菇北扩,西部崛起,老产区稳定增长,全国性普遍增长

我国的食用菌产业发展起源于福建、浙江等南方省区,随着经济的发展,南菇北扩已经成为不可阻挡的发展趋势,其主要原因如下:

①南方沿海地区工业化和信息化进程的加快,经济结构发生变化,农业向工业和信息业转移。

②沿海地区经济的发展使劳动力成本增加从而导致产业整体成本的增加,比较优势下降。

③多年的连续生产,导致当地资源的枯竭,现有资源生产的产量不能满足市场的需求。

④北方相对干燥冷凉,利于环境控制和优质品的生产,同时可与南方时令错开,正好满足食用菌产品周年上市供应的要求。

南北方的市场各自不同,因此,北方食用菌产业的快速发展并不影响南方老产区产业的发展,老产区仍将保持稳定增长。随着各项惠农政策的出台,农业产业结构的调整、循环经济产业重视程度的增加,食用菌产业备受青睐,已经成为诸多省(直辖市、自治区)、市、区、县的重点发展产业,新老产区的共同发展构成了全国性的普遍增长。

(4)栽培模式多元共存并渐趋规范

食用菌根据品种对基质要求的差异,可以分为木腐菌和草腐菌。木腐菌有黑木耳、香菇、灵芝、榆黄蘑等;草腐菌有草菇、鸡腿菇、双孢菇、姬松茸、大球盖菇等。根据栽培条件可分为露地全光栽培、露地遮光栽培、大棚栽培、林下栽培、仿野生栽培以及与其他作物间作栽培等。

按照培养料的处理方式可分为生料、熟料、发酵料、半熟料。按照生产单元和生产规模,可以分为一家一户的小规模栽培,半工厂化中等规模栽培,工厂化大规模栽培等。按照机械化程度可以分为手工操作、小型机械化生产、中型机械化生产、大型机械化生产等。按照管理组织形式可以分为农户自管、合作社组织管理、公司组织管理。

(5)初深加工代表产业未来的发展方向

随着科学技术的发展和人民生活水平的提高,人们开始追求"回归自然""返璞归真"

的新时尚,野生食用菌和大量的真菌产品被看作是天然、营养、多功能、调节机体免疫力的健康食品,被国外称为"植物性食品的顶峰"。其消费量年以每5% ~8%的速度递增,市场前景看好。

目前,我国食用菌加工产品的主要形式有:干制产品、冻干产品、盐渍产品、糖渍产品、罐头产品、保健饮品、食用菌浸膏产品、食用菌冲剂、食用菌糖果与休闲食品、食用菌即食食品、食用菌酱料、食用菌汤料,以及从食用菌中提取有效成分加工而成的食用菌药品、护肤品等。

我国食用菌主要以鲜品、干品、罐头和盐渍品这4种产品投放市场,其占市场销售总量的98%左右;另有2%左右以汤料、调味品、强化食品等产品形式销售。2009 年,我国食用菌出口鲜品3.4 万t,销售额1.2 亿美元,占9.17%;干品17.27 万t,销售额7.41 亿美元,占56.65%;盐水蘑菇和罐头类32.19 万t,销售额4.47 亿美元,占34.17%。

思考练习题)))

1. 简述食用菌的经济价值。
2. 为何说食用菌产业有广阔的发展前景?

任务 1.2　食用菌的形态结构、生活史及分类

工作任务单

项目1　生产设计	姓名:	第　　组
任务1.2　食用菌的形态结构、生活史及分类	班级:	

工作任务描述:
　识别食用菌子实体、菌丝体及有性孢子,通过生物显微镜认识不同级别、不同种类的食用菌菌丝体的特征和孢子的特征;理解食用菌的生活史及分类。

任务资讯:
　1. 初生菌丝和次生菌丝的区别。
　2. 子实体和次生菌丝的区别。
　3. 菌托和菌环的区别。
　4. 同宗和异宗的区别。
　5. 在自然条件下,易在何时何地生长野生食用菌,采完后还能再长出吗? 为什么?
　6. 长时间在菇棚内操作,容易产生呼吸道不舒服的感觉,为什么? 应怎样避免?

具体任务内容：

1.根据任务资讯引导单获取学习资料,并获得相关知识。

(1)食用菌菌丝体结构的认识；

(2)食用菌子实体结构的认识；

(3)食用菌有性孢子的认识；

(4)食用菌的生活史；

(5)食用菌的分类。

2.各组分别制作金针菇、杏鲍菇、香菇菌丝体及菌褶子实层标本片,观察其菌丝、子实层、担子及担孢子的情况。

3.按照工作计划,遵守相关规定,学生独立完成每一个工作步骤,并进行记录、归档和提交报告。

考核方式及手段：

1.考核方式：

教师对小组的评价、教师对个人的评价、学生自评相结合,将过程考核与结果考核相结合。

2.考核手段：

笔试、口试、技能鉴定等方式。

任务相关知识点

在自然界中食用菌的种类繁多,千姿百态,大小不一。不同种类的食用菌以及不同的环境中生长的食用菌都有其独特的形态特征。掌握食用菌形态和分类知识,是指导生产,获得栽培成功的前提和保证。

1.2.1 食用菌的形态结构

不同种类的食用菌以及不同环境中生长的食用菌都有其独特的形态特征。虽然它们在外表上有很大的差异,但成熟的食用菌主要由菌丝体、子实体、有性孢子3部分组成。

1)菌丝体的形态

(1)概念

菌丝是由管状细胞组成的丝状物,是由孢子吸水后萌发芽管,芽管的管状细胞不断分枝伸长发育而形成的。菌丝体是由基质内无数纤细的菌丝交织而成的丝状体或网状体,一般呈白色绒毛状。

(2)形态

食用菌的菌丝都是多细胞的,由细胞壁、细胞质、细胞核所组成。大多数大型真菌的菌丝都有横隔膜将菌丝分成许多间隔,从而形成有隔菌丝,食用菌的菌丝都是有隔菌丝。食用菌的菌丝细胞中细胞核的数目不一,通常子囊菌的菌丝细胞含有一个核或多个核,而担子菌的菌丝细胞大多数含有两个核。含有两个核的菌丝称为双核菌丝,双核菌丝是大多数担子菌的基本菌丝形态,图1.2为真菌菌丝。

（3）功能

菌丝体是食用菌的营养器官,存在于基质内,主要功能是分解基质,吸收、转化、积累、输送及储藏养分,相当于绿色植物的根、茎、叶。它生长在土壤、草地、林木或其他基质内,分解基质,吸收营养,能从基质内吸收水分、无机盐和有机养分,以满足其生长发育的需要。因其生长于基质内,而又十分纤细,故人们一般很少注意到它的存在。

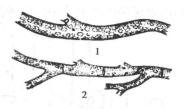

图1.2　真菌菌丝
1—无隔菌丝;2—有隔菌丝

如果环境条件适宜,菌丝体就能不断地向四周蔓延扩展,利用基质内的营养繁衍自己,使菌丝体增殖。达到生理成熟时,菌丝体就会扭结在一起,形成子实体原基,进而形成子实体。食用菌生产中所使用的菌种,实际上就是纯菌丝体。

（4）类型

根据菌丝生长部位可将菌丝分为基内菌丝和气生菌丝两类;根据菌丝形成过程、细胞中细胞核的数目,菌丝可分为初生菌丝、次生菌丝和三生菌丝。

①初生菌丝。初生菌丝是由孢子萌发而形成的菌丝。开始时菌丝细胞多核、纤细,后产生隔膜,分成许多个单核细胞,每个细胞只有一个细胞核,又称为单核菌丝或一次菌丝。单核菌丝无论怎样繁殖,一般都不会形成子实体,只有和另一条可亲和的单核菌丝质配之后变成双核菌丝,才会产生子实体。子囊菌的单核菌丝发达而生活期较长,而担子菌的单核菌丝生活期较短且不发达,两条初生菌丝一般会很快配合后发育成双核化的次生菌丝,图1.3为初生菌丝体的形成。

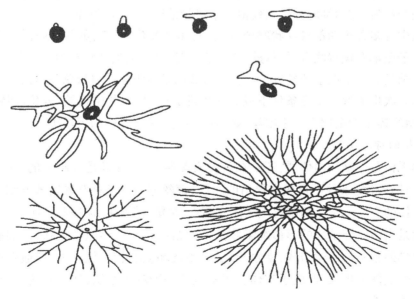

图1.3　初生菌丝体的形成

②次生菌丝。两条初生菌丝结合,经过质配而形成的菌丝。由于在形成次生菌丝时,两个初生菌丝细胞的细胞核并没有发生融合,只发生了细胞质的融合,因此次生菌丝的每个细胞含有两个核,故次生菌丝又称为双核菌丝或二次菌丝。它是食用菌菌丝存在的主要

形式,食用菌生产上使用的菌种都是双核菌丝,因为只有双核菌丝才能形成子实体。

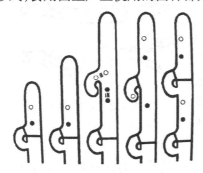

图1.4 锁状联合(黄年来,等
中国食药用菌学,2010)

大部分食用菌的双核菌丝顶端细胞常发生锁状联合(图1.4),这是双核菌丝细胞分裂的一种特殊形式。锁状联合是双核菌丝细胞分裂的一种特殊形式,先在双核菌丝的顶端细胞两核之间的细胞壁上产生一个小突起,形似小分枝,分枝向下弯曲,其顶端与细胞的另一处融合,在显微镜下观察,形似一把锁,故称为"锁状联合"。担子菌中许多种类的双核菌丝都是靠锁状联合来进行细胞分裂,不断增加细胞数目,次生菌丝的锁状联合过程为:两核间生一突起→一核进入突起→双核同时分裂→两个异性核移至前端→隔成2个细胞→双核菌丝。即:

a. 先在双核菌丝顶端细胞的两核之间的细胞壁上产生一个喙状突起。

b. 双核中的一个移入喙状突起,另一个仍留在细胞下部。

c. 两异质核同时进行有丝分裂,成为4个子核。

d. 分裂完成后,2个在细胞的前部;另外的2个子核,1个进入喙突中,1个留在细胞后部。

e. 此时,细胞中部和喙基部均生出横隔,将原细胞分成3部分。此后,喙突尖端继续下延,与细胞下部接触并融通。同时喙突中的核进入下部细胞内,使细胞下部也成为双核。

f. 经如上变化后,4个子核分成2对,一个双核细胞分裂为两个。

此过程结束后,在两细胞分融处残留一个喙状结构,即锁状联合。

担子菌中许多食用菌都有锁状联合现象,尤其是香菇、平菇、灵芝、木耳、鬼伞等,但并不是所有担子菌都有锁状联合,如草菇、双孢菇、红菇等的菌丝就没有锁状联合。

③三生菌丝。是由次生菌丝进一步发育形成的已组织化的双核菌丝,称为三生菌丝或结实性菌丝。次生菌丝在不良条件下或到达生理成熟时,就紧密扭结、分化成特殊菌丝组织体,菌丝组织体中的菌丝为三生菌丝,如菌核、菌索、子实体中的菌丝等。

(5)菌丝的特殊结构

菌丝体无论是在基质内伸展,还是在基质表面蔓延,一般都是很疏松的。但是有的子囊菌和担子菌在环境条件不良或在繁殖的时候,菌丝体的菌丝相互紧密地缠结在一起,就形成了菌丝体的变态。常见的菌丝组织体有菌索、菌核、菌丝束、菌膜和子座。

①菌索是由菌丝缠结成的形似绳索状的菌丝组织体。外形似根须状,顶端有生长点。菌索表面由排列紧密的菌丝组成,常角质化,对不良环境有较强抵抗力,遇适宜条件时,菌索又可从生长点恢复生长,形成子实体。菌索也是一种输导组织,如天麻的生长就是靠蜜环菌的菌索输送养分。

②菌核为菌丝密集成的具有一定形状、大小不一、坚硬块状物的休眠体。小的形如鼠粪,大的比人头还大。菌核初形成时颜色较浅,成熟后多呈现较深的黑色或褐色。菌核中储存有较多养分,对干燥、高温和低温有较强的抵抗能力。因此,菌核既是真菌的储藏器

官,又是度过不良环境的菌丝组织体。菌核中的菌丝有较强的再生力,当环境条件适宜时,菌核中可再度萌发出新菌丝,或直接长出子实体。如茯苓、雷丸、猪苓等中药材都是利用的菌核。

③大量平行菌丝排列在一起形成的肉眼可见的束状菌丝组织为菌丝束。它与菌索相似,有输导功能。菌丝束无顶端分生组织,如双孢菇子实体基部常生长着一些白色绳索状的丝状物,即为它的菌丝束。

④菌丝紧密交织成的一层薄膜,即菌膜。如香菇表面形成的褐色被膜。

⑤子座为菌丝组织构成的可容纳子实体的棒状或头状结构。一般呈垫状、栓状、棍棒状或头状,如麦角菌的子座呈头状,冬虫夏草的子座(草)成棒状。子座是真菌从营养生长阶段到生殖阶段的一种过渡形式。

2)子实体的形态

(1)概念

能产生有性孢子的肉质或胶质的大型菌丝组织体,称为子实体。它是由成熟的次生菌丝扭结分化形成的。即菌丝在基质中吸收养分不断地生长和增殖,在适宜条件下转入生殖生长,形成子实体原基并逐步发育为成熟子实体,即供人们食用的部分,相当于绿色植物的果实。子实体是真菌进行有性生殖的产孢结构,通常称为蘑、菇、蕈、菌、耳等。

(2)形态

食用菌子实体形态、大小、质地因种类不同而有所差异。大小一般为几厘米至几十厘米,形态丰富多彩,有的是伞状(双孢菇,香菇),有的是喇叭状(鸡油菌),有的是贝壳状(平菇)、舌状(半舌菌)、头状(猴头菌)、蜂窝状(羊肚菌)、毛刷状(齿菌)、珊瑚状(珊瑚菌)、耳状(木耳)、花瓣状(银耳)等,其中以伞菌最多,可作商品化栽培的食用菌大多为伞菌,下面着重以伞菌为例,简单地介绍其子实体的形态。伞菌子实体主要由菌盖、菌褶、菌柄组成,某些种类还具有菌幕的残存物——菌环,菌托,如图1.5所示。

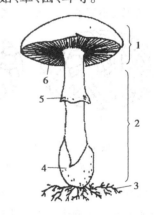

图1.5 伞菌模式图
1—菌盖;2—菌柄;3—菌丝;
4—菌托;5—菌环;
6—菌褶
(卯晓岚,中国大型真菌,2000)

①菌盖。菌盖又称菌帽,由表皮,菌肉和产孢组织——菌褶和菌管组成,是子实体的帽状部分,多位于菌柄上端,是人们主要的食用部位,也是食用菌的主要繁殖部分。菌盖大小,因种而异,小的仅几毫米,大的可达几十厘米。通常将菌盖直径小于6 cm的称为小型菇,菌盖直径为6~10 cm称为中型菇,大于10 cm称为大型菇。菌盖的形状是重要的分类依据,因种类不同而存在差异,随着菌盖的生长时期不同,菌盖形状也不尽相同,且颜色也多种多样。

a.表皮。表皮是菌盖最外层的一层薄壁组织。表皮菌丝内含有不同的色素,使菌盖表面呈现出多种色彩。不同种类的食用菌的表面形状不同,有些食用菌表面表现为干燥、湿润、黏滑;也有的表现为光滑、皱纹、条纹、龟裂等;还有的表面粗糙并有附生物,附生物为鳞片(蛤蟆菌),丛卷毛(毛头鬼伞),颗粒状物(晶粒鬼伞),丝状纤维(四孢蘑菇)等特征,因种而异。菌盖边缘形状常为内卷(乳菇)、反卷、上翘和下弯等。边缘有的全缘、有的撕裂成不规则波状等,表皮是进行种类鉴定的重要依据。

b.菌肉(图1.6)。表皮下的松软部分就是菌肉。菌肉是食用、药用的主要部分,多为肉质,少数为革质(裂褶菌)、蜡质(蜡菌),也有胶质或软骨质的。多数食用菌的菌肉是由丝状菌丝组成,少数菌肉由泡囊状菌丝组成(菌丝的分支膨大成泡囊,只在间隙内分布少许菌丝)。食用菌的菌肉大部分为白色,受伤后也不变色,但部分食用菌受伤后菌肉会变色,出现受伤后常有无色或有色的汁液流出的情况。

c.菌褶和菌管(图1.7)。菌盖下面辐射状生长的薄片称为菌褶,由子实层,子实下层和菌髓3部分组成。菌肉菌丝向下延伸形成菌髓。靠近菌髓两侧的菌丝生长形成狭长分枝的紧密区称为子实下层,即子实层下面的菌丝薄层。由子实下层向外产生栅栏状的一层细胞即子实层。若菌盖下面是向下垂直的管状结构,则称为菌管(如牛肝菌、灵芝、多孔菌等),菌管内壁上生有子实层。菌褶形状、颜色和排列方式与食用菌的种类有关,不同种类的食用菌菌褶形状不同,有三角形、披针形等。有的很宽,如宽褶拟口蘑等;有的窄,如辣乳菇等。菌褶颜色较多,多为白色,也有黄色、红色等其他颜色,并随着子实体的成熟而表现出孢子的各种颜色,如褐色、黑色、粉红色等。菌褶一般呈放射状由菌柄顶部发出,可分成5类:等长、不等长、分叉、有横脉和网纹。

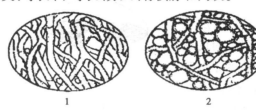

图1.6 菌肉结构(应建浙,等)

1—丝状菌肉;2—泡囊状菌肉

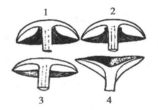

图1.7 菌褶与菌柄着生情况(应建浙,等)

1—离生;2—弯生;3—直生;4—延生

菌褶与菌柄的连接方式分为离生(菌褶的内端不与菌柄接触,如双孢蘑菇、草菇等)、弯生或凹生(菌褶内端与菌柄着生处呈一弯曲,如香菇、金针菇等),直生(菌褶内端呈直角状着生于菌柄上,如红菇),延生(或垂直)(菌褶内端沿着菌柄向下延伸,如平菇)。

②菌柄。菌柄生长于菌盖下面,是输送养分、水分及支撑菌盖的部分。其形状与菌盖的着生方式、粗细、颜色、长短、内部空实等不同而不同。菌柄形状多为圆柱状(金针菇)、棒状、假根状(鸡枞菌)、纺锤状等。大多数食用菌的菌柄为肉质,少数为纤维质、蜡质、脆骨质等,多生于菌盖中部,也有些偏生和侧生,如双孢菇为中生,香菇为偏生,平菇为侧生等。菌柄纵剖面形状可分为实心(如香菇),空心(鬼伞),半空心(红菇)。菌柄也是可食用的部分,有的则是主要食用部位(如金针菇等)。

③菌幕、菌环和菌托。

a.菌幕。菌幕分为外菌幕及内菌幕,包被于整个幼小子实体外面的菌膜,称为外菌幕;连接于菌盖与菌柄间的膜为内菌幕。随着子实体的长大,菌幕会被撑破、消失,但在一些伞菌中会残留,分别发育成菌环或菌托。

b 菌环。随着子实体的长大,内菌幕破裂,残留在菌柄上的单层或双层环状膜,称为菌环。在子实体成熟时消失,有的可在菌柄上滑动(如环柄菇属),菌环形状如图1.9所示。

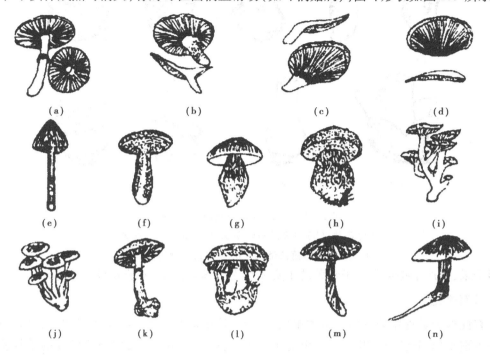

图1.8　菌柄特征(应建浙,等,1984)

(a)中生;(b)偏生;(c)侧生;(d)无柄形;(e)圆柱形;(f)棒形;(g)纺锤形;(h)粗状;(i)分枝;
(j)基部联合;(k)基部膨大呈球形;(l)基部膨大呈白形;(m)菌柄扭转;(n)基部延长呈假根状

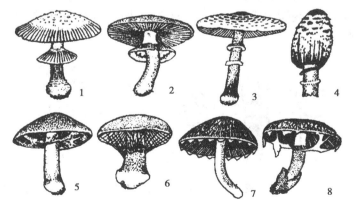

图1.9　菌环特征(应建浙,等,1984)

1,2—单层;3,4—双层、可滑动;5—絮状;6—蛛网状;7,8—破裂后附着菌盖边沿

c.菌托。随着子实体的长大,外菌幕被撑裂,残留于菌柄基部发育成的杯状、苞状或环圈状的构造,称为菌托(如草菇),菌托形状如图1.10所示。

(3)功能

子实体的功能是产生孢子,繁殖后代,也是人们主要食用的部分。担子菌的子实体称

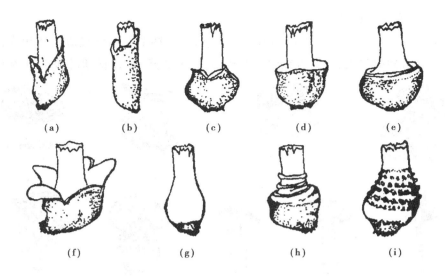

图 1.10　菌托特征(应建浙,等,1984)

(a)苞状;(b)鞘状;(c)鳞茎状;(d)杯状;(e)杵状;

(f)瓣裂;(g)菌托退化;(h)带状;(i)数圆颗粒状

为担子果,可产生担孢子。子囊菌的子实体称为子囊果,是产生子囊孢子的部分。

3)有性孢子

有性孢子是食用菌繁殖的基本单位,如同高等植物的种子。担孢子是担子细胞上产生的外生孢子(1 个担子一般生 4 个担孢子),是经过质配、核配、减数分裂形成的单细胞、单倍体的有性孢子。

(1)形成

次生菌丝的顶端细胞膨大、双核核配成为担子→经减数分裂产生 4 个单倍体核→担子顶端生 4 个小梗,小梗顶端膨大成幼担子→4 核进入幼担子内发育成担孢子,如图 1.11 为担孢子的形成过程。

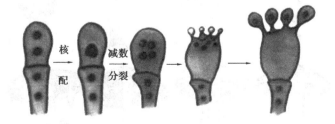

图 1.11　担孢子的形成过程

(2)形态特征

孢子的形状、颜色、大小、表面饰纹等因种类不同而有较大差异。形状多为球形、卵形、腊肠形等,图 1.12 为孢子形状及表面特征。

孢子在显微镜下是无色透明的,但大量孢子聚集成堆时会呈现各自的群体色彩。孢子堆的颜色可通过制备孢子印来检验。孢子印是成熟伞菌在静止空气中释放出的孢子,按照菌褶的排列方式散落在纸上所形成的图纹。孢子印的颜色是伞菌分类鉴定的重要依据。

担孢子成熟后以弹射的方式脱离子实体,完成一个生活周期。担孢子比菌丝体、子实体有更强的抗逆性,条件不利时呈休眠状态,条件适宜时就吸水、发芽、分支,再形成新的菌丝体。

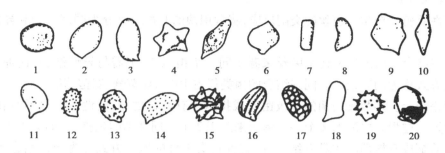

图 1.12　孢子形状及表面特征(应建浙,等)

1—圆球形;2—卵圆形;3—椭圆形;4—星状;5—纺锤形;6—柠檬形;7—长方椭圆形;
8—肾形;9—多角形;10—菱形;11—表面近光滑;12—小疣;13—小瘤;14—麻点;
15—刺棱;16—纵条纹;17—网纹;18—光滑不正形;19—具刺;20—具外包膜

1.2.2　食用菌的生活史

食用菌的生活史是指食用菌一生所经历的全过程,其完整的生活史包括无性及有性两个阶段,主要进行从担孢子萌发再到新一代担孢子产生的有性繁殖过程,其间要经过质配、核配及减数分裂 3 大步骤。

1)菌丝营养生长阶段

(1)孢子萌发

食用菌的生长是从孢子萌发开始的,孢子在适宜的基质上,先吸水膨胀长出芽管,芽管顶端产生分枝发育成菌丝。在胶质菌中,部分种类的担孢子不能直接萌发菌丝(如银耳,金耳等),常以芽殖的方式产生次生担孢子或芽孢子(也称为芽生孢子),在适宜的条件下,次生担孢子或芽孢子形成菌丝;木耳等担孢子在萌发前有时先产生横隔,担孢子被分隔成多个细胞,每个细胞再产生若干个钩状分生孢子后萌发成菌丝。

(2)菌丝生长阶段

孢子萌发后生成单核菌丝,单核菌丝是子囊菌营养菌丝存在的主要形式,担孢子单核菌丝存在的时间很短,它细长分枝稀疏,抗逆性差,容易死亡,故分离的单核菌丝不宜长期保存。有些食用菌如草菇、香菇等,在单核菌丝生长时遇到不良环境时,菌丝中的某些细胞形成厚垣孢子,条件适宜时又萌发成单核菌丝。双孢蘑菇的担孢子含有 2 个核,菌丝从萌发开始就是双核的,无单核菌丝阶段。当单核菌丝发育到一定阶段,由可亲和的单核菌丝之间进行质配(核不结合),使细胞双核化,形成双核菌丝。双核菌丝是担子菌类食用菌营养菌丝存在的主要形式。

食用菌的营养生长主要是双核菌丝的生长。固体培养时对双核菌丝通过分枝不断蔓延伸展,并逐渐长满基质。液体培养时形成菌丝球,将基质的营养物质转化为自身的养分,

并在体内积累为日后的繁殖作物质准备。

2)菌丝生殖生长阶段

(1)繁殖方式

①有性繁殖。按初生菌丝的交配反应,将食用菌的有性繁殖分为同宗结合和异宗结合两类。

a.同宗结合。质配的两初生菌丝来源于同一个担孢子,不需与异性结合,这种自交可育的繁殖方式称为同宗结合。同宗结合的菌类仅占10%,如草菇、双孢菇等。

b.异宗结合。多数食用菌的一级菌丝或担孢子有雌雄之分,同性菌丝永不亲和,无法完成有性繁殖过程。质配的2个一级菌丝来源于2个不同性别的担孢子,即必须由不同性别的菌丝质配成双核菌丝才具有结实性,这种自交不育的繁殖方式称为异宗结合,90%的菌类属异宗结合。

②无性繁殖。除了有性繁殖的大循环外,还有无性繁殖小循环。无性繁殖是不经过两性细胞的结合,由菌丝直接产生无性孢子(分生孢子、芽孢子、厚垣孢子、粉孢子等)的过程。它虽不是主要方式,但在食用菌生活史中有重要意义。无性繁殖能反复进行,产生的无性孢子快、多。无性孢子在不良条件下有较强抗性,在适宜条件下可再萌发为原来的一级菌丝或二极菌丝,继续进行有性生活过程。

(2)子实体的形成

双核菌丝在营养及其他条件适宜的环境中能旺盛生长,体内合成并积累大量营养物质,达到一定的生理状态时,首先分化出各种菌丝束(三级菌丝),菌丝束在条件适宜时形成菌蕾,菌蕾再逐渐发育为子实体。与此同时,菌盖下层部分的细胞发生功能性变化,形成子实层着生担子。

(3)担孢子的释放与传播

孢子散发的数量是惊人的,通常为十几亿到几百亿个,如双孢蘑菇为18亿个,平菇为600亿~855亿个。个体很小,但数量很大,这是菌类适应环境条件的一种特性。有的菌是通过动物取食、雨水、昆虫等其他方式传播。

1.2.3 食用菌的分类

1)食用菌的分类位置

食用菌的分类是人们认识、研究和利用食用菌的基础。野生食用菌的采集、驯化和鉴定,食用菌的杂交育种以及资源开发利用都必须有一定的分类学知识。

食用菌的分类主要是以其形态结构、细胞、生理生化、生态学、遗传等特征为依据的,特别是以子实体的形态和孢子的显微结构为主要依据。食用菌的分类单位与其他生物基本一致,通常划分为门、亚门、纲、目、科、属、种,其中"种"为分类的基本单位。把具有近似特征的种归为一类称为属,把具有相近似特征的属归为一类称为科,以后依次类推直到门。食用菌属于生物中的微生物界(菌物界)、真菌门中的担子菌纲和子囊菌纲,而约95%的食用菌属于担子菌,图1.13所示为食用菌在生物中的分类位置。

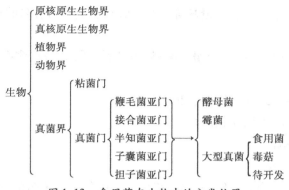

图 1.13　食用菌在生物中的分类位置

2)主要种类

目前,世界上已发现了大约 25 万种真菌,其中有 1 万余种为大型真菌,可食用的种类有 2 000 余种,但目前仅有 70 余种人工栽培成功,有 20 多种在世界范围被广泛栽培生产。我国的地理位置和自然条件十分优越,蕴藏着极为丰富的食用菌资源。到目前为止,在我国已经发现 931 余种食用菌,它们分别隶属于 48 个科 144 个属。

(1)子囊菌

少数食用菌属于子囊菌,我国子囊菌中的食用菌分别隶属于 6 个科,即麦角菌科、盘菌科、马鞍菌科、羊肚菌科、地菇科和块菌科。子囊菌中著名的食用菌有马鞍菌、羊肚菌、地菇菌和块菌等,它们的子实体大都是盘状、鞍状、钟状或脑状。子囊菌中的食用菌虽然种类少,但经济价值高,多为野生菌,具有很高的研究和开发利用价值。如块菌是极名贵的菌类,在西欧和北美约 2 000 美元/kg,属菌中之王;麦角菌科的冬虫夏草是著名的补药,能补肾益肺、止血化痰、提高人体免疫机能,现售价每千克高达 10 万余元等。

子囊菌中的食用菌营养价值和药用价值很高,但目前能进行商业化人工栽培的种类较少,因此,做好这些食用菌的野生驯化、半人工栽培及人工栽培都具有十分重要的意义,图 1.14 为子囊菌种类。

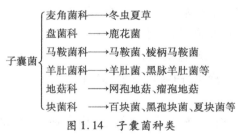

图 1.14　子囊菌种类

(2)担子菌

人们见到的绝大多数食用菌和广泛栽培的食用菌都是担子菌。在我国担子菌中的食用菌主要有伞菌目、银耳目、多孔菌目、鬼笔目和腹菌目等,隶属于 40 个科,大致分为 4 大类群,即耳类、非褶菌类、伞菌类、腹菌类。

①耳类。耳类主要指木耳目、银耳目、花耳类的食用类。常见的种类为:

a.木耳科的黑木耳、毛木耳、皱木耳以及琥珀褐木耳等。其中黑木耳是著名食用兼药用菌。

b. 银耳科的银耳、金耳、茶耳、橙耳等。其中银耳和金耳为著名的食用兼药用菌。

c. 花耳科的桂花耳。

②非褶菌类。非褶菌类主要指珊瑚菌科、齿菌科、绣球菌科、多孔菌科、灵芝菌科等的食用菌。常见的种类为：

a. 珊瑚菌科的虫形珊瑚菌、杵棒、扫帚菌。

b. 锁瑚菌科的冠锁瑚菌、灰锁瑚菌。

c. 绣球菌科的绣球菌。

d. 牛舌菌科的牛舌菌。

e. 猴头菌科的猴头、珊瑚状猴头、卷缘齿菌。其中猴头是著名的食药兼用菌，被誉为中国四大名菜之一。

f. 灵芝科的灵芝、树舌。其中灵芝被誉为灵芝仙草，有神奇的药效。

g. 多孔菌科的灰树花、猪苓、茯苓、硫色干酪菌。猪苓、茯苓的菌核都是著名的中药材。灰树花又称栗子蘑，近年来越来越受国际市场的青睐。

h. 革菌科的干巴菌，是我国云南特有的著名食用菌，其菌肉坚韧，纤维质细嫩，味美清香。

i. 鸡油菌科的鸡油菌、小鸡油菌、白鸡油菌、灰号角等。鸡油菌近年来在国际市场上十分走俏，尤其是盐渍的鸡油菌。

③伞菌类。伞菌类主要指伞菌目的可食用菌类。伞菌目的食用菌种类最多。常见的种类为：

a. 伞菌科的双孢蘑、野蘑菇、林地蘑菇、大肥蘑。

b. 粪锈伞科的田头菇、杨树菇。

c. 鬼伞科的毛头鬼伞、墨汁伞、粪鬼伞、白鸡腿蘑。

d. 鹅膏科的灰托柄菇、橙盖鹅膏菌。

e. 丝膜菌科的金褐伞、黏柄丝膜菌、蓝丝膜菌、紫丝膜菌、皱皮环绣伞等。

f. 蜡伞科的鸡油伞蜡伞、小红蜡伞、变黑蜡伞、鹦鹉绿蜡伞。

g. 光柄菇科的灰光柄菇、草菇、银丝草菇。

h. 粉褶菌科的晶盖粉褐菌、斜盖褐菌。

i. 球盖菇科的滑菇、毛柄鳞伞、白鳞环锈伞、尖鳞伞。

j. 靴耳科的靴耳。

k. 口蘑科的大杯伞，长根菇、松口蘑、金针菇、堆金钱菌、红蜡蘑、棕灰口蘑、榆生离褐伞等。

l. 牛肝菌科的美味牛肝菌、厚环乳牛肝菌、褐疣柄牛肝菌、黏盖牛肝菌、黑牛肝菌、松乳牛肝菌、松塔牛肝菌。

m. 铆钉菇科的铆钉菇。

n. 桩菇科的卷边网褶菌、毛柄网褐菌。

o. 红菇科的大白菇、变色红菇、黑菇、正红菇、变绿红菇、松乳菇、多汁乳菇。

p. 侧耳科的香菇、虎皮香菇、糙皮侧耳、金顶侧耳、桃红侧耳、凤尾菇、小平菇。

④腹菌类。腹菌类的食用菌主要指灰包目、鬼笔目、轴灰包目、黑腹菌目和层腹菌类。其中黑腹菌目和层腹菌目属于地下真菌,即子实体的生长发育是在地下土壤中或腐殖质层下面完成的真菌。常见的种类有:

　　a.灰包科的网纹灰包、梨形灰包、大秃马勃、中国静灰球。

　　b.鬼笔科的白鬼笔、短裙竹荪、长裙竹荪。

　　c.灰包菇科的荒漠胃腹菌。

　　d.黑腹菌科的倒卵孢黑腹菌、山西光腹菌。

　　e.须腹菌科的红须腹菌、黑络丸菌、柱孢须腹菌。

　　f.层腹菌科的梭孢层腹菌、苍岩山层腹菌。

思考练习题)))

　　1.试述菌丝体的功能、菌丝和菌丝组织体的类型。

　　2.试述锁状联合的形成过程。

　　3.试述子实体的功能,并以伞菌为例阐述子实体的形态和功能。

　　4.简述食用菌的生活史。

　　5.在自然条件下,易在何时何地生长野生食用菌,采完后还能再长出吗?为什么?

　　6.长时间在菇棚内操作,容易产生呼吸道不舒服的感觉,为什么?应怎样避免?

任务1.3　食用菌的生理生态

工作任务单

项目1　生产设计	姓名:	第　组
任务1.3　食用菌的生理生态	班级:	

工作任务描述:
　　了解食用菌生理类型,根据生理类型结合食用菌对营养需求的特性,选择食用菌生长所需的主辅料;理解食用菌对温度、光照、水分、空气、pH值的需求规律,会分析导致食用菌生理障碍的原因。

任务资讯:
　　1.碳源、氮源的作用。

　　2.生长因子的作用,富含生长因子的原料有哪些?

　　3.食用菌生理类型的种类,生理类型在生产上有什么意义?

　　4.食用菌配料中对水分有何要求?

　　5.简述易烂料的原因。

　　6.简述导致子实体畸形的因素。

具体任务内容:
　　1.根据任务资讯获取学习资料,并获得相关知识。
　　2.食用菌对碳源、氮源、无机盐、生长因子、水分的需求特点。
　　3.腐生、共生、寄生食用菌的特点。
　　4.食用菌对温度、光照、水分、空气、pH 值的需求规律。
　　5.食用菌与动物、植物、微生物的关系。
　　6.根据学习资料制订工作计划,完成工作任务。

考核方式及手段
　　1.考核方式:
教师对小组的评价、教师对个人的评价、学生自评相结合,将过程考核与结果考核相结合。
　　2.考核手段:
笔试、口试、技能鉴定等方式。

任务相关知识点

　　食用菌的生长发育不仅由遗传性所决定,而且在很大程度上受环境因素的制约。食用菌与环境形成了一个特定的生态体系。环境条件的改变,对食用菌的形态、生长发育产生很大的影响,而食用菌的生长发育又影响着周围环境。

　　影响食用菌的环境因素很多,有物理因素、化学因素和生物因素等。其中营养、温度、湿度、空气、酸碱度和光照是非常重要而且是缺一不可的。

　　不同种类的食用菌,对环境条件和营养条件的要求不同,同一种菌类,菌丝体生长阶段和子实体发育阶段所需的环境条件与营养因子也不相同,掌握各种食用菌不同生长阶段对环境条件和营养因子的不同要求,是进行高产栽培的需要。

1.3.1　食用菌的营养需求

　　食用菌的营养物质种类繁多,根据其性质和作用可分为碳源、氮源、碳氮比、无机盐和生长因子等。

　　(1)碳源

　　碳源是构成食用菌细胞和代谢产物中碳架来源的营养物质,也是食用菌的生命活动所需要的能源。自然界中存在的碳源种类很多,大体可分为有机类和无机类,而食用菌生长仅能利用有机类。

　　食用菌能利用的有机碳源主要包括纤维素、半纤维素、木质素、淀粉、果胶、单糖、有机酸类和醇类等。食用菌菌丝易于利用可溶性碳源,如单糖、双糖、低分子的有机酸和醇类等。在小批量生产中,尤其是在制一级种(母种)时,通常采用葡萄糖或蔗糖等做碳源,在培养基中加入的糖类浓度以 0.5% ~5% 为宜。不同的糖类对于食用菌来说,具有某种特殊功能。如葡萄糖、木糖、阿拉伯糖能促进蘑菇菌丝的生长；甘露糖是平菇菌丝生长的最好的碳源，而蔗糖、果糖则对平菇子实体的形成更为有利；麦芽糖能促进金针菇子实体的形成。

纤维素、半纤维素、木质素、果胶和淀粉是多糖类的杂聚物，分解后可生成六碳糖、五碳糖及糖醛等，这些物质易于被食用菌菌丝吸收，所以以农副产品的下脚料如木材、木屑、稻草、麦秸、棉籽壳、玉米芯等为主要碳源培养食用菌不仅是可行的，而且又可变废为宝。现在各地利用农副产品和部分添加料的组合栽培食用菌已成为主要的生产方式。

对食用菌来说，它的碳源同时又充作能源，因此，在食用菌生产中，通常向培养料中加入适量葡萄糖，以诱导胞外酶的产生和维持细胞代谢产生的能量，并促进菌丝在培养料中快速生长。

（2）氮源

凡用于构成细胞物质或代谢产物中氮素来源的营养物质，称为氮源。氮源是食用菌合成核酸、蛋白质和酶类的主要原料，对生长发育有重要作用，一般不提供能量。食用菌主要利用有机氮，如尿素、氨基酸、蛋白胨、蛋白质等，氨基酸、尿素等小分子有机氮可被菌丝直接吸收，而大分子有机氮则必须通过菌丝分泌的胞外酶，将其降解成小分子有机氮才能被吸收利用。生产上常用的有机氮有蛋白胨、酵母膏、尿素、豆饼、麦麸、米糠、黄豆浆和畜禽粪等。尿素经高温处理后易分解，释放出氨和氰氢酸，易使培养料的 pH 升高和产生氨味而有害于菌丝生长。因此，若栽培时需加尿素，其用量应控制为 0.1% ~ 0.2%，勿使用量过大。

少数食用菌只能利用有机氮，多数食用菌除以有机氮为主要氮源外，也能利用硝酸盐、铵盐等无机氮。通常，铵态氮比硝态氮更易被菌丝吸收利用，若硝态氮和铵态氮同时存在，则多数食用菌首先摄取铵态氮。但以无机氮为唯一氮源时，菌丝生长一般较慢，且有不长菇现象，这主要是因为菌丝没有充分利用无机氮合成细胞所必需的全部氨基酸的能力。

食用菌在不同生长阶段对氮的需求量是不同的。在菌丝体生长阶段对氮的需求量偏高，培养基中的含氮量以 0.016% ~ 0.064% 为宜，若含氮量低于 0.016% 时，菌丝生长就会受阻；在子实体发育阶段，培养基的适宜含氮量为 0.016% ~ 0.032%。含氮量过高会导致菌丝徒长，从而抑制子实体的发生和生长，推迟出菇。

（3）碳氮比（C/N）

营养基质中的碳、氮浓度要有适当比值，称为碳氮比（C/N）。在食用菌制种和生产过程中，除了考虑培养基的碳源和氮源外，一个不容忽视的问题就是培养基的碳氮比（C/N）必须适合。培养基中氮源的浓度，对食用菌的营养和生殖生长有很大影响。一般认为食用菌在菌丝生长阶段所需的碳氮比较小，以 20∶1 为好，而在子实体生长阶段所需的碳氮比较大，以（30 ~ 40）∶1 为好。不同菌类对碳氮比的需求不同。如蘑菇在菌丝生长阶段，堆制原料的碳氮比以 33∶1 为宜，子实体分化和发育期的适宜碳氮比以 17∶1 为宜。若碳氮比值过大，食用菌不出菇，或虽能出菇，却往往在成熟前停止发育。因此，碳氮比对食用菌生长发育十分重要。

（4）无机盐

无机盐是食用菌生长发育不可缺少的矿质营养，其主要功能是参与细胞物质及酶的组成,维持酶的作用,控制原生质胶态和调节细胞渗透压等。按其在菌丝中的含量可分为大量元素和微量元素。其中磷、钙、镁、钾、硫等元素需要量较多,称为大量元素。而铁、铜、锌、锰、硼、钴、钼等元素需要甚微,称为微量元素。

①磷。菌类所需要的磷,主要是以磷酸盐及有机磷化合物状态供给,在菌类细胞内常以多磷酸的形式储存起来。在食用菌生产中,大多数使用的是磷酸二氢钾或磷酸氢二钾。

②硫。硫存在于蛋白质中,主要是含硫的氨基酸,如胱氨酸、蛋氨酸等。菌类所需的硫可以从硫酸盐和有机硫化物中吸收。在生产中常以 $MgSO_4$ 或石膏粉形式提供。

③钾。钾是许多酶的活化剂,它不仅对糖代谢有促进作用,而且对维持细胞的电位差、渗透压,以及物质的运输起着重要作用。

④钙。钙以离子状态存在,是某些酶的辅因子,既是调节酸度的离子,也是参与调节细胞质膜透性等生理活性的离子。人为提供常为轻质碳酸钙或硫酸钙的形式。

⑤镁。镁是某些激活酶的组成成分。在食用菌生产中常以 $MgSO_4$ 的形式提供。

⑥微量元素。微量元素是微生物酶活性中心的组成部分,或是酶的激活剂。生产中因水和玉米芯、棉籽壳、木屑、大豆秆等植物性产品中所含的微量元素已足够食用菌正常生长了,因此,在食用菌栽培中一般不需要另外添加微量元素。如果额外添加,不仅无益,相反还会造成盐中毒。

(5)生长因子

食用菌生长必不可少的微量有机物,主要为维生素、氨基酸、核酸碱基等物质。主要功能是参与酶的组成和菌体代谢,具有刺激和调节生长的作用。

维生素是食用菌生长发育必不可少,而又用量极小的一类小分子有机化合物。它主要起辅酶的作用,参与酶的组成和菌体代谢。它虽然不能提供能量,也不是细胞和组织的结构成分,一旦缺少维生素,酶就会失去活性,新陈代谢就会失调,导致菌体生长和发育异常。因此,在食用菌栽培中,培养料中仅有碳源、氮源、矿质营养和水分是不够的,在缺乏维生素的培养料上食用菌会生长乏力,无法实现栽培目的。有些食用菌(金针菇、香菇、鸡腿菇等)自身无合成维生素的能力,通常称其为营养缺陷型,栽培这类食用菌时就要注意添加维生素。在食用菌生产中,常用马铃薯、麸皮、米糠、玉米面、麦芽、酵母膏等原料制作培养基。在这些原料中一般含有种类齐全、数量足够的维生素,基本能够满足食用菌的需要,通常可不必另外添加。

对培养料灭菌时,切忌长时间高温,大多数维生素不耐高温,温度在 120 ℃以上时维生素就会发生分解而失效。在野生食用菌的驯化工作中,经常遇到的一个问题是菌丝体在人工培养基上不生长或生长缓慢,子实体不分化发育慢,其中一个重要原因就是在人工培养基中缺乏某些野生食用菌生长所需的维生素,或在对培养基进行高温灭菌时破坏了原来存在的维生素。

生产中为了提高产量,通常喷施适宜浓度的三十烷醇、萘乙酸(NAA)、蘑菇助长剂等,但如果浓度偏高,反而有抑制作用。在食用菌生产中常用浓度为吲哚乙酸(IAA)10 mg/L、萘乙酸(NAA)20 mg/L、赤霉素(GA)10 mg/L、三十烷醇 0.5 ~ 1.5 mg/L。

1.3.2　生理类型

根据食用菌生活方式的不同,可将其分为腐生、寄生及共生3种类型。

1)腐生型

从无生命的有机物中吸取养料的菌称为腐生型食用菌。根据腐生对象,分为木生型、粪草生型、土生型3个生态群。

(1)木生菌

木生菌为从木本植物残体中吸取养料的菌。该菌不侵染活的树木,多生长在枯木朽枝上,常以木质素为优先利用的碳源,也能利用纤维素,常在枯木的形成层生长,使木材变腐,充满白色菌丝。有的对树种适应性广(如香菇等);有的适应范围则较狭窄(如茶薪菇等)。香菇、木耳等既可用段木栽培也可用木屑等原料栽培。

(2)粪草生菌

粪草生菌是从草本植物残体或腐熟有机肥料中吸取养料的菌。多生长在腐熟堆肥、厩肥、烂草堆上,优先利用纤维素,几乎不能利用木质素。可以秸草、畜禽粪为培养料,如草菇、鸡腿菇、双孢菇等。

(3)土生菌

土生菌多生长在腐殖质较多的落叶层、草地、肥沃田野等场所,如羊肚菌、马勃、竹荪等。

木生及粪草生菌较易于驯化,在人工栽培的食用菌中占绝大多数,而土生菌的驯化较难,且产量也较低。目前,进行商业性栽培的菇类几乎都是腐生型菌类,在实际生产中要根据它们的营养生理来选择合适的培养料。

2)寄生型

生活于寄主的体内或体表,从活的寄主细胞中吸收养分或进行生长繁殖的食用菌为寄生型食用菌。

专性寄生极少见,多为兼性寄生(以腐生为主)和兼性腐生(以寄生为主)。如蜜环菌菌丝常寄生或腐生于树根、树干的组织内,导致树木的腐朽。可以在树木的死亡部分营腐生生活,一旦侵入活细胞后就转为寄生生活,导致树木发病。灵芝、金针菇、猴头等虽然都是腐生菌,但在一定条件下,也能侵染活树木,在林地栽培时应采取防护措施(属兼性寄生)。如虫草菌侵染鳞翅目蝙蝠蛾幼虫,在虫体内吸取营养,生长繁殖,使虫体僵化,适宜条件下形成菌和虫的复合体,如冬虫夏草(属兼性腐生)。

3)共生型

与相应生物生活在一起,形成互惠互利,相互依存关系的为共生型食用菌。在食用菌中,不少种类能和高等植物、昆虫、原生动物或其他菌类形成相互依存的共生关系。与植物共生的食用菌多形成菌根。已知约与8%的植物能建立共生关系,对树种的共生是有选择性的,有的与木本植物共生,如牛肝菌、块菌、松乳菇等;有的与草本植物共生,如口蘑等。

菌根:菌根菌与高等植物根系结合形成的共生体。

菌根菌:与高等植物根系形成菌根的菌类,其菌丝体缠绕在根表或深入根组织内部。

植物光合作用合成的碳水化合物供菌体生活,菌丝体吸收的水分、无机盐及分泌的维生素、生长素供给植物利用,形成相互利用的密切关系。其中又分为外生菌根和内生菌根,多数是外生菌根,约有30个科99个属,与一定阔叶树或针叶树菌根菌。

内生菌根的食用菌很少,人工成功栽培的范例是天麻和蜜环菌。天麻是一种特殊植物,无根、无叶,不能进行光合作用,也不能从土壤中吸收养分,必须与蜜环菌共生。凡有天麻生长的地方,必然有蜜环菌伴随而共同存在;有蜜环菌生存的地方,则不一定有天麻,因为蜜环菌可以单独生活。在世界范围内,已发现蜜环菌36种,中国有9种。适合于天麻生长的只有少数几种。蜜环菌的营养来自于木材或其他原料,其菌丝进入天麻块茎的皮层细胞里,被天麻分泌的溶菌酶溶解消化后成为天麻的营养,此时是"天麻吃蜜环菌";当天麻块茎老化或生长受到抑制时,不能分泌足够溶菌酶来消化蜜环菌菌丝时,就转为"蜜环菌吃天麻",导致块茎发黑、中空。食用菌形成菌根,是长期自然环境中形成的一种生态关系。这种关系受到破坏或改变,无论植物或食用菌的生活都会受到不良影响甚至不能正常生活。因此,这类食用菌的人工栽培较困难,取得成功的不多。菌根菌中有不少优良品种,但还没有驯化到完全可以人工栽培,是开发的一个方向。腐生菌、共生菌、寄生菌都是自然界物质大循环的主要参与者。

1.3.3　食用菌的理化环境

食用菌一般都喜欢温暖湿润的气候条件,每一种食用菌都有它对非生物因子(温度、光照、空气条件、湿度、pH等)的要求和适应水平。

1)温度

温度是影响食用菌生长发育的重要环境因子。不同食用菌有不同的极限温度和适宜温度。一般来说食用菌是属于耐低温、怕高温的生物,在生长过程中,每一种食用菌对温度的需求均呈现前高后低的规律。具体地说,孢子萌发温度高于菌丝体生长温度,而菌丝体生长温度高于子实体分化和发育的温度,但子实体分化所需的温度最低。

(1)温度对菌丝体的影响

除草菇外,食用菌菌丝体生长的适宜温度一般为20~30 ℃。在不同温度下,对菌丝生长速度有重要影响,如香菇菌丝最适生长温度为25 ℃,培养温度每升高5 ℃或降低10 ℃,其菌丝生长速度只有在25 ℃下的一半。最适生长温度一般是指菌丝体生长最快的温度,但不是菌丝体健壮生长的温度。在生产实践中,为培育出健壮的菌丝体,常将温度调至比菌丝最适生长温度低2~3 ℃。如双孢菇菌丝体在24~25 ℃条件下生长最快,但长得稀疏无力,在22~24 ℃条件下虽然生长略慢,但菌丝体却长得粗壮浓密。

食用菌的菌丝体耐低温能力强,一般在0 ℃左右不会死亡,段木内的香菇菌丝能耐−20 ℃的低温。若在10%甘油防冻剂的保护下,大多数食用菌菌丝体可在−196 ℃左右的液氮中超低温保藏数年而不死亡。但草菇菌丝体抗寒力极差,在5 ℃条件下极易死亡,故草菇菌种不能放在冰箱内保藏。

食用菌的菌丝体一般不耐高温,如香菇菌丝体在46 ℃条件下仅能存活4 h。多数食用菌菌丝体的致死温度为40 ℃左右,但草菇除外。

(2)温度对子实体分化的影响

子实体分化(原基形成)阶段所需的温度在食用菌一生中是最低的。如香菇菌丝体生长的最适温度为25 ℃,其子实体分化的适宜温度为15 ℃左右;双孢菇菌丝体生长的最适温度为22~24 ℃,子实体分化的适宜温度为13~18 ℃,低于12 ℃时会影响分化数量,高于19 ℃虽分化数量多,但品质差。常根据子实体分化所需的适宜温度,将食用菌分为低温型、中温型和高温型等。

①温度类型。

a.低温型。食用菌子实体分化的适宜温度为13~18 ℃,如金针菇、猴头、双孢菇等。低温型菌类多发生于早春、秋末或冬季。

b.中温型。食用菌子实体分化的适宜温度为20~24 ℃,如银耳、木耳、大肥菇等,它们多在春、秋季发生。

c.高温型。食用菌子实体分化的适宜温度为24~30 ℃,如草菇、灵芝等,它们多在盛夏发生。

②温度反应。根据子实体分化时对温度的反应,可分为变温结实性和恒温结实性菌类。变温对子实体分化有促进作用的食用菌,为变温结实性菌类,如平菇、香菇、金针菇等都属于此类型。如香菇在分化期,以15 ℃为中心,若每天有8~10 ℃的温差,就有利于原基出得快、多、齐;若缺乏温差,则不利于成熟菌丝的扭结。变温对子实体分化无促进作用的食用菌,为恒温结实性菌类,如草菇、木耳、猴头、灵芝等,较强的温差还易使它们的菇蕾伤亡。

③温度对子实体发育的影响。不同食用菌子实体的最适发育温度也各不相同,但一般都略高于子实体分化的最适温度。子实体生长于空气中,所以受空气温度的影响很大,无论是变温性或恒温性菌类,菇蕾形成后就应提供适宜的子实体发育温度。子实体发育的温度指的是气温,而菌丝体生长温度和子实体分化的温度指的是培养料的温度。栽培管理时,既注重料温,又要注意气温,生长前期的料温一般比气温高几摄氏度或十几摄氏度,各种食用菌对温度的要求见表1.5。

表1.5　各种食用菌对温度的要求

食用菌种类	菌丝体生长		子实体生长	
	范围/℃	最适/℃	范围/℃	最适/℃
双孢蘑菇	3~34	24~25	8~18或6~24	12~16或10~17
香菇	15~34	22~26	0~25或8~18	低温型5~15 中温型10~20 高温型15~25
草菇	4~38	28~36	22~32	28~32

续表

食用菌种类	菌丝体生长/℃		子实体生长/℃	
	范围/℃	最适/℃	范围/℃	最适/℃
朴菇	22~28 或 15~30	24~27	5~19 分化 14~16 最快	5~17
滑菇	10~32	23~27 或 22~28	0~20	极早型 8~20 早生型 8~18 晚生型 5~15
平菇	10~35	10~25	10~34	10~20
凤尾菇	10~35	23~28	20~30	25
银耳	8~30	25~28	18~29	22~25
黑木耳	20~36	22~32	2~36	20~24 或 10~25
茯苓	12~37	30	15~28	25
猴头菌	12~33	21~24	12~24	15~22
栎平菇	20~33	27	23~33	25~28

2）光照

食用菌在生长过程中与绿色植物不同,它没有叶绿素,不会进行光合作用,不需要直射光线。但若有一定的散射光,对食用菌子实体的分化、发育却有很大影响。如香菇、草菇等食用菌在完全黑暗的条件下不形成子实体;平菇、灵芝等食用菌在无光下虽能形成子实体,但菇体生长畸形,只长菌柄不长菌盖,不产孢子。试验证明,平菇由营养生长转入生殖生长,必须适时地给予散射光并满足其降温要求,才能促使子实体原基分化,缩短生育期,提高产量。有的食用菌甚至连散射光线也不需要,如双孢蘑菇、大肥菇及茯苓等,可以在完全黑暗的情况下完成其生活史。光线还直接影响着食用菌子实体的色泽,光不足时,草菇是灰白色,黑木耳的色泽黄淡,各种菇的色泽不理想,使其商品价值降低。测量光线的简易方法,可以用书报来测,正常眼力能看见新体 5 号字为适宜栽培食用菌所需的光线。

光线对食用菌菌丝生长会产生不良影响,主要是由波长为 380~450 nm 的蓝光引起的。因此,在培养菌种时,应避免光照。培养室的光线不宜过强,如果很强的话,可将菌种用纸包扎或遮盖起来。总之,菌丝生长阶段一般不需要光线。

3）空气条件

不同菌类在发菌期需氧量存在着差异。如金针菇在营养生长阶段,环境中二氧化碳浓度达 0.5% 时,菌丝生长速度仅是 0.2% 时的 2/3。虽然裂褶菌、平菇对二氧化碳的忍受力较高,但在营养阶段菌丝体培育期间,仍然必须有新鲜氧的供应,否则,菌丝体生活力下降,蔓延缓慢,使菌丝体呈灰白色。

营养生长阶段转入生殖生长阶段初期,较低浓度的二氧化碳能诱导子实体形成,但也有例外,如杏鲍菇的子实体形成主要受温差刺激,对二氧化碳刺激不甚敏感。原基形成之后,要使之正常发育成菇、耳,就必须保持栽培场所有足够的新鲜空气,否则畸形率将增加。

如香菇进行野外"砍花"或人工栽培时,其畸形率仅为1%～2%,而在室内进行木屑菌砖栽培,第一茬菇畸形率均高达70%～80%,这和栽培室CO_2的累积有关。

胶质菌类(银耳、木耳、毛木耳等)的室内栽培,通风不足则会造成耳片不易展开,即使稍微展开,袋蒂头也过大,干品膨胀率降低。毛木耳袋栽时,常由于耳房内挂袋量过多,空气流通受阻,产生生理性病害——"鸡爪耳"。

不同菌类对氧的需求量存在着差异。草菇为好氧性菌类,呼吸量为蘑菇的6倍。因而室内栽培时,草菇床架应拉开。在菇蕾形成时,CO_2的含量达最高峰,这与菇床微生物活动及子实体大量形成、呼吸作用增加有关。草菇发育甚快,尤其是发育时期,呼吸作用释放的CO_2聚积过量时,会使菇体生长停顿。出菇时,菇舍内通风换气量要比菌丝生长期大。但通风换气不可过急,以免使菇舍内温度、湿度变化过大,不利于草菇的发育。

灵芝子实体形成时对CO_2更为敏感。CO_2浓度只要累积至0.1%时,一般不形成菌盖,菌柄分化呈鹿角状。

金针菇生产则与上述情况正相反,为了提高金针菇商品价值,在菇蕾形成之后,提高CO_2浓度至1%,产量提高,但CO_2高达2%时又抑制子实体的形成。在适宜的CO_2浓度下,菌盖直径的增大随着CO_2浓度(0.06%～0.8%)增大而受到抑制。CO_2能抑制金针菇菌盖的开伞,同时促使菌柄伸长。人们利用此特性,促使子实体整齐,不易开伞,使菌柄伸长,提高其商品价值。有的菌类,如白灵菇、蘑菇只能在低CO_2浓度下发育,否则会出现畸形菇。

根据子实体对CO_2敏感程度,食用菌可分为如下两类:

(1)对CO_2敏感菌类

CO_2浓度稍增加,对子实体发育有极大的危害,如蘑菇、灵芝、黑木耳、香菇、银耳等。

(2)对CO_2不太敏感菌类

CO_2浓度稍适度增加,对子实体发育影响不大,如金针菇、凤尾菇等。

4)湿度

食用菌是喜湿的生物,不论是孢子萌发、菌丝生长、子实体形成都需要一定的水分和空气相对湿度,没有水分就没有生命。食用菌在不同阶段对空气湿度的需求是不一样的,一般呈现前低后高的规律。菌丝生长阶段的适宜空气湿度为60%～70%;而子实体分化阶段提高湿度,可促进分化,一般子实体生长阶段的相对空气湿度宜保持为80%～90%,在此条件下培养,可获得菌柄粗壮、组织细嫩的鲜菇。必须注意的是,保持空气相对湿度是相对的。应根据当时气候条件,因地制宜,注意通风,干湿交替。一味地追求增大空气湿度,易引起菇棚内CO_2累积过高,蒸腾速度过分降低,营养物质传道受阻,也易招致病虫害的发生。因此,必须根据所栽培食用菌的生物学特性,采取灵活、辩证的措施来调节空气相对湿度,以利于子实体的发育。

根据湿度对菌丝和子实体发育的影响,将食用菌分为两类。

(1)喜湿性食用菌

对湿度有较高的适应性,过湿时子实体仍发育良好,如银耳、平菇、黑木耳等。

（2）厌湿性食用菌

湿度较大则发育不良，如香菇、双孢菇、金针菇等。

5）pH 值

培养料的酸碱度是影响细胞透性、酶的活性及代谢活动的重要因素。不同食用菌对酸碱度的要求不一样。一般来说，木腐生菌类适于在偏酸性环境中生长，粪草腐生菌类喜欢在偏碱基质中生长。根据其菌株腐解能力的强弱，可以粗略判断菌类所适宜的 pH。如，腐解能力强的猴头菌适宜的 pH 为 3 ~ 4；木耳适宜的 pH 为 5.5 ~ 6.5；草菇为纯草腐生菌，pH 为 7.5 ~ 9 均能生长；蘑菇为粪草腐生菌，pH 以 7.2 ~ 7.5 为宜。

菌丝生长的最适 pH 并不是配制营养基质时的 pH，营养基质的 pH 是不断变化的，高温灭菌或菌丝生长的酸性代谢物都会引致 pH 下降，因此，在配制营养基质时应将其 pH 适当调高。生产上栽培大多数食用菌时，常向培养料中加入一定量的新鲜石灰粉（猴头菇、香菇例外），将 pH 调至高出最适 pH 1.5 左右，在后期管理中，也常用 1% ~ 2% 的石灰水喷洒菌床，以防 pH 的下降。实践证明，偏碱性的培养料能有效地抑制杂菌感染。此外，为使 pH 具有一定的缓冲性和稳定性，在配制营养基质时，常加入一定量的磷酸二氢钾、磷酸氢二钾、石膏粉、轻质碳酸钙等。现将主要食用菌对培养基 pH 值的要求列于表 1.6。

表 1.6　各种食用菌对酸碱度的要求

种　类	适合的 pH 范围	最适 pH 值
双孢蘑菇	6 ~ 8	6.8 ~ 7
香菇	2 ~ 6 或 3 ~ 4 或 4 ~ 7.5	4.5 ~ 6.5
草菇	6.8 ~ 7.8	6.8 ~ 7.2
朴菇	3 ~ 8.4	4 ~ 7
平菇	5 ~ 6.5	—
银耳	5 ~ 6（羽毛状菌丝 2.4 ~ 8）	5.2 ~ 5.8
猴头菌	2.4 ~ 7.5	4
黑木耳	4 ~ 7	5.5 ~ 6.5

1.3.4　食用菌的生物环境

食用菌在生长发育过程中，与周围环境中的微生物、动物、植物有密切的利害关系。

1）食用菌与微生物

食用菌为大型真菌，它们与其他微生物的关系较为复杂。许多微生物（细菌、霉菌、酵母菌和病毒等）是食用菌病害的病源，但也有一些食用菌的生长发育必须依靠其他微生物的帮助。

（1）对食用菌有益的微生物

对食用菌有益的微生物：酵母菌发酵，微生物与食用菌伴生，促进食用菌子实体的形成。许多微生物能为食用菌提供必要的营养物质,如假单胞杆菌、嗜热真菌和嗜热放线菌、高温单胞菌、高温放线菌等,它们在食用菌培养基发酵过程中不仅能帮助分解纤维素、半纤维素等复杂物质,软化草茎,而且还能为蘑菇的生长提供必要的氨基酸、维生素和醋酸盐,如腐质霉可合成 B 族维生素,嗜热放线菌可产生生物素、硫胺素、泛酸和烟酸。此外,这些微生物自身繁殖所合成的菌体蛋白质和多糖体,又是蘑菇生长的良好营养。人们栽培蘑菇用的培养料,实际上就是由堆肥中的微生物发酵加工制成的。当然,这种微生物繁殖过多时,消耗大量木质素和纤维素,堆肥的营养价值也就随之下降。

银耳的生长发育需要一种名为"香灰"的微生物,香灰是一种真菌,与银耳菌丝伴生,它的子囊果为黑色颗粒状,分生胞子为黄绿色,形似灰,故名香灰。没有香灰菌丝的伴生,银耳生长不旺。据测定,银耳芽胞子不能分解纤维素和半纤维素,无法单独在木屑培养基上生长。只有把两者混合接种在一起时,银耳菌丝才能得到香灰菌丝分解木屑而成的可溶性糖而得以生长、繁殖。

（2）对食用菌有害的微生物

对食用菌有害的微生物可称为病原菌。病原菌是食用菌生产的大敌,潜伏或为害于食用菌生产的各个环节,被其侵染后会造成食用菌生理代谢的失调,产生传染性病害。病原微生物主要包括真菌、细菌、病毒等,按其为害可分为寄生性病害、竞争性病害和寄生兼竞争性病害:

①寄生性病害。病原菌直接从食用菌菌丝体或子实体内吸取养分,导致食用菌的生理代谢失调;分泌毒素杀死或杀伤食用菌后取其养分。如食用菌的病毒病、蘑菇疣孢霉病等。

②竞争性病害。病原菌主要在培养料中生长繁殖,与食用菌争夺水分、养料和生长空间,并改变培养料的 pH,如毛霉、曲霉、青霉、细菌等。

③寄生兼竞争性病害。病原菌与食用菌争夺养料和生长空间时,还能直接吸取食用菌中的养分,并能分泌杀死或杀伤食用菌的有害物质,如木霉、蘑菇灰丝霉等。

2）食用菌与动物

（1）对食用菌有害的动物

食用菌的菌丝体和子实体常遭到一些动物的咬食,对食用菌有害的动物常称为害虫。主要是节肢动物和软体动物,如跳虫、螨类、线虫、蛞蝓等。

害虫对食用菌的直接危害是咬食菌丝体和子实体,使菌丝伤亡、菌床腐朽、子实体千疮百孔、降低或丧失商品价值。间接为害主要在于害虫又是杂菌的携带者和传播者,被害虫咬过的伤口极易导致病原菌的侵入,所以害虫爆发常伴随病害流行,给食用菌生产带来毁灭性损害。此外,有些害虫以菇木或培养料为食物,使其发生污染或质变而不利于食用菌菌丝的生长。

（2）对食用菌有益的动物

食用菌的生长离不开相应的动物,部分动物是食用菌的营养来源或孢子传播的媒介。

极少数食用菌的生活史循环需要依靠动物来完成,最典型的是鸡枞。鸡枞常见于针叶林与阔叶林中的地上,凡是有鸡枞生长的地方必定有白蚁,鸡枞柄与白蚁巢相连接,多群生。在高温高湿的季节里,白蚁窝上先长出小的白菌球,随后长大呈凸起为幼鸡枞,最后破土伸出地面,成为常见的鸡枞。白蚁和鸡枞的关系可能是鸡枞利用蚁粪和白蚁分泌的激素等生长物质,而白蚁则以鸡枞的白色菌丝球为食料。

此外,有些动物能食用菌的孢子,如竹荪的孢子就是靠蝇类传播的,而块菌生长的地下,它的孢子只能通过野猪才能传播。

3) 食用菌与植物

(1) 植物对食用菌的有益作用

植物对食用菌的有益作用为提供营养基础以及创造适宜生态环境。

食用菌与植物的关系复杂且微妙。有些食用菌与植物结成相互有利的形式,形成菌根,故称这类真菌为菌根菌。菌根菌能分泌吲哚乙酸等物质,刺激植物根系生长,促进植物吸收某些无机盐类,而植物把光合作用合成的碳水化合物提供给菌类。能与植物形成菌根的菌类约有 11 个目,30 个科,99 个属多见于块菌科、牛肝菌科、红菇科、口蘑科、鹅膏菌科。能与菌类形成菌根的植物主要有裸子植物、被子植物和蕨类植物。菌根菌与植物有专一性,如牛肝菌、松乳菇与松树,红菇与红栎,口蘑与黑桦,黑孢块菌与毛栎等。

蜜环菌与天麻的关系很特殊。蜜环菌常寄生在天麻的块茎里,侵染皮层,毁坏细胞,吸收养料,但天麻也必须依靠蜜环菌。天麻虽属多年生兰科植物,但它既无根也无叶,如果没有蜜环菌的寄生,它的种子不能发芽,植株不能开花结籽。天麻的块茎就是通过其消化细胞来消化入侵皮层细胞中的蜜环菌菌丝体才不断长大的。因此,蜜环菌与天麻之间存在难以分离的共生关系。

人们常常利用食用菌与植物形成的和谐生态关系,进行高效益的套种栽培模式。例如:高秆植物玉米等可与食用菌套种;瓜、果棚架下也可套种食用菌;稻田中水稻生长后期也可套种食用菌。

(2) 植物对食用菌的有害作用

有些食用菌寄生于植物体上,危害植物。如木腐性食用菌分解木材,使其腐烂;兼性寄生食用菌寄生植物导致病害(如蜜环菌使茶、桑、柑橘等发生根腐病;猴头菌使栎等树木白腐)。

思考练习题)))

1. 食用菌生长的所需哪些营养条件?

2. 食用菌对温度、湿度、空气及光照的需求有何规律?

3. 哪些因素有利于变温性食用菌子实体的分化?

4. 导致食用菌子实体畸形的主要因素有哪些?

5. 简述食用菌和其他环境的关系。

实训指导1　食用菌形态结构的观察

一、目的要求

观察食用菌菌丝体的生长状态,利用显微镜认识食用菌的营养体和繁殖体的微观结构,观察食用菌子实体形态特征,掌握各种食用菌子实体的类型和特征,并能根据子实体的外形进行分类。

二、实验准备

(一)材料用品

平菇、香菇、双孢菇、草菇、金针菇、木耳、银耳、猴头菇、灵芝、密环菌、羊肚菌、虫草、茯苓等食用菌子实体或菌核浸制标本,或干标本、鲜标本,常见品种的适龄母种,胡萝卜等。

(二)仪器用具

光学显微镜、接种针、无菌水滴瓶、染色剂(石炭酸复红或美蓝等)、酒精灯、75%酒精、火柴、载玻片、盖玻片、刀片、培养皿、天平等。

三、实验内容

(一)食用菌菌丝体的观察

1.菌丝体宏观形态特征观察。

2.菌丝体微观形态特征观察。

(二)食用菌子实体形态特征观察

1.子实体宏观形态特征观察。

2.菌褶和菌管微观形态特征观察。

(三)孢子观察

四、方法步骤

(一)菌丝体形态特征观察

1.菌丝体宏观形态观察

(1)观察平菇、草菇、金针菇、木耳、银耳及香灰菌、蘑菇、猴头、灵芝等食用菌的试管斜面菌种或 PDA 平板上生长的菌落,比较其气生菌丝的生长状态,并观察菌落表面是否产生无性孢子。

(2)观察菌丝体的特殊分化组织:蘑菇菌柄基部的菌丝束;密环菌的菌索;茯苓的菌核;虫草等子囊菌的子座。

2.菌丝体微观形态观察

(1)菌丝水浸片的制作:取一载玻片,滴一滴无菌水于载玻片中央,用接种针挑取少量平菇菌丝于水滴中,并用两根接种针将菌丝拨散。盖上盖玻片,避免气泡产生。

(2)显微观察:将水浸片置于显微镜的载物台上,先用10倍的物镜观察菌丝的分支状态,然后转到 40 倍物镜下仔细观察菌丝的细胞结构等特征,并辨认有无菌丝锁状联合的痕迹,菌丝体形态特征观察记录表见表 1.7。

表 1.7 菌丝体形态特征观察记录表

序号	食用菌名称	菌丝体宏观形态			菌丝体微观形态	
		菌丝生长状态描述	是否产生无性孢子	特殊组织情况	细胞核数目	有无锁状联合

(二)子实体形态特征观察

1.子实体宏观形态观察

仔细观察各种类型的食用菌子实体的外部形态特征,并比较各种子实体的主要区别,特别注意菌盖、菌柄、菌褶(或菌孔、菌刺)、菌环的特征,并对之进行比较、分类。

(1)外部形态观察

①菌盖。形状、表面的颜色、有无黏液和鳞片、直径、高度;菌褶颜色、形状等。

②菌柄。形状、颜色、有无菌环、菌托;菌柄中部直径等。

(2)内部形态观察(用刀片纵切后观察)

①菌盖。指出表皮、菌肉、菌褶等结构;菌肉颜色、质地等;菌褶与菌柄的连接方式。

②菌柄。内部质地与菌肉是否相同;颜色;与菌盖着生方式。

表 1.8 所示为子实体宏观形态观察记录表。

表 1.8 子实体宏观形态观察记录表

序号	食用菌名称	子实体宏观形态描述					分类
		菌 盖	菌 柄	菌褶或菌管	菌 环	菌 托	

2.菌褶和菌管微观形态观察

菌褶切片观察:取一片平菇菌褶置于左手,右手持刀片,横切菌褶若干薄片漂浮于培养皿的水中,用接种针先取最薄的一片制作水浸片,显微观察平菇担子及担孢子的形态特征。

(三)孢子的观察

1.孢子印观察

将 8 分成熟的食用菌子实体切除菌柄,将菌盖朝下,放置在适合、干净的纸张上,并放在 28 ℃的恒温箱中进行培养,12～24 h 后将菇盖取掉,观察纸张上散落的孢子留下的孢子印的情况。

2.孢子观察

挑取适宜的孢子制成切片,进行观察。培养各类食用菌孢子的水浸片进行观察,也可用各类孢子标本片进行观察。

五、作业

(1)绘制平菇、香菇、双孢菇、草菇、金针菇等食用菌的结构简图。

(2)填写实训记录单。

六、考核办法与标准

(一)考核内容

1.指出下列常见食用菌种类的名称与分类(共50分)

(1)双孢菇、香菇、金针菇等:属于担子菌、伞菌类。

(2)木耳:属于担子菌耳类。

(3)冬虫夏草:属于子囊菌。

2.伞菌类子实体的各部分结构的名称:(共50分)

(1)子实体的两个主要结构为菌盖和菌柄。

(2)菌盖由表皮、菌肉和菌褶组成。

(二)考核标准

序号	考核项目	评价标准	分值	备 注
1	学习态度	遵守纪律和时间,不迟到,不早退,工作态度积极、发言积极、团队意识强,团队协作。	10	
2	技能操作	能准确说出图示食用菌名称,且分类正确;能准确指出伞菌类子实体的各部分结构名称;仪器、材料及工具使用和管理符合要求,能安全操作。	70	以个人考核为主
3	提问	根据现场情况提问,回答问题熟练、正确。	10	
4	完成任务的质量及速度	按时按标准完成任务	10	

项目2 **菌种生产**

项目教学设计

学习项目名称	菌种生产
任务名称 　2.1 消毒与灭菌 　2.2 菌种概述、主要生产设备及菌种厂布局 　2.3 菌种培养基 　2.4 菌种的接种 　2.5 菌种培养与质量鉴定 　2.6 菌种保藏与复壮	教学方法和建议 　1.通过任务教学法实施教学,实施场所为实验实训室、实训基地等。 　2.将生产设计分成6个工作任务单元,每个工作任务单元按照"资讯—决策—计划—实施—检查—评价"六步法来组织教学,学生在教师指导下制订方案、实施方案、最终评价学生。 　3.教学过程中体现以学生为主体,教师进行适当的讲解,并进行引导、监督和评价。 　4.教师提前准备好各种多媒体学习资料、任务工单、教学课件,并准备好教学场地。
学习目标	掌握消毒、灭菌的概念。 酒精火焰灭菌的使用范围和方法,烘箱灭菌的注意事项和使用范围。 高压蒸汽灭菌、常压蒸汽灭菌、巴氏消毒等方法的原理、注意事项和范围。 掌握常用化学消毒剂的使用浓度和方法及使用范围。 掌握高压锅、接种箱、接种室、培养箱(室)的使用方法,了解它们的构造。 明确菌种的生产程序;了解液体菌种和固体菌种的优缺点。 明确母种、原种、栽培种的来源、生产中的作用和菌种的特点。 掌握母种、原种、栽培种3类培养基的配制过程和要求。 明确母种、原种、栽培种培养基的灭菌压力和灭菌时间。 明确无菌操作的要领和意义,掌握组织分离法及多孢分离法。 明确母种、原种、栽培种接种的要求和注意事项。 掌握培养各级合格菌种所必需的环境条件,试管、菌袋等的放置要求以及培养时间和辨认异常菌袋及试管的知识;掌握合格菌种外包装应有的标示内容、培养形态以及菌种对外部环境条件的适应性的检测等。 掌握常用的几种保藏方法和复壮方法的有关知识以及防止衰退的有效措施,了解保藏的原理和目的。

教师所需要的执教能力	能熟悉菌种生产所需的设备名称、构造及原理并且熟练操作。 能熟练操作空间及器具的消毒灭菌工作。 能熟练配制不同菌种的母种、原种、栽培种培养基并进行接种,同时会对菌种进行培养,会鉴定质量好和差的菌种,能用多种保藏方法保存菌种,并且熟悉菌种衰退的原理并用多种方法进行复壮。 能根据教学法设计教学情境。 能够按照设计的教学情境实施教学。

任务2.1　消毒与灭菌

工作任务单

项目2　菌种生产	姓名:	第　　组
任务2.1　消毒与灭菌	班级:	

工作任务描述:

　　理解消毒灭菌的意义,明确物理消毒法和化学消毒法的使用范围及浓度,最终能给出食用菌生产的每一道工序的消毒灭菌措施。

任务资讯:

　　1.高压灭菌的原理,步骤。

　　2.高压灭菌的注意事项。

　　3.高压灭菌与常压灭菌的区别。

　　4.紫外线灭菌的注意事项。

　　5.酒精消毒浓度。

　　6.湿热灭菌与干热灭菌区别。

具体任务内容:

　　1.根据任务资讯获取学习资料,并获得相关知识。

　　2.食用菌生产中消毒灭菌的重要性。

　　3.物理消毒灭菌的分类、热力消毒和紫外线消毒灭菌的适用范围。

　　4.化学消毒灭菌的分类、每种消毒药剂灭菌的适用范围、消毒浓度。

　　5.根据学习资料制订工作计划,完成工作任务。

考核方式及手段:

　　1.考核方式:

　　教师对小组的评价、教师对个人的评价、学生自评相结合,将过程考核与结果考核相结合。

　　2.考核手段:

　　笔试、口试、技能鉴定等方式。

空气、水滴、沙土、尘埃、各种生物及物体表面或孔隙内均存在细菌、真菌的孢子。为了能从培养基上获得纯菌丝体,就必须采用物理或化学的方法进行灭菌或消毒。

消毒是指杀死物体上病原微生物的方法,芽孢或非病原微生物可能仍存活。本任务所涉及的消毒,主要是指在接种空间采用物理和化学方法进行消毒,从而大幅度地降低接种空间的微生物数,为培养基接种成功奠定基础。同样,对栽培培养料预处理、栽培环境的局部消毒,也是为了减少食用菌生长环境中的微生物数。

灭菌是指杀灭或去除物体上所有微生物的方法,包括抵抗力极强的细菌芽孢。本任务中所指的灭菌主要是指对容器内所有培养基彻底灭菌,使食用菌菌丝纯培养成为可能。所以容器与培养基灭菌是否彻底,是食用菌栽培成功与否的关键所在。

2.1.1 物理消毒灭菌

1)热力灭菌

热力灭菌法是利用热能使蛋白质或核酸变性来达到杀死微生物的目的,分为干热灭菌和湿热灭菌两大类,其中湿热灭菌分为常压蒸汽灭菌和高压蒸汽灭菌。

(1)干热灭菌

①火焰灼烧灭菌。将能忍受高温而不被破坏的器物,如接种针、铲、耙、镊子、接种环等接种工具的接菌端放在酒精灯火焰的2/3处,灼烧、来回过火两三次,即可达到无菌。

②干烤(热)灭菌。利用干燥热空气(160～170 ℃)维持2 h后,微生物细胞的蛋白质变性,可杀灭包括芽孢在内的所有微生物。适用于耐高温的玻璃器皿、瓷器、玻璃注射器等。

此法灭菌应注意以下几点:

a.灭菌物在箱内一般不要超过总容量的2/3,灭菌物之间应留有一定空隙。

b.灭菌玻璃皿进箱前应晾干,以免温度升高引起破碎。

c.棉花塞、包装纸等易燃物品不能与灭菌干燥箱的铁板接触,否则易引起棉塞或包装纸烤焦。

d.升温时,可拨开进气孔和排气孔,温度达到所需温度(如160～170 ℃)后关闭,使箱内温度一致。

e.如不慎灭菌温度超过180 ℃或因其他原因,烘箱内发生纸或棉花烤焦或燃烧,应先关闭电源,将进气孔、排气孔关闭,令其自行降温到60 ℃以下,才可打开箱门进行处理。切勿在未断电前开箱或打开气孔,否则会促进燃烧酿成更大的事故。

f.在正常情况下,灭菌完毕,待其自然降温到100 ℃后,打开排气孔促其降温,在降到60 ℃以下时,再打开箱门取出灭菌物,以免骤然降温使玻璃器具爆破。

③红外线灭菌。波长为760～4 000 nm的红外线是热射线。红外线灭菌器(红外线接种环灭菌器)采用红外线热能灭菌,使用方便、操作简单、对环境无污染,无明火、不怕风、使

用安全,广泛应用于生物安全柜、净化工作台、抽风机旁、流动车上等环境中进行微生物实验。

（2）湿热灭菌

湿热蒸汽易流动,比干热灭菌法更适合在大批量物体之间的间隙中流串。蒸汽具有很强的穿透力,而且其与待灭菌物体接触时凝结成水的过程,同时释放出潜热能,热不断地传导至培养基的深处,逐渐达到内外热平衡,并能在相当长的时间内维持高温,因此达到彻底灭菌目的。

①常压蒸汽灭菌法。常压蒸汽灭菌是将灭菌物放在灭菌器中蒸煮,待灭菌物内外都升温到 100 ℃时,维持 12 ~ 14 h。

常压蒸汽灭菌法是菌种生产中普遍采用的方法。常压灭菌的时间通常以见冒大气(100 ℃)开始计算,一般维持 12 ~ 14 h,灭菌时注意不要将灭菌物排得过密,以保证灭菌锅内的蒸汽流通。开始要求以旺火猛攻,使灭菌灶内的温度尽快上升至 100 ℃,中途不能停火,经常补充热水以防蒸干。此法的优点是建灶成本低、容量大,但灭菌时间长、能源消耗量大,如图 2.1—图 2.5 所示。

图 2.1　汽油桶自制蒸汽发生炉　　图 2.2　蒸汽发生炉管道连接　　　图 2.3　灭菌灶

图 2.4　灭菌堆　　　　　　　图 2.5　常压灭菌锅

②高压蒸汽灭菌。在密闭的容器内,水经加热后,由于蒸汽不能逸出,致使锅内压力升高,蒸汽的温度随之升高。在高温条件下,保持一定的时间,可以杀死待灭菌物品上的生物,包括耐高温的细菌芽孢、真菌孢子和虫卵。高压蒸汽灭菌是一种高效、快速的灭菌方法,生产上应用最为普遍。

a.高压蒸汽灭菌锅的类型。高压蒸汽灭菌锅类型较多,供热的形式差异较大,虽然结构上有所不同,但主要部件相似。常见的有手提式高压蒸汽灭菌锅(图 2.6)、卧式高压蒸汽灭菌锅(图 2.7)、圆形高压蒸汽灭菌锅(图 2.8)等,同时,也有脉动真空灭菌柜(图 2.9)。

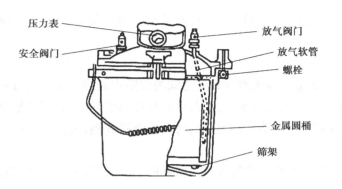

图 2.6　手提式高压蒸汽灭菌锅　　　　图 2.7　卧式高压蒸汽灭菌锅

图 2.8　圆形高压蒸汽灭菌锅

图 2.9　脉动真空灭菌柜

购买时,可根据生产规模,确定所购买高压蒸汽灭菌锅的容积,并向有高压容器生产许可证的厂家购买。

b.高压蒸汽灭菌方法。高压蒸汽灭菌所采用的灭菌压力与灭菌时间,应根据待灭菌物品的性质、体积与容器类型等确定。液体和含琼脂的培养基一般为 0.098 ~ 0.105 MPa,120 ~ 121 ℃,灭菌 20 ~ 30 min;原种、栽培种培养基及熟料栽培培养料一般为 0.147 MPa,128 ℃,灭菌 1.5 ~ 2 h,才能达到满意的灭菌效果。使用高压蒸汽灭菌锅的步骤为:加水至水位线—待灭菌物装锅—加盖—加热升温—压力至 0.049 MPa 时,打开排气阀排除锅内冷空气,压力降至 0,排气阀有大量热蒸汽冲出时,关闭排气阀—继续升温,压力升至规定指标,温度达到规定指标时,开始调火稳压,按照规定时间—灭火—降压—开盖—取物程序进行。

c.高压蒸汽灭菌时注意事项。

● 排净冷空气。空气的膨胀系数大,若锅内留有空气,当灭菌锅密闭加热时,空气受热很快膨胀,压力上升,造成压力表虽然已指到要求压力,但锅内蒸汽温度低,灭菌不彻底。高压锅内空气排出程度与温度的关系见表 2.1。

表 2.1　高压锅内空气排出程度与温度的关系

压力 /MPa	灭菌锅内蒸汽温度/℃				
	空气完全未排净	空气排出 1/3	空气排出 1/2	空气排出 2/3	空气完全排出
0.035	72	90	94	100	109
0.070	90	100	105	109	115
0.105	100	109	112	115	121
0.141	109	115	118	121	126
0.176	115	121	124	126	130
0.210	121	126	128	128	135

● 待灭菌的物品放置不宜过紧。待灭菌物品若放得过多、过密,会妨碍蒸汽流通,造成局部温度偏低,达不到彻底灭菌的目的。

● 灭菌结束应缓慢降压。灭菌完毕后,不可放气减压,否则瓶内液体会剧烈沸腾,冲掉瓶塞而外溢甚至导致容器爆裂。须待灭菌器内压力降至与大气压相等后才可开盖。

④高压蒸汽灭菌效果检验。

a. 斜面试管灭菌效果检验。将灭好菌的斜面试管放置在清洁、干燥、无日光直射的箱子中,以防止培养基的干涸和棉塞受潮滋生杂菌。灭菌后放入 32 ℃ 恒温箱中培养数日。如果斜面仍然保持光亮,无杂菌的菌落出现,则说明培养基彻底灭菌。

b. 检验灭菌温度。取少量的硫黄粉装入安瓿瓶中,封口,放入菌种瓶内中间,做上标记。将若干这样的菌种瓶放在灭菌锅内各角落,随其他菌种瓶一起高压灭菌。随后,从有标记的菌种瓶中取出小安瓿瓶,如果小安瓿瓶内硫黄熔解(硫黄粉熔点为 119 ℃),说明已基本达到所需的灭菌温度。也可以将留点温度表埋入菌种瓶内,灭菌后取出观察温度。

c. 直接检验灭菌效果。上述两种方法,存在一定的缺陷,因硫黄熔解或留点温度仅表示曾达到所需的温度,并不能说明达到温度后维持了多长时间,是否灭菌彻底仍有疑问。为此,可从灭菌锅内各角落的菌种瓶取样,在无菌条件下,取出菌种瓶内中部的培养基一小撮,移接入斜面培养基(含有冷凝水)上,置于 36 ℃ 温度下。培养 2 ~ 3 d 后取出,若斜面上出现细菌菌落,则说明灭菌不彻底,应及时查找原因纠正。

灭菌效果检验这一环节不可忽视,对于大批量连续性生产,灭菌效果的检验应时常进行。宁可多耗些能量,延长灭菌时间,也不可造成灭菌不彻底。

(3)间歇蒸汽灭菌

一般在常压下,将灭菌物放在锅内,用 100 ℃ 流通蒸汽 30 ~ 60 min 来杀灭微生物,然后取出灭菌物,置于 28 ~ 37 ℃ 下培养 24 h,诱导芽孢和孢子萌发成营养细胞,再以同样方法加热处理,如此反复 3 次,即可杀灭物品中的微生物。该法不需加压,但操作麻烦,时间长。适于没有高压灭菌设备或不耐 100 ℃ 以上温度培养基的灭菌。

(4)煮沸灭菌

煮沸灭菌是将待灭菌物品放在水中煮沸 15 ~ 20 min,可杀死所有微生物的营养体。一般用于接种工具、器材的灭菌。在煮沸时加入 2% 碳酸氢钠或 2% 石炭酸可增强灭菌效果。

2)紫外线杀菌

紫外线是一种短光波,具有较强的杀菌力。其杀菌原理是紫外线会破坏菌体的核酸和蛋白质,从而造成细胞死亡。此外,紫外线照射时可使空气中的氧气转变为臭氧,臭氧具有一定的杀菌作用,常用于接种箱、超净工作台、缓冲室的空间消毒净化。

使用紫外灯杀菌时应注意以下几个问题:

①紫外灯每次开启 30 min 左右即可,若时间过长,易损坏紫外灯管,且产生过多的臭氧,对工作人员不利。

②经过长时间使用后,紫外灯的杀菌效率会逐渐降低,所以隔一定时间后要对紫外灯的杀菌能力进行实际测定,以决定照射的时间或更换新的紫外灯。

③紫外线对物质的穿透力很小,对普通玻璃也不能通过,因此紫外线只能用于空气及物体表面的灭菌。

④紫外线对眼结膜及视神经有损伤作用,对皮肤有刺激作用,所以开着紫外灯的房间人不要进入,更不能在紫外灯下工作,以免受到损伤。

3)臭氧发生器消毒

臭氧发生器消毒是近年来新出现的物理消毒法,主要用于接种箱、空气流动性较差的小环境内的消毒。环境温度、湿度、发生器放置位置、环境内空气状况均影响臭氧消毒的效果。

4)空气净化法

近年来空气净化已逐渐被采用。使用空气净化只能在密闭室内安装有 1~3 台空气净化机。在工作前 2 h 开机,使室内空气不断循环净化。

5)过滤除菌

过滤除菌是利用机械阻留的方法除去介质中微生物的方法,常用于空气过滤和一些不耐高温液体营养物质的过滤。空气过滤采用超细玻璃纤维组成的高效过滤器,通过压缩空气,滤除空气中的微生物,使出风口获得所需的无菌空气,如超净工作台、发酵罐空气过滤、空气净化器等。另外,试管和菌种瓶口的棉塞也起着空气过滤除菌的作用。液体过滤需使用过滤器,并配备减压抽滤装置,可采用抽滤的方法,使液体物质通过过滤器,滤去液体中的微生物。

2.1.2　化学消毒灭菌

可杀死微生物的化学药剂统称为消毒剂。理想的消毒剂应是杀菌力强、价格低、能长期保存、对人无毒或毒性较小的化学药剂。

常用的消毒药剂有:

(1)氧化剂

①高锰酸钾。高锰酸钾为深紫色晶体,易溶于水,能将细胞内酶氧化,使酶适活,从而使菌体死亡。常用 0.1%~0.2% 溶液对床架、器皿、用具和皮肤表面消毒;2%~5% 溶液可在 24 h 杀死芽孢,浓度为 3% 时可杀死厌氧菌,并可随配随用。

②漂白粉。漂白粉为白色颗粒状粉末,主要成分为次氯酸钙,有效氯含量为 25%~32%,溶于水生成次氯酸,有很强的氧化作用,易与蛋白质或酶发生氧化作用而使菌类死亡。一般用 5% 漂白粉对培养室、菇房的环境进行消毒。

③二氧化氯。二氧化氯在常温常压下为黄绿色气体,有刺激性氯臭味。对各种真菌、细菌营养体、病毒等均有很强的杀灭作用,对人无毒害。该消毒剂要随用随配,高浓度会发生爆炸,配制和使用时应避开烟火。目前市场上二氧化氯的商品制剂较多,如必洁仕等。

(2)还原剂

甲醛是常用的还原消毒剂,37%~40% 的甲醛溶液又称为福尔马林,属强还原性杀菌剂。福尔马林与菌体的氨基酸结合而使蛋白质变性、失活。5%的甲醛溶液可杀灭细菌芽孢和真菌孢子等各种类型的微生物。

生产中常用甲醛对接种室、接种箱、培养室、菇房等处进行熏蒸消毒,用量为 8 ~ 10 mL/m³甲醛饱和溶液,熏蒸时将甲醛溶液倒入一容器内,加热使甲醛挥发,也可用 2 份甲醛与 1 份高锰酸钾混合,产生的热量使甲醛挥发,密闭 24 h。甲醛具有强烈的刺激性,影响健康,使用时要注意安全。熏蒸 24 h 后可用 25%氨水喷雾,氨与空气中残留的甲醛结合,消除甲醛气味。

(3)表面活性剂

①酒精。酒精(乙醇)是常用的表面消毒剂。酒精能降低表面张力,改变细胞膜的通透性及原生质的结构状态,引起蛋白质凝固变性。酒精不能有效杀灭芽孢、病毒等微生物,仅是常用的消毒防腐剂。浓度以 70% ~75%的乙醇杀菌效果最好,无水乙醇因使菌体表面蛋白质快速脱水凝固,形成一层干燥膜,阻止乙醇继续渗入,故其杀菌效果差。

在食用菌生产中,酒精消毒多用于分离材料表面、刀片、接种针、镊子、剪刀、菌种瓶口和操作人员手的消毒,可直接浸泡或用酒精棉球涂擦。

②新洁尔灭。新洁尔灭为一种季铵盐阳离子表面活性广谱杀菌剂,杀菌力强,通过破坏微生物细胞膜的渗透性来达到杀菌效果,对皮肤无刺激性,对金属、橡胶制品无腐蚀作用。新洁尔灭的成品为 5%溶液,使用时浓度稀释成 0.25%的水溶液,用于双手和器皿表面的消毒,也可用于环境消毒。注意应现用现配。

③煤酚皂液。煤酚皂液又名来苏儿,主要成分为甲酚,甲酚含量为 48% ~52%,可溶于水,性质稳定,耐贮存,杀菌机理与苯酚相同,但杀菌能力比苯酚强 4 倍。一般 1% ~2%溶液用于皮肤消毒,3%溶液用于环境喷雾消毒。

(4)其他消毒剂

①气雾消毒盒。气雾消毒盒属于烟熏杀菌剂。粉末状,主要用于接种室、接种箱、养菌室和菇房的消毒,使用时按照 2 ~6 g/m³,夏天及阴雨天使用时用量大些,点燃熏蒸 30 min 以上,使用之前将环境预先用药剂喷雾增湿,消毒效果则更佳。气雾消毒剂腐蚀性较强,使用后应将接种箱、接种工具、设备定期擦拭一遍。

②石灰。石灰分为生石灰、熟石灰两种。以 4 份生石灰加入 1 份水,即化合成熟石灰,为碱性物质,是一种广泛使用的廉价消毒剂。既可破坏培养料表面的蜡质,又可提高 pH,抑制大多数酵母菌及霉菌的生长繁殖,从而达到消毒目的,还可提供钙素养料。1% ~2%用于拌料,5% ~10%用于喷、浸、刷或干撒霉染处或湿环境。注意一定要用新石灰。

③多菌灵。多菌灵是一种高效、低毒、广谱的内吸性杀菌剂。常用于生料或发酵料栽培时消毒抑菌,添加多菌灵的用量为 0.1%,最高不超过 0.3%。配料时,将可湿性多菌灵溶解后先与米糠或麸皮混匀,使米糠或麸皮外裹上药剂,再和其他主、辅料混匀。但不同菌类对多菌灵的敏感性不一。木腐生菌类中黑木耳、毛木耳、银耳、猴头均不能在配方中添加多菌灵,否则严重抑制菇类的生长发育。

④甲基托布津。甲基托布津为高效、低毒、低残留、广谱、内吸型杀菌剂,用 0.2%粉剂搅拌混合,或 1 000 ~1 500 倍液空间喷雾。

⑤硫黄。硫黄常用于培养室和接种室熏蒸消毒，1 m³ 空间用量 15 g 左右。消毒时将硫黄与少量干锯末混合，放于瓷制或玻璃容器内，点燃产生烟雾即可。为提高消毒效果，使用前应喷水使墙面、地面、器具表面潮湿，提高空气相对湿度，使二氧化硫遇水生成亚硫酸，增强杀菌效果，同时有较好的杀虫、杀鼠效果。

硫黄消毒由于对人体危害较大，现已较少使用。

2.1.3 生物消毒灭菌

生物消毒杀菌主要为巴氏杀菌，巴氏杀菌采用培养料堆制发酵的方法进行杀菌，即大多数微生物在 60 ~ 70 ℃ 温度下经过一段时间便会失活，从而达到消毒的目的。如栽培双孢菇、鸡腿菇等菌类时，常采用培养料堆制发酵，其中嗜热微生物就会迅速繁殖，由微生物的代谢热产生 60 ~ 70 ℃ 以上高温，使培养料发酵腐熟，同时杀死培养料中杂菌的营养体、害虫的幼虫和虫卵。

思考练习题 》》》

1. 高压蒸汽灭菌和常压蒸汽灭菌各有何特点？使用时应注意些什么？

2. 如何检测培养料的灭菌效果？

3. 常用的化学消毒剂有哪些？在实际生产中该如何应用？

任务2.2 菌种概述、主要生产设备及菌种厂布局

工作任务单

项目2 菌种生产	姓名：	第 组
任务2.2 菌种概述、主要生产设备及菌种厂布局	班级：	
工作任务描述： 熟悉食用菌菌种生产的流程，了解每一流程所用的生产设备，并且了解其使用方法和注意事项，最终能独立选择设备进行生产菌种。		
任务资讯： 1.高压锅使用注意事项。 2.培养箱使用注意事项。 3.菌种场生产布局及流程。		

具体任务内容:

1. 根据任务资讯获取学习资料,并获得相关知识。

2. 食用菌菌种生产的流程。

3. 食用菌菌种生产每一流程所需要的设备及使用方法和注意事项。

4. 根据学习资料制订工作计划,完成工作任务。

考核方式及手段:

1. 考核方式:

教师对小组的评价、教师对个人的评价、学生自评相结合,将过程考核与结果考核相结合。

2. 考核手段:

笔试、口试、技能鉴定等方式。

任务相关知识点

2.2.1 菌种概述

1)菌种概念

食用菌的菌种,相当于高等植物的种子。在自然界中,食用菌就是靠孢子来繁殖后代的。孢子借助风力或某些小昆虫、小动物传播到各个地方,在适宜的条件下,萌发成菌丝体,进而产生子实体。虽然孢子是食用菌的种子,但是在人工栽培时,人们至今都不能用孢子直接播种。因为孢子很微小,很难在生产中直接应用,故采用孢子或子实体组织、菌丝体萌发而成的纯菌丝体作为播种材料。

菌种是重要的生物资源,菌种的优劣直接影响着食用菌生产栽培的产量和质量。一个优良的菌种至少应包括3个方面:一是菌种本身的种性,如高产、优质、抗逆性强等;二是菌种的高纯度、无混杂;三是无老化现象。

2)菌种类型

菌种类型按使用目的分为保藏菌种、实验菌种、生产菌种;按物理性状分为固体菌种和液体菌种;按级别分为一级种、二级种和三级种。

(1)母种(一级种)

母种是指从大自然首次分离得到的纯菌丝体。因其在试管里培养而成,并且是菌种生产的第一程序,因此又被称为试管种和一级种。纯菌丝体在试管斜面上再次扩大繁殖后,则形成再生母种。所以生产用的母种实际上都是再生母种。它既可以繁殖原种,又适于菌种保藏。特点是菌丝弱、量少、不能直接栽培,必须经驯化和扩大才能用于生产。

(2)原种(二级种)

原种就是由母种扩大繁殖培养而成的菌种,又称为二级菌种。因其一般在菌种瓶或普通罐头瓶中培育而成,故又称为瓶装种。母种在固体培养基上经过一次扩大培养后,菌丝体生长更为健壮,不仅增强了对培养基和生活环境的适应性,而且还能为生产上提供足够的菌种数量。原种主要用于菌种的扩大培养,有时也可以直接出菇。

(3)栽培种(三级种)

栽培种是由原种扩大培养而成的菌种,它可直接用于生产,故又称为生产种或三级种。栽培种常采用塑料袋培养,因此有时又称为袋装种。栽培种一般不能用于再扩大繁殖菌种,否则会导致生活力下降,菌种退化,给生产带来减产或更为严重的损失。从数量上看,一支一级种可繁殖 6~8 瓶二级种,一瓶二级种可繁殖 40~60 瓶(袋)三级种。

3)菌种生产过程

制种就是菌种生产,是在严格的无菌条件下,通过无菌操作手段大量培养繁殖菌种的过程。食用菌生产所用的菌种需要经过上述三级培养步骤。但无论哪级种,其制种工艺都包括原材料加工与储存,培养基的配制、分装、灭菌与消毒、接种、培养、检验、使用或出售等具体环节(图2.10),其中,灭菌彻底是菌种制作的核心所在。

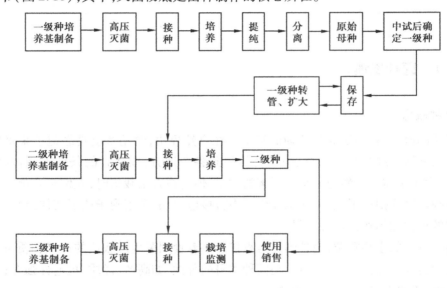

图 2.10　食用菌制种工艺流程图

2.2.2　主要生产设备

1)配料设备

(1)切片机

将木材切成规格木片的专用机器(图2.11),是食用菌培养基质粉碎处理的前工序设备。

(2)粉碎机

将木片、秸秆等原料粉碎成一定粗细度碎屑的专用机械(图2.11)。

(3)过筛机

筛出木屑中的木块、石头等的专用机械(图2.12)。

图 2.11 切片机、粉碎机

图 2.12 过筛机

(4)搅拌机

二级种、三级种培养基是由各种物料按配方比例加水配制成。搅拌机是将培养料通过搅拌使其分布充分均匀的专业机械(图2.13、图2.14)。

图 2.13 搅拌机料斗

图 2.14 搅拌机内部结构

(5)装袋机

装袋机是将搅拌混合均匀后适湿的培养料填入塑料袋内的机械(图2.15)。

2)灭菌设备

(1)高压灭菌锅

高压灭菌锅是密闭耐压的金属灭菌容器。其原理是在趋尽锅内空气的前提下,通过加热把密闭锅内的水蒸气压力升高,而使蒸汽温度相应提高到100 ℃以上,以达到消毒灭菌的目的。常见的高压灭菌锅有手提式(主要用在一级种制作上)(图2.6)、立式和卧式(主要用在二级种、三级种和栽培袋的制作上)(图2.7、图2.8、图2.9)。

图 2.15 装袋机

(2)常压灭菌灶

自然压力下产生100 ℃蒸汽进行灭菌的炉灶,称为常压灭菌锅(灶)(图2.1、图2.2、图2.3、图2.4、图2.5)。

3)接种设备

(1)接种室

接种室又称无菌室(图2.16),是分离和移接菌种的小房间。其面积不宜太大,太大不易消毒,太小操作不便,一般以 5 ~ 10 m² 为宜,无菌室一般有内外两间,外间较小,作为缓冲间,放置工作服、拖鞋、帽子、口罩、消毒用的药品、手持式喷雾器、污物桶等。无菌室门应采用推拉门,内外两间的门应成对角线安装,以提高隔离缓冲效果。必要时在内外之间墙壁安装一个双层小型玻璃推拉窗,以便于内外物品的传递,减少进出无菌室的次数。

图 2.16　接种室

在无菌室使用之前室内空气应尽可能净化,无菌室(包括缓冲间)除照明光源外,还应安装紫外线杀菌灯,吊装在接种操作台或超净工作台上方。必须强调的是,无菌室仅能维持相对无菌状态,并非绝对无菌。操作过程中仍然要严格按无菌操作规程进行。无菌室常备器具有椅子、酒精灯、接种工具、酒精棉球瓶、记号笔等,其他非必需物品尽量不要放置。

(2)接种箱

接种箱(图 2.17)是食用菌生产的必备设备,是为了创造局部相对无菌空间而设计的。生产上常采用木制品。接种箱实际上就是一个缩小的接种室。在有条件的情况下,应在接种箱内再装上一支 20 W 日光灯(冷光源)用于照明,装上一支 30 W 紫外线灯用于消毒。

图 2.17　接种箱

接种箱的规格很多,目前一般多采用长 143 cm、宽 86 cm、高 159 cm、一人或双人操作的接种箱。箱中部两侧各留有两个直径为 15 cm 的圆孔口,孔口上装有 40 cm 长的白布套袖,双手伸入箱内操作时,布套的松紧带能紧套手腕处,可防止外界空气中的杂菌进入。一般接种箱内油漆成嫩绿色,以减轻视觉疲劳,缓和操作者的紧张情绪。箱外油漆成象牙白,给人以整洁明快之感。

图 2.18　超净工作台

(3)超净工作台

超净工作台(图 2.18)是一种局部层流(平行流)装置,它能在局部造成高洁净度的工作空间,使空间内空气经预过滤器和高效过滤器除尘、洁净后,以垂直或水平层流状态通过操作区,因此,可使操作区保持既无尘又无菌的环境。用超净工作台接种,虽然操作方便,但由于存放量较少,不适合生产上使用,多为科研单位购置,而且价格较贵,且需定期清洗。

（4）接种工具

一级菌种分离时常需切割、挑取组织块,常用接种刀、接种针、接种钩;孢子分离时孢子悬浊液的涂抹常用接种环。一级种转管、二级种接种常用工具为接种铲和接种锄。三级种接种常用接种勺和接种耙(图2.19)。

4)培养设备

（1）培养箱

在制作一级种和少量二级种时可采用电热恒温箱或隔水式电热恒温箱(图2.20),目的是控制温度,适温培养。

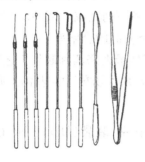

图2.19　接种工具

图2.20　培养箱

（2）培养室

培养室是专门用于培养菌种的场所。各级菌种在接种完毕之后,即移入培养室。

①培养室的墙体结构。二级种培养室要求通风、干燥、保温、冬暖夏凉、地下水位低,砖木结构或钢筋混凝土结构均可。为了提高保温效果,在条件许可时,最好设置推拉门,室内高度以2.8 m为宜。在内墙壁粘贴挤塑板保温,切勿填充谷壳及废棉籽壳作为保温材料,否则易引起螨类、杂菌滋生,引起室内污染,甚至不能使用。地面选用水泥地面,以减少尘土,并注意地面隔潮。

②照明系统。菌丝培养阶段不需要光线,培养室内尽可能全黑暗,仅要一盏照明用的红光灯及安装1~2盏可移动的手持工作灯(以乳白色灯泡为优)。如采用普通灯泡作为工作灯(检查菌种),钨丝会在瓶壁上产生反光,影响检查的效果。

图2.21　菌种培养架

③加热系统。冬季培养室的加温应围绕热源散热均匀、温度能达到自动控制的目的,最好使用冷暖空调机。这样能根据菌种不同的培养阶段产生呼吸热的多寡来调整温度,并达到自动控温的目的。农村简易培养室冬季如用炭火加热,温度不宜控制,应将烟道引出室外,以防止室内CO_2浓度过高,造成培养室内缺氧,抑制菌丝生长。无论采用何种方法加温,还要注意培养室内空气相对湿度。一般维持在65% ~70%,否则会引起菌瓶失水过多。

④培养架设计。培养架(图2.21)的架数、层数、层距要考虑到培养室内空间利用率、检查菌种的方便。层板最好用

5 cm 窄的铺板,窄板间距为 1 cm,以保证上下层有较好的对流,使菌种瓶培养过程中产生的呼吸热散发。

5)其他培养设备

菌种生产还需要电冰箱、天平、试管、培养皿、量筒、酒精灯、漏斗、菌种瓶、三角瓶、烧杯、棉花、pH 试纸等物品。

2.2.3 菌种场的布局与建筑

从食用菌制种工艺流程上看,菌种生产有多个工艺环节,这就需要有相应的、能执行其特定职能的建筑来保证各工艺环节的顺利对接,使制种任务顺利完成。菌种厂布局是否合理,关系到工作效率及菌种污染率的高低,直接关系到菌类商品的合格率。

菌种场布局应结合地形、方位、风向等统筹安排。以当地最大宗菌种制作工艺程序的流程来安排生产线的走向,防止交叉,以免引起生产上的混乱。菌种场布局的基本原则如下:

1)菌种场的配置

菌种厂应设原辅料仓库,原料处理场地,洗涤室,拌料室,装袋(瓶)间、灭菌室,冷却室,接种室,培养室,质检室和菌种储藏室。

2)产地条件

①远离禽舍、畜栏、厕所等污染源。

②一个每日生产量为 2 000 瓶(袋)的菌种厂,冷却室约需 20 m²,接种室约需 4 m²,培养室约需 144 m²。其中培养室内需设置 6 层培养架,培养架占地面积为培养室总面积的 65% 左右。

③筹建菌种场时资金使用的重点应放在灭菌、冷却、接种 3 处的设备和室内标准化设置上。

④原料仓库,特别是粮食类的原料仓库应当远离培养室、接种室和冷却室,若有栽培场,也应远离以上各室,避免杂菌传播。同时,仓库晒场位置还应选择在接种、冷却、培养室的东西方向,以减少杂菌对以上各室的传播机会。

⑤培养室要有足够的空调装置,保证高温季节能正常生产。

⑥工作人员必须具有一定微生物知识,经过严格无菌操作训练,进入无菌区前须淋浴更衣。

⑦栽培试验场与制种场应当分开,不能同在一处或处于距离较近,否则栽培场杂菌易传入制种场。

思考练习题)))

1.制种程序是什么?

2.菌种场布局时应注意什么问题?

3.制种需要哪些设备仪器?

任务2.3　菌种培养基

工作任务单

项目2　菌种生产	姓名：	第　　组
任务2.3　菌种培养基	班级：	

工作任务描述：

　　熟悉菌种分类,理解不同级别菌种的区别;能够按照要求配制母种、原种、栽培种的培养基。

任务资讯：

　　1.母种培养基配制方法。

　　2.原种、栽培种培养基配制方法。

具体任务内容：

　　1.根据任务资讯获取学习资料,并获得相关知识。

　　2.不同级别菌种的区别。

　　3.母种培养基的配制要点。

　　4.原种培养基的配制要点。

　　5.栽培种培养基的配制要点。

　　6.根据学习资料制订工作计划,完成工作任务。

考核方式及手段：

　　1.考核方式：

　　教师对小组的评价、教师对个人的评价、学生自评相结合,将过程考核与结果考核相结合。

　　2.考核手段：

　　笔试、口试、技能鉴定等方式。

任务相关知识点

2.3.1　菌种培养基

(1)培养基概述

①概念。采用人工的方法,按照一定比例配制各种营养物质以供给食用菌生长繁殖的基质,称为培养基。培养基含有食用菌所需的6大营养要素(水分、碳源、氮源、能源、矿质元素和生长素)以及适宜的pH等。设计和制作培养基是进行食用菌菌种生产必需的重要

基础工作。培养基成分与配比合适与否,对食用菌菌种的生产工艺有很大影响。良好的培养基能充分保证菌种健康生长,以达到最佳的生产效果;相反,若培养基成分、配比或原料不合适,菌种的生长繁殖效果就差,就容易导致菌种退化,失去优良特性。有无好种在于选,有了好种在于养,养种的首要环节是制培养基。对于食用菌来说,培养基相当于绿色植物生长所需要肥沃土壤。

②具备的条件。培养基必须具备 3 个条件:第一,要含有该食用菌生长发育所需要的营养物质;第二,营养比例适宜,水分和 pH 值适宜,食用菌在培养基上要具有一定的生长反应;第三,必须经过严格的灭菌,从而保持无菌状态。

③培养基的类型。

A. 按照培养基营养(原料)来源分类。

a. 合成培养基。用化学试剂配制的营养基质称为合成培养基。该培养基的特点是化学成分和含量完全清楚且固定不变的,适于食用菌生长繁殖。其优点是成分清楚、精确、固定,重现性强,适用于进行营养生长、遗传育种及菌种鉴定等精细研究。其缺点是一般食用菌菌丝在合成培养基上生长缓慢,许多营养要求复杂的食用菌在合成培养基上不能生长。

b. 天然培养基。利用天然来源的有机物配制而成的营养基质称为天然培养基。该培养基的优点是取材广泛,营养丰富,经济简便,食用菌生长迅速。适合于原种和栽培种及生产食用菌时使用。

c. 半合成培养基。由部分纯化学物质和部分天然物质配制而成的营养基质称为半合成培养基。该培养基能充分满足食用菌的营养要求,大多数食用菌都能在此类培养基上良好生长。

天然培养基与半合成培养基具有营养丰富、原料来源广泛、价格低廉等优点,在生产实践中被广泛采用。

B. 按照培养基物理状态分类。

a. 液体培养基。把食用菌生长发育所需的营养物质按一定比例加水配制而成称为液体培养基。

优点:营养成分分布均匀,有利于食用菌充分接触和吸收养料,因而菌丝体生长迅速且粗壮,同时这种液体菌种便于接种工作的机械化、自动化,有利于提高生产效率。

缺点:需发酵设备,成本较高,也较复杂。液体培养基常用来观察菌种的培养特征以及检查菌种的污染情况。

用途:实验室用于生理生化方面的研究;生产上用于培养液体菌种或生产菌丝体及其代谢产物。

b. 固体培养基。以含有纤维素、木质素、淀粉等各种碳源物质为主,添加适量有机氮源、无机盐等,含有一定水分呈现固体状态的培养基。

优点:原料来源广泛,价格低廉,配制容易,营养丰富。

缺点:菌丝生长较液体培养基慢。

用途:是食用菌原种和栽培种的主要培养基。

c. 固化培养基。将各种营养物质按比例配制成营养液后,再加入适量的凝固剂,如2%

左右的琼脂,加热至 60 ℃以上为液体,冷却到 40 ℃以下时则为固体。

用途:主要用于母种的分离和保藏。

C. 按照培养基表面形状分类。

a. 斜面培养基。斜面培养基制作时应趁热定量分装于试管内,并凝固成斜面的称为斜面培养基,用于菌种扩大转管及菌种保藏。

b. 平面培养基。固体培养基制作时趁热定量分倒在培养皿内,凝固成平面的称为平板培养基,用于菌种分离及研究菌类的某些特性。

c. 高层培养基。固体培养基的一种形式,制作时应趁热定量分装在试管内,直立凝固而制成的称为高层培养基。这样接入菌种后虽然发育的面小了一点,但培养基的厚度增大,营养丰富,时间长些也不容易干燥、开裂。常用于保存菌种。

D. 按照培养基用途分类。

a. 母种培养基。适合于食用菌母种培养和分离菌种时用的培养基,称为母种培养基,一般制成斜面试管,因此,也称为斜面培养基,而母种又称为斜面试管种。

b. 原种培养基。适合于食用菌原种培养的培养基,称为原种培养基。

c. 栽培种培养基。适合于食用菌栽培种培养的培养基,称为栽培种培养基。

原种培养基和栽培种培养基在配制上基本相同,但原则上制作原种的培养基要更精细些,营养成分尽可能丰富,而且还要易于菌丝吸收,以使移接的母种菌丝更好地生长发育。

(2)各级菌种培养基的制作

①母种培养基的制作。

A. 常见母种培养基配方。

a. 马铃薯葡萄糖培养基(PDA)。马铃薯 200 g、葡萄糖 20 g、琼脂 18 ~ 20 g、水 1 000 mL。此培养基适合于一般食用菌的母种分离、培养、保藏,广泛应用于绝大多数食用菌,是生产中最常用的培养基。

b. 马铃薯综合培养基(CPDA)。去皮马铃薯 200 g、葡萄糖 20 g、琼脂 18 ~ 20 g、磷酸二氢钾 2 g,硫酸镁 2 g,VB$_1$ 1 片(10 mg)、水 1 000 mL、pH 值自然。

c. 加富 PDA 培养基 1。去皮马铃薯 200 g、葡萄糖 20 g、琼脂 18 ~ 20 g、水 1 000 mL、pH 值自然,另外需添加麸皮 20 g、玉米面 5 g、黄豆粉 5 g、磷酸二氢钾 2 g,硫酸镁 2 g,VB$_1$ 1 片(10 mg)。此配方适用于大多数菌种,金针菇、黑木耳、灵芝生长尤其茁壮,可作黑木耳复壮培养基。

d. 加富 PDA 培养基 2。去皮马铃薯 200 g、葡萄糖 20 g、琼脂 18 ~ 20 g、水 1 000 mL、pH 值自然,另外需添加麸皮 20 g、玉米面 5 g、黄豆粉 2 g、磷酸二氢钾 0.2 g,硫酸镁 2 g,VB$_1$ 片(10 mg),平菇子实体 100 g。此配方适用于大多数菌种生长,做平菇的复壮培养基效果显著。

e. 加富 PDA 培养基 3。去皮马铃薯 200 g、葡萄糖 20 g、琼脂 18 ~ 20 g、水 1 000 mL、pH 值自然,另外需添加麸皮 20 g、玉米面 5 g、黄豆粉 2 g、磷酸二氢钾 0.2 g,硫酸镁 2 g,VB$_1$ 片(10 mg)1 片,香菇子实体 100 g。此配方适用于大多数菌种生长,可做香菇的复壮培养基,效果显著。

B. 培养基制作工艺流程。

制作培养基流程:制作营养液——→分装——→塞棉塞——→捆扎——→灭菌——→摆斜面;

制作营养液流程:准备工作——→称量、材料预处理——→熬煮——→过滤——→溶解可溶药物——→加琼脂——→定容——→调节 pH。

C. 培养基制作方法。

a. 制作营养液

● 准备工作

准备好工具,所需工具有电炉子、铝锅、电子秤、削皮刀、菜刀、脱脂棉、报纸、绑绳、纱布、试管、标签纸、记号笔等。

● 称量、材料预处理

按配方准确称量各营养物质。将马铃薯去皮、挖掉芽眼后称量 200 g,切成 1 cm 见方的小块。琼脂剪碎后用水浸泡。

● 熬煮

将切好的马铃薯块加适量水后放入铝锅中,加热煮沸 20~30 min,煮至酥而不烂。

● 过滤

将纱布折成双层,用双层纱布过滤,取滤汁。

● 溶解可溶性药物

将滤汁放到铝锅中,继续加热,再将其余可溶性药物放入,使其溶解。注意在加富 PDA 培养基制作时,为避免发生沉淀,加入的顺序一般是先加缓冲化合物,溶解后加入主要元素,然后是微量元素,再加入维生素等。最好是每种成分溶解后,再加入第二种营养成分。若各种成分均不发生沉淀,也可以一起加入。

● 加琼脂

在沸腾状态下,将剪碎的琼脂条或者融化搅拌好的琼脂粉放入铝锅中继续加热,使其完全溶解。

● 定容

加水,使其溶液定容至 1 000 mL。

● 调节 pH

一般用 10% HCl 或 10% NaOH 调 pH,用 pH 试纸(或 pH 计)进行测试,使 pH 值符合要求。

b. 分装

培养基配制好后,趁热倒入大的玻璃漏斗中,打开弹簧夹,按需要分装于试管或三角瓶内。

注意事项:

①将漏斗导管插入试管中下部,以防培养基沾在管口或瓶口。

②分装标准。分装量为试管长度的 1/5~1/4。注意培养基不能沾污试管口。

c. 塞棉塞

塞棉塞时,松紧适度,1/3 在管外,2/3 在管内,实际生产中多用硅胶塞。

棉塞的作用:既可过滤空气,避免杂菌侵入,又可减缓培养基水分的蒸发。制棉塞的方法有多种,形状各异,总原则如下:用普通棉花制作;松紧适合,塞头不要太大,一般为球状。

d. 扎捆

将装好培养基的试管7~10支捆在一起,棉塞上包好防水纸(报纸),直立放入高压灭菌锅中。

e. 灭菌

将包扎好的试管直立放入手提高压灭菌锅内,盖上牛皮纸,在1.05 kg/cm² 的压力下,灭菌30 min。

f. 摆斜面

灭菌后冷却到60 ℃左右,从锅内取出,趁热摆成斜面。

• 制作斜面培养基

一般斜面长度达到试管长度的1/2~2/3 为宜,待冷却后即成斜面培养基。

• 制作平板培养基

将灭菌的三角瓶中的培养基,倒入无菌培养皿中(每皿倒入15~20 mL),凝固后即成平板培养基。

②原种和栽培种培养基的制作。原种和栽培种的培育方法基本相同,只是在接种时接的菌种级别不一样。两菌种培养基的配方可以相同,也可有所区别,由于栽培种经过了母种及原种两次的驯化,其培养基可比原种培养基更粗放些。

A. 常见原种和栽培种培养基配方。

a. 木屑培养基配方。细木屑80%,麸皮12%,玉米面1%,黄豆粉2%,过磷酸钙1.5%,红糖0.5%,尿素0.4%,硫酸镁0.1%,石灰1%,石膏2%,料:水=1:1.0~1.2。此配方适合香菇、黑木耳、平菇原种生长,使菌丝粗壮洁白。

b. 玉米芯培养基配方。玉米芯80%,麸皮14%,糖0.5%,过磷酸钙1%,石灰2%,尿素0.5%,玉米面2%,料:水=1:1.4~1.5。此配方适合于培养平菇原种,菌丝生长速度快,且菌丝粗壮。

c. 玉米芯、木屑混合培养基配方。玉米芯42%,木屑20%,豆秸20%,麸皮10%,过磷酸钙1.5%,石灰2%,石膏1%,糖0.5%,玉米面3%,料:水=1:1.4~1.5。此配方适合于培养平菇原种。生长健壮,也可培养金针菇、滑子菇原种。

d. 软质木屑配方。椴木屑75%(木线厂下脚料,颗粒较大),麸皮15%,玉米面5%,石膏1.5%,石灰1%,糖0.5%,过磷酸钙1.5%,尿素0.5%,料:水=1:1.2 左右。适用于金针菇、滑子菇等分解基质能力较弱的品种使用。

e. 麦粒、木屑培养基配方。新鲜、优质小麦80%,阔叶树木屑20%,木屑:水=1:1左右,拌木屑用煮小麦水,或在此基础上,加入总量为0.5%的过磷酸钙,0.5%的蔗糖,1%的石灰,在麦粒煮好后连同木屑拌入。

f. 玉米粒培养基配方。优质新鲜玉米100%,或后期加入0.5%过磷酸钙,0.5%的糖,1%的石灰。

玉米粒培养基制作的原种,具备麦粒原种的优点,后劲更足,接种扩繁量更大。

g. 棉籽壳麦麸培养基配方。棉籽壳 87%，麦麸 10%，白糖 1%，石灰 1%，过磷酸钙 1%。此配方适合于培养平菇栽培种，菌丝生长速度快，且菌丝粗壮。

B. 培养基制作工艺流程。

制作谷粒培养基流程：称料——→谷粒浸泡吸水——→煮沸、沥干捞出——→拌料——→调节 pH ——→装瓶（袋）——→灭菌——→出锅、冷却；

制作棉籽壳培养基流程：称料——→拌料——→调节 pH ——→装瓶（袋）——→灭菌——→出锅、冷却。

C. 培养基制作方法。

a. 制作谷粒培养基方法

● 称料

按配方称量各营养物质。

● 谷粒浸泡吸水

先将洗净的谷粒洗净，再用清水浸泡谷粒，冬季浸泡 12～16 h，夏季加 1% 石灰（以防变酸）浸泡 8～12 h，隔夜换水，使谷粒充分吸胀。

● 煮沸、沥干捞出

将泡好的谷粒放入锅中进行煮沸，文火煮 15～20 min，煮至饱胀无白心，切忌煮开花，沥干水分后捞出。

● 拌料

将捞出的谷粒晾至无明水，再将其他余料拌入谷粒中，搅拌均匀。

● 调节 pH

一般用石灰或过磷酸钙调 pH 至 8.0 左右（特殊要求除外）。

● 装瓶（袋）

原种培养基装入菌种瓶（或其他大口瓶），装量约占瓶高的 1/2（非颗粒培养基可装至瓶肩，用锥形棒打一料孔），瓶口擦净，堵棉塞后外包牛皮纸或双层报纸。栽培种培养基一般装入聚丙烯菌种袋，上端套颈圈后如同瓶口包扎法。两端开口的菌种袋可将两端扎活结。要求装得外紧内松，培养料需紧贴瓶壁或袋壁。松散的培养料会导致菌丝断裂及影响对养分、水分的吸收。

● 灭菌

高压灭菌于 126 ℃左右维持 2 h；常压灭菌于 100 ℃维持 10～12 h，夏季时间可酌情延长。

● 出锅、冷却

灭菌结束后，冷却至 30 ℃以下待接种。

b. 制作棉籽壳培养基方法

● 称料

按配方称量各营养物质。

● 拌料

将棉籽壳、麦麸混合为主料，余料溶解于少量水后浇入主料中。边加清水边翻拌，将拌好的料堆在一起闷 1~2 h,使料充分吸够水分,夏季时间不宜过长,最终使料的含水量达60%~65%,即紧握料的指缝中有水泌出而不下滴。

● 调节 pH

同谷料培养基制作。

● 装瓶(袋)

同谷料培养基制作。

● 灭菌

同谷料培养基制作。

● 出锅、冷却

同谷料培养基制作。

2.3.2 培养基灭菌

配制的培养基应随即灭菌,以防杂菌滋生,使其腐败变质。母种培养基多采用高压蒸汽灭菌。若无较大高压锅,原种、栽培种培养基可采用常压灭菌。灭菌温度及灭菌时间因培养基不同而不同。

1)母种培养基的灭菌

(1)灭菌

检查高压灭菌锅的水位,加入适宜的水,将分装捆扎好的母种培养基直立放入高压灭菌锅中,打开电源开关,进行加热并排冷气,当排净冷气后,关闭排气阀,将压力上升至103 kPa(1 kg/cm²),温度约达 121 ℃,保持此温度和压力 20~30 min 后,关闭电源,停止加热,自然降压至"0",略开锅盖,灭菌结束。

(2)摆斜面

将温度降至约 60 ℃母种培养基进行摆斜面,斜面约占管长的 1/2,温度较低时,盖一毛巾,以免形成冷凝水。

(3)无菌检查

取数支斜面培养基放入 30 ℃左右的恒温箱中培养 2~3 d,若无杂菌生长,方可用其接种。若暂时用不完,用纸包好放入 4 ℃冰箱保存,图 2.22 为斜面试管培养基的制作。

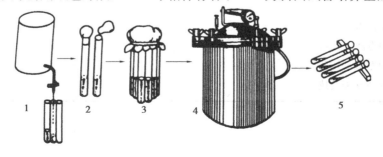

图 2.22 斜面试管培养基的制作(常明昌,食用菌栽培,2010)

1—分装试管;2—塞棉塞;3—捆扎包好;4—高压灭菌;5—摆斜面

2)原种、栽培种培养基的灭菌

(1)灭菌

原种、栽培种培养基的容器大、装量多,应增加灭菌压力及灭菌时间。若采用高压蒸汽灭菌,一般压力为 152 kPa(1.5 kg/cm^2)、温度在约 128.1 ℃条件下,保持灭菌时间 1~2 h。若采用常压灭菌,需保持最高温度 10~12 h,再闷 1 天或 1 晚。要求攻头、控中、保尾。

(2)无菌检查

取几瓶(袋)培养基放入 30 ℃左右的恒温箱中培养 2~3 d,若无杂菌生长,方可用其接种。

思考练习题)))

1.什么是食用菌菌种培养基?有哪些类型?总结一下,配制母种培养基应注意哪些问题?

2.琼脂有何作用及特点?

3.原种、栽培种培养基的灭菌时间和压力为何增加?

4.如何配制 200 mLPDA 斜面培养基?

任务 2.4 菌种的接种

工作任务单

项目 2　菌种生产	姓名:	第　组
任务 2.4　菌种的接种	班级:	

工作任务描述:

　　能在无菌条件下,熟练接种母种、原种、栽培种。

任务资讯:

　　1.无菌操作技术要点。

　　2.母种接种方法及技巧。

　　3.原种接种方法及技巧。

　　4.栽培种接种方法及技巧。

具体任务内容：

　　1.根据任务资讯获取学习资料，并获得相关知识。

　　2.无菌操作的要求。

　　3.母种接种的要求。

　　4.原种接种的要求。

　　5.栽培种接种的要求。

　　6.根据学习资料制订工作计划，完成工作任务。

考核方式及手段：

　　1.考核方式：

教师对小组的评价、教师对个人的评价、学生自评相结合，将过程考核与结果考核相结合。

　　2.考核手段：

笔试、口试、技能鉴定等方式。

任务相关知识点

　　接种是食用菌菌种生产和栽培过程中非常重要的一个环节。人们通常把接种物移至培养基上，在菌种生产工艺中称为接种，而在栽培工艺及生产中称为下种或播种。接种一般在无菌环境中完成。

2.4.1　母种的接种

　　食用菌母种的获得可通过菌种分离获得，母种的扩大需通过转管，其中菌种分离通常分为组织分离、孢子分离和种木分离3种方法。

1)菌种分离

（1）组织分离法

　　组织分离法是利用食用菌的部分组织经培养获得纯菌丝体的方法。食用菌组织分离法具有操作简便，分离成功率高，便于保持原有品系的遗传特性等优点，因此是生产上最常用的一种菌种分离法。子实体、菌核和菌索等食用菌组织体都是由菌丝体纽结而形成的，具有很强的再生能力，可以作为菌种分离的材料，因此食用菌组织分离法又可分为：子实体组织分离法、菌核组织分离法和菌索组织分离法，生产上常采用子实体组织分离法。

　　①子实体组织分离法。

　　A.伞菌组织分离。伞菌组织分离是采用子实体的任何一部分如菌盖、菌柄、菌褶、菌肉进行组织培养，获得纯菌丝体的方法。虽然采用子实体的任何一部分都能分离培养出菌种，但是生产上伞菌常选用菌柄和菌褶交接处的菌肉作为分离材料，此处组织新生菌丝发育完好，菌丝健壮，无杂菌污染，采用此处的组织块分离出的菌种生命力强，菌丝健壮，成功率高。不建议使用菌褶和菌柄作为分离材料，因为这些组织主要暴露在空气中，容易被杂

菌污染,菌丝的生命力弱,分离成功率低。

子实体组织分离法的基本步骤如图2.23所示。

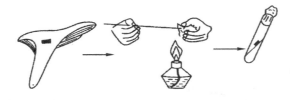

图2.23　子实体组织分离法(常明昌,食用菌栽培,2002)

a.种菇选择。选择头潮菇、生长健壮、特征典型、大小适中、颜色正常、无病虫害、七八分熟度的优质单朵菇作为种菇。

b.种菇消毒取组织块。将种菇放入无菌接种箱或超净工作台台面上,切去部分菌柄,然后将其放入75%的酒精溶液或0.1%的升汞溶液中,浸泡约1 min,用镊子上下不断翻动,充分杀灭其表面的杂菌,用无菌水冲洗2~3次,再用无菌滤纸吸干表面的水分。有些菇类浸泡时间长了会将组织细胞杀死,可改成用酒精棉反复涂擦。将消毒好的种菇移至工作台面,用消过毒的解剖刀在菌柄和菌盖中部纵切一刀,撕开后在菌柄和菌盖交界处的菌肉部位上下各横切一刀,然后在横切范围内纵切4~5刀,即将菌肉切成4~5个黄豆大小的菌块组织。

c.接种培养。用经火焰灭菌的接种针挑取1小块菌肉组织,放在试管培养基的斜面中央,一般一个菇体可以分离6~8支试管,每次接种在30~50支试管,以备挑选用。将接种好的试管置于20~25 ℃下培养,2~4 d后可看到组织块上长出白色绒毛状菌丝体,周围无杂菌污染,表明分离成功。再在无菌条件下,用接种钩将新生菌丝的前端最健壮的移接到新的斜面培养基上,再经过5~7 d适温培养,长满试管后即为纯菌丝体菌种。有时这样的转管提纯操作要进行多次。

d.出菇实验。将分离得到的试管菌种扩大繁殖,移接培养成原种、栽培种,并小规模进行出菇试验,选择出菇整齐、产量高、质量好的,即可用作为栽培生产用种。

B.生长点分离。

适用于菇小、盖薄、柄中空的伞菌分离,如金针菇。在无菌条件下,用左手拇指和食指夹住菌柄,右手握住长柄镊子,沿着菇柄向菇盖方向迅速移动,击掉菌盖,在菌柄的顶端露出弧形白色的生长点,用接种镊子或接种针钩取生长点的组织,移入斜面培养基。

②菌核组织分离法。菌核组织分离法是采用食用菌菌核组织分离培养获得纯菌丝体的方法。某些食用兼药用菌类,如茯苓、猪苓等子实体不易采集到,它们常以菌丝组织体的形式——菌核形式存在,因此需要采用菌核进行组织分离。

菌核组织分离法的基本步骤如下所示:

A.选择分离材料

选择幼嫩、未分化、表面无虫斑、无杂菌的新鲜个体。

B.消毒分离

选好种菇后,用清水清洗表面去除杂质,将其放入无菌接种箱或超净工作台,再用无菌水冲洗两遍,无菌纱布吸干水分,用75%的酒精棉球擦拭菌核表面进行消毒,用消毒过的解剖刀对半切开菌核,在中心部位挑取黄豆大小一组织块接种至斜面培养基上。

C. 培养

在约25 ℃下培养至长出绒毛状菌丝体,然后转管扩大培养即获得母种。应该注意的是由于菌核是食用菌的营养贮存器官,其内部大部分是多糖物质,菌丝含量较少,因此分离时应挑取大块的接种块进行接种,否则会分离失败。

③菌索组织分离法。菌索组织分离法是采用食用菌菌索组织分离培养获得纯菌丝体的方法。如蜜环菌、假蜜环菌一类大型真菌,在人工栽培条件下不形成子实体,也无菌核,它们是以特殊结构的菌索来进行繁殖的,因此可用菌索作为分离材料。

菌索组织分离法的基本步骤如下所示:

A. 选择分离材料。选择新鲜、粗壮、无病虫害的菌索数根。

B. 消毒分离。用清水冲洗菌索表面,去除泥土及杂物,吸干水分后放入无菌接种箱或超净工作台,用酒精棉球对菌索表面进行消毒,用灭过菌的解剖刀将菌索菌鞘割破后小心剥去,将里面的白色菌髓取出置于无菌培养皿中。割取一小段菌髓组织接入斜面培养基中央。

C. 培养。将完成接种的斜面试管置于适宜温度下培养,待菌丝长出来后经几次转管就可获得母种。需要说明的是,一般情况下所获得的菌索组织都比较细小,分离较为困难,容易污染,为提高分离的成功率,需要在培养基中加入青霉素或链霉素等抗生素,作为抑菌剂抑制杂菌的生长。浓度一般为40 ppm,配制时在1 000 mL 的培养基中加入1%青霉素或链霉素 4 mL 即可。

(2)孢子分离法

孢子分离法是指采用食用菌成熟的有性孢子萌发培养成纯菌丝体的方法。孢子是食用菌的基本繁殖单位,用孢子来培养菌丝体是制备食用菌菌种的基本方法之一。食用菌有性孢子分为担孢子和子囊孢子,它承载了双亲的遗传特性,具有很强的生命力,是选育优良新品种和杂交育种的好材料。在自然界中孢子成熟后就会从子实体层中弹射出来,人们就是利用孢子这个特性来进行菌种分离工作的。孢子分离法可分为单孢子分离法和多孢子分离法两种,对于双胞蘑菇、草菇等同宗结合的菌类可采用单孢子分离法获得菌种;而平菇、香菇、木耳等异宗结合的菌类只能采用多孢子分离法获得菌种。

①多孢子分离法。利用孢子采集器具将多个孢子接种在同一培养基上,让其萌发成单核菌丝,并自由交配,从而获得纯菌种的方法。多孢子分离法操作简单,没有不孕现象,是生产中较普遍采用的一种分离菌种的方法。多孢子分离法根据孢子采集的方法不同分为孢子弹射分离法、菌褶涂抹法、孢子印分离法、空中孢子捕捉法等。

A. 孢子弹射分离法。

利用成熟孢子能自动弹出子实体层的特性来收集并分离孢子,根据食用菌子实体的不同形态结构,采集孢子的方法有整菇插种法、钩悬法和贴附法。

a. 整菇插种法。伞菌类食用菌如香菇、平菇、金针菇、双孢蘑菇、草菇等多采用此方法

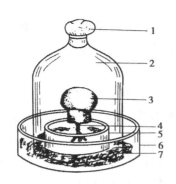

图 2.24　孢子采集器

（杜敏华,食用菌栽培学,2007）

1—棉塞;2—钟罩;3—种菇;4—种菇支架;

5—培养皿;6—大号培养皿或搪瓷盒;

7—浸过升汞的纱布

采集孢子。方法操作简单,将成熟的种菇经表面消毒后,插入孢子采集器(图2.24)内置于适宜温度下让其自然弹射孢子,获得的孢子在无菌条件下接种到培养基上即可形成纯菌种。

　　b.钩悬法。常用于不具菌柄的耳类食用菌,如木耳、银耳等子实体的孢子采集。操作方法为:选取新鲜成熟的耳片,去除耳根及基质碎屑,在无菌条件下,用无菌水冲洗干净,切取肥大的耳片放入烧杯内用无菌水反复冲洗数次,用无菌纱布吸干。从处理好的耳片上切取一小块,孕面朝下钩在灭过菌的金属钩上,将金属钩悬挂于经彻底灭菌并装有1 cm厚母种培养基的三角瓶内,塞上棉塞,在23～25 ℃条件下培养24 h,孢子会落在培养基上,在无菌条件下,取出金属钩和耳片,塞上棉塞保存备用,如图2.25 所示。

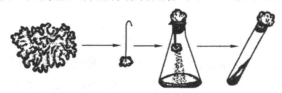

图 2.25　钩悬法采集分离胶质菌孢子

（王贺祥,食用菌栽培学,2008）

　　c.贴附法。在无菌条件下用消过毒的镊子在刚刚开膜的菌盖上取一小块成熟的菌褶或带菌褶的菌盖,用经过灭菌融化的琼脂将分离物贴在无菌的试管壁上,或无菌的培养皿菌盖上,放置约12 h,孢子就会弹射在试管底部或培养皿底部,采用无菌操作方法取出分离物,盛有孢子的培养皿和试管贴好标签后在4 ℃下保藏备用。

　　B.菌褶涂抹法

　　取成熟的伞菌,用解剖刀切去菌柄,在无菌条件下用75%酒精对菌盖菌柄表面进行消毒,用经火焰灭菌并冷却后的接种环插入两片菌褶之间,并轻轻抹过菌褶表面,此时大量成熟的孢子就会粘在接种环上,采用画线法将孢子涂抹于PDA试管培养基上或平板上,在适温下培养,数天后即可获得纯菌丝体。

　　C.孢子印分离法

　　取新鲜成熟的伞菌或木耳类胶质子实体,表面消毒后切去菌柄,菌褶朝下放置于灭过菌的有色纸上,白色孢子的用黑色纸,深色孢子的白色纸,然后用通气罩罩上,在20～24 ℃放置24 h,轻轻拿去钟罩,发现大量的孢子已经落在纸上,并可看见清晰的孢子印。从孢子印上挑取少量孢子移入试管培养基上培养即可获得母种。

　　D.空中孢子捕捉法

　　平菇、香菇等伞菌类食用菌成熟后,大量的孢子会从子实体层自动弹射出来,形成似烟雾状的"孢子云",这时可将试管斜面培养基的管口或培养基平板对准孢子云飘动的方向,使孢子附着在培养基表面,塞上棉塞或盖上皿盖,整个操作过程动作要迅速敏捷。

②单孢子分离法。单孢子分离法是从收集到的多孢子中通过一定手段分离出单个孢子,单独培养,进行杂交获得菌种的方法。单孢子分离法操作比较简单,成功率较高,是食用菌杂交育种的常规手段之一,也是食用菌遗传学研究不可缺少的手段。分离单孢子常用单孢子分离器,在没有单孢子分离器时也可以采用平板稀释法、连续稀释法和毛细管法获得单个孢子,此处仅介绍平板稀释法。

平板稀释法是实验室较常用的一种单孢子分离法,操作基本方法为:首先用无菌接种针挑取少许孢子放在无菌水中,充分摇匀成孢子悬浮液,用无菌吸管吸取 1~2 滴孢子液于PDA培养基平板上,然后用无菌三角形玻璃棒将悬浮液滴推散推平,将其放置适温培养,2~3 d 后培养基表面就会出现多个分布均匀的单菌落,一般一个菌落为一个单孢子萌发而成的,在培养皿背面用记号笔做好标记,当菌落形成明显的小白点后,在无菌条件下用接种针将小白点菌落连同小块培养基一起转接至试管斜面培养基上,继续培养,待菌落长大约1 cm时,挑取少量菌丝进行镜检,观察有无锁状联合结构,以便初步确定为单核菌丝。

（3）种木分离法

种木分离法是指利用食用菌的菇木或生育基质作为分离材料,获得纯菌丝的一种方法。此种方法一般在得不到子实体或子实体小又薄,孢子不易获得,无法采用组织分离法或孢子分离法获得菌种的情况才采用,种木分离法获得的菌种一般生活力都较强,缺点是污染率较高。在生产上,一些木腐菌类的木耳、银耳、香菇、平菇等菌类都可以用此方法分离。

具体操作步骤为:种木的采集必须在食用菌繁殖盛期,在已经长过子实体的种木上,选择菌丝生长旺盛,周围无杂菌的部分,用锯截取一小段,将其表面的杂物洗净,自然风干。分离前先将种木通过酒精灯火焰重复数次,烧去表面的杂菌孢子,再用75%的酒精进行表面消毒,用无菌解剖刀切开种木,挑取一小块菇木组织接入PDA培养基上,注意挑取的组织块必须从种木中菌丝蔓延生长的部位选取,且组织块越小越好,可减少杂菌污染,提高分离成功率。在适温下培养即可获得母种,如图2.26所示。

2）菌种转管

将母种移入新斜面培养基上的过程称为转管(图2.27),其常用工具为接种环。首先拔去菌种试管的棉塞,夹在右手指缝间,将试管口放于酒精灯火焰上转动灼烧 2~3 圈,然后拿接种针蘸酒精,在火焰上灼烧灭菌,稍冷却,挑取菌

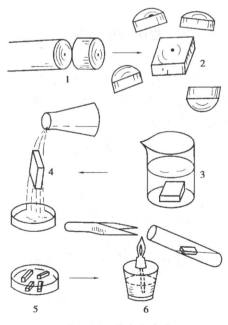

图 2.26 种木分离法

（蔡衍山,食用菌无公害生产技术手册,2003）

1—种木;2—切去外围部分;3—消毒;
4—冲洗;5—切成小块;6—接入斜面

种一小块接入培养基斜面中央,最后将棉塞在火焰上通过后塞入管口,即完成母种的接种。原来的种块及斜面尖端取出弃之,一支母种一般转接30~40支。无论引进或自己分离的母种都需要适当传代,使之产生大量再生母种,才能源源不断地供应生产。再生母种的生

图2.27 转管

活力常随传代次数的增加而降低,一般传代3次以后就换分离法。

转管时气生菌丝旺盛的菌类,如蘑菇、茯苓,应将气生菌丝扒掉,用基内菌丝移接。不同移接用的接种块大小与转管培养后菌种商品外观的质量有关。蘑菇一级种转管时,接种块越小越薄越好,这样移接培养后气生型菌丝不易倒伏。茯苓、草菇菌种移接块应大些,因其菌丝生长速度较快,在斜面上生长显得较为稀疏。

2.4.2 原种的接种

原种的接种(图2.28)是在严格的无菌操作条件下进行的。首先左手拿起试管,右手拔棉塞,一般在酒精灯火焰上消毒接种针,一边把试管口向下稍稍倾斜,用酒精火焰封锁,不让空气中的杂菌侵入。其次是把消毒后的接种针伸入菌种管内,稍稍冷却,再伸入斜面菌种挑取一小块菌种,迅速移解到原种瓶内,再迅速塞好棉塞。此法扩接,每支试管可接二级种瓶6~8瓶。

2.4.3 栽培种的接种

把原种接到栽培种的培养基上,进一步培养即成为栽培种(图2.29)。栽培种的培养基可为瓶装,也可袋装。一般在严格的无菌操作条件下,用大镊子、铲子或小勺,每瓶接入一枣大的菌种或一小勺麦粒菌种即可。一般每瓶原种可扩接50~60袋栽培种。

图2.28 原种的接种

图2.29 栽培种的接种

思考练习题 >>>

1. 食用菌菌种的分离方法有哪些?

2.组织分离法包括哪些具体方法？每一种方法的操作要点有哪些？

3.什么叫孢子分离法？根据对孢子采集方法的不同孢子分离法又可分为哪些具体方法？

4.什么是种木分离法？适合于什么情况？具体要求步骤有哪些？

5.如何转管？

6.如何接种原种和栽培种？

任务2.5　菌种培养与质量鉴定

工作任务单

项目2　菌种生产	姓名：	第　　组
任务2.5　菌种培养与质量鉴定	班级：	

工作任务描述：

　　了解母种、原种、栽培种培养的环境条件,学会鉴定优良母种的方法以及鉴定优良原种、栽培种的方法。

任务资讯：

　　1.菌种培养条件。

　　2.母种、原种、栽培种如何培养？

　　3.肉眼观察如何鉴定母种、原种、栽培种质量。

　　4.如何利用出菇试验鉴定菌种质量。

具体任务内容：

　　1.根据任务资讯获取学习资料,并获得相关知识。

　　2.菌种培养所需的温度、光照、湿度、空气的要求。

　　3.鉴定优良母种的方法。

　　4.鉴定优良原种、栽培种的方法。

　　5.根据学习资料制订工作计划,完成工作任务。

考核方式及手段：

　　1.考核方式：

教师对小组的评价、教师对个人的评价、学生自评相结合,将过程考核与结果考核相结合。

　　2.考核手段：

笔试、口试、技能鉴定等方式。

2.5.1 菌种培养

1)菌种培养的条件

食用菌菌种的培养与培养环境中温度、湿度、光照、氧气等条件有密切关系。

（1）温度

温度是影响食用菌菌丝生长速度最重要的一个因子。在菌种生产过程中,大多数食用菌菌丝生长的合适温度为 20 ~ 25 ℃(草菇、木耳等高温菌除外,为 28 ~ 30 ℃),培养的温度过高会造成菌种早衰,太低会导致菌丝生长缓慢,从而延长生产周期。菌种培养过程中瓶内温度随着菌丝生长蔓延,新陈代谢逐渐旺盛,释放出呼吸热,导致瓶温上升,会比室温高出 2 ~ 4 ℃。随着菌龄的增加以及营养消耗,瓶温虽会逐渐下降,但仍比室温高。一般培养初期温度控制在该菌最佳生长的温度,随后每隔 10 d 降低 1 ℃,至长满瓶后,视供货时间的迟早,尽可能将培养室温度调低。

（2）湿度

培养室内相对湿度维持在 60% ~ 70%,湿度太低,培养基失水,影响菌丝蔓延;湿度超过 70% 则易感染杂菌。

（3）空气

菌种室环境空气质量差,易导致杂菌污染,因此应注意环境卫生清洁,定期消毒杀虫;在菌种培养期间,空气中二氧化碳浓度过高,菌丝缺氧,抑制生长,因此应注意通风换气。

（4）光照

无论哪级菌种,在培养阶段均不需要光线,应尽可能地暗。长期见光,容易使营养菌丝体转入生殖生长,形成原基消耗养分。特别是黑木耳、毛木耳的菌株,极易出现耳基,香菇菌丝易出现红褐色"菌被",平菇、金针菇易出现"侧生菇"。

2)污染的检查

对于塑料袋做成的菌种,培养过程中不能经常检查是否有污染,往往越检查,污染率越高。是因为在检查菌种时,往往会提起袋口观察,每次提起又放下,因塑料袋无固定体积,袋口套环又无固定形状,棉塞未能和套环紧紧接触,这两个动作会使袋口内外产生气压差,强制气体交换,因而杂菌就易乘虚而入,造成后期污染。为避免污染加重,应用工作灯照射培养袋,并及时将所发现的污染袋提出。

2.5.2 菌种质量鉴定

菌种质量的优劣是食用菌栽培成败的关键,必须通过鉴定后方可投入生产。把好菌种质量关是保障食用菌安全顺利生产的前提。食用菌菌种的鉴定主要包括两方面的内容,一是鉴定未知菌种是什么菌种,从而避免因菌种混乱造成的不必要损失;二是鉴定已知菌种质量的好坏,从而理性指导生产。

菌种质量鉴定必须从形态、生理、栽培和经济效益等方面进行综合评价,评价是依据菌种质量标准进行的。菌种质量标准是指衡量菌种培养特征、生理特性、栽培性状、经济效益所制订的综合检验标准。一般从菌种的纯度、长相、菌龄、出菇快慢等方面进行鉴定。

菌种质量鉴定的基本方法主要有直接观察、显微镜检验、菌丝萌发,生长速率测定、菌种纯度测定、吃料能力鉴定、耐温性测定和出菇试验等,其中出菇试验是最简单直观可靠的鉴定方法。

1) 母种质量的鉴定

优良母种应该具备菌丝纯度高、生命力强、菌龄适宜、无病虫害、出菇整齐、高产、稳产、优质、抗逆性强等特征。

(1) 鉴定方法

①外观直接观察

好的菌种菌丝粗壮,浓白,生长均匀、旺盛;差的菌种菌丝干燥,收缩或萎蔫,菌种颜色不正,打开棉花塞菌丝有异味。

②菌丝长势鉴定

将待鉴定菌种接种到其适宜的培养基上,置于最适温度、湿度条件下培养,如果菌丝生长迅速、整齐浓密、健壮,则表明是优良菌种,否则是劣质菌种。

③抗性鉴定

待鉴定菌种接种后,在适宜温度下培养一周,一般菌类提高培养温度至 30 ℃,凤尾菇、灵芝等高温型菌为 35 ℃,培养 4 h,菌丝仍能正常健壮生长则为优良菌种,若菌丝萎蔫则为劣质菌种;或者改变培养基的干湿度,若能在偏干或偏湿培养基上生长健壮的菌种为优良菌种,否则为劣质菌种。在 1 000 mL 培养基中加入 16~18 g 琼脂为湿度适宜,加入小于 15 g 琼脂制成的培养基为偏湿培养基,加入大于 20 g 琼脂为偏干培养基。

④分子生物学鉴定

采集待鉴定菌种的菌丝用现代生物技术进行同工酶、DNA 指纹图谱等比较分析,鉴定菌种的纯正性。

⑤出菇试验

将菌种接种培养料进行出菇生产,观察菌丝生长和出菇情况。优良菌种菌丝生长快且长势强,出菇早且整齐,子实体形态正常,产量高,转潮快且出菇潮数多,抗性强,病虫害发生少。

(2) 常见食用菌母种质量鉴定

①香菇

菌丝洁白,呈棉絮状,菌丝初期色泽淡较细,后逐渐变白粗壮。有气生菌丝,略有爬壁现象。菌丝生长速度中等偏快,在 24 ℃下约 13 d 即可长满试管斜面培养基。菌丝老化时不分泌色素。

②木耳

菌丝为白色至米黄色,呈细羊毛状,菌丝短,整齐,平贴培养基生长,无爬壁现象。菌丝生长速度中等偏慢,在 28 ℃下培养,约 15 d 长满斜面培养基。菌丝老化时有红褐色珊瑚状

原基出现。菌龄较长的母种,在培养基斜面边缘或底部出现胶质状、琥珀状颗粒原基。

③平菇

菌丝白色,浓密,粗壮有力,气生菌丝发达,爬壁能力强,生长速度快,25 ℃约 7 d 就可长满试管培养基斜面。菌丝不分泌色素,低温保存能产生珊瑚状子实体。

④双孢蘑菇

菌丝白色,直立、挺拔,纤细、蓬松,分枝少,外缘整齐,有光泽。分气生型菌丝和匍匐型菌丝两种,一般用孢子分离法获得的菌丝多呈气生型,菌丝生长旺盛,基内菌丝较发达,生长速度快;用组织分离法获得的菌丝呈匍匐型,菌丝纤细而稀疏,贴在培养基表面呈索状生长,生长速度偏慢。菌丝老化时不分泌色素。

⑤金针菇

菌丝白色,粗壮,呈细棉绒状,有少量气生菌丝,略有爬壁现象,菌丝后期易产生粉孢子,低温保存时,容易产生子实体。菌丝生长速度中等,25 ℃时约 13 d 即可长满试管培养基斜面。

⑥草菇

菌丝纤细,灰白色或黄白色,老化时呈浅黄褐色,菌丝粗壮,爬壁能力强,多为气生菌丝,培养后期在培养基边缘出现红褐色厚垣孢子,菌丝生长速度快,33 ℃下培养 4～5 d 即可长满试管培养基斜面。

2)原种、栽培种质量的鉴定

(1)好的原种和栽培种具备的特征

①菌种瓶或菌袋完整无破损,棉塞处无杂菌生长,菌种瓶或菌袋上标签填写内容与实际需要菌种一致。

②用转管次数 3 次以内的母种生产的原种和栽培种。

③一般食用菌的原种和栽培种,在 20 ℃左右常温下可保存 3 个月;草菇、灵芝、凤尾菇等高温型菌则保存 1 个月,超过上述菌龄的菌种就已老化,老化的表现为培养基干缩与瓶壁或袋壁分离,出现转色现象,出现大量菌瘤,不应用于生产,即使外观上看去健壮也不能再用,否则影响生产。

④原种和栽培种的外观要求:

A. 菌丝健壮、绒状菌丝多,生长整齐。

B. 菌丝已长满培养基,银耳的菌种还要求在培养基上分化出子实体原基。

C. 菌丝色泽洁白或符合该菌的颜色。

D. 菌种瓶内无杂色出现和杂菌污染。

E. 菌种瓶内无黄色汁液渗出。

F. 菌种培养基不能干缩与瓶壁分开。

(2)常见食用菌原种、栽培种质量鉴定

常见食用菌原种、栽培种质量鉴定见表 2.2。

表 2.2 常见食用菌原种、栽培种质量鉴定

菌　种	优良菌种特征
平菇	菌丝洁白,粗壮,密集,尖端整齐,长势均匀,爬壁力强,菌柱断面菌丝浓白,清香,无异味,发菌快,后期有少量珊瑚状小菇蕾出现,菌龄约25 d。
香菇	菌丝洁白,粗壮,生长旺盛,后期见光易分泌出酱油色液体,在菌瓶或菌袋表面形成一层棕褐色菌皮,有时表面会产生小菇蕾,菌龄约40 d。
木耳	菌丝洁白,密集,棉绒状,短而整齐,菌丝发育均匀一致,培养后期瓶壁或袋壁周围会出现褐色、浅黑色梅花状胶质原基,菌龄约40 d。
双孢蘑菇	菌丝灰白带微蓝色,细绒状,密集,气生菌丝少,贴生菌丝在培养基内呈细绒状分布,发菌均匀,有特殊香味,菌龄约50 d。
金针菇	菌丝白色,健壮,尖端整齐,后期有时呈细粉状,伴有褐色分泌物,菌龄约45 d。
草菇	菌丝密集,呈透明状的白色或黄白色,分布均匀,有金属暗红色的厚垣孢子,菌龄约25 d。

思考练习题)))

1.菌种培养中对温度、湿度、空气、光照有什么要求?

2.母种质量鉴定的方法有哪些?

3.请分别以香菇、平菇、木耳、双孢菇、金针菇等常见的菇种为例,说明其母种菌种质量的具体鉴定方法。

4.优良的原种、栽培种具备的特征有哪些?

5.请说出至少3个常见食用菌原种、栽培种的鉴定方法。

任务2.6　菌种保藏与复壮

项目2　菌种生产	姓名:	第　组
任务2.6　菌种保藏与复壮	班级:	

工作任务描述:

掌握斜面低温法、矿物油法、自然基质法保藏菌种的方法;理解菌种衰退的原因;掌握菌种复壮技术。

任务资讯:

1.菌种保藏原理。

2.菌种保藏方法。

3.怎样利用自然基质保藏法保藏菌种,有何优缺点?

4.怎样利用液状石蜡保藏菌种,有何优缺点?

5.菌种衰退的原因,如何进行复壮?

具体任务内容:
    1.根据任务资讯获取学习资料,并获得相关知识。
    2.斜面低温法、矿物油法、自然基质法保藏菌种。
    3.菌种衰退的原因。
    4.菌种复壮技术。
    5.根据学习资料制订工作计划,完成工作任务。

考核方式及手段:
    1.考核方式:
教师对小组的评价、教师对个人的评价、学生自评相结合,将过程考核与结果考核相结合。
    2.考核手段:
笔试、口试、技能鉴定等方式。

任务相关知识点

2.6.1　菌种的保藏

    菌种保藏的目的是为了防止优良菌种的变异、退化、死亡以及杂菌污染,确保菌种的纯正,从而使其能长期应用于生产及研究。菌种保藏的主要原理是通过采用低温、干燥、冷冻及缺氧等手段最大限度地降低菌丝体的生理代谢活动,抑制菌丝的生长和繁殖,尽量使其处于休眠状态,以长期保存其生活力。常用的菌种保藏方法有斜面低温保藏、液体石蜡保藏、自然基质保藏、液氮超低温保藏4种。

    1)斜面低温保藏

    斜面低温保藏是最简单最普通的菌种保藏法,也是最常用的一种菌种保藏方法,几乎适用于所有食用菌菌种。方法为:首先将要保藏的目标菌种接种到新鲜斜面培养基上,在适温下培养,待菌丝长满整个试管斜面后,将其放入4 ℃冰箱保藏。草菇菌种保藏温度应调至为10~13 ℃。斜面低温保藏菌种的培养基一般采用营养丰富的PDA培养基,为了减少培养基水分的蒸发,尽可能地延长菌种保藏时间,在配制培养基的时候可以适当调高琼脂的用量,一般增大到2.5%;同时在培养基中添加0.2%的磷酸二氢钾以中和菌丝代谢过程中产生的有机酸,也可以延长菌种保藏的时间。常用同一种培养基保存,则菌丝的生长能力有下降的趋势,可更换其他类型的培养基。

    斜面低温保藏法适用于菌种的短期保藏,保藏时间一般为3~6个月,临近期限时要及时转管。最好在2~3个月时转管一次,转管时一定要做到无菌操作,防止杂菌污染,一批母种转管的次数不宜太多,防止菌龄老化。保藏的菌种在使用时应提前1~2 d从冰箱中取出,经适温培养后活力恢复方能转管移植。

    2)液状石蜡保藏

    液状石蜡保藏又称矿油保藏,是用矿物油覆盖斜面试管保藏菌种的一种方法。液状石蜡能隔断培养基与外界的空气、水分交流,抑制菌丝代谢,延缓细胞衰老,从而延长菌种的寿命,达到保藏目的。方法为:首先将待保藏的菌种接种至 PDA 培养基上,适温培养使其长满试管斜面;然后将液状石蜡装入三角瓶中加棉塞封口,121 ℃、1 h 高压蒸汽灭菌,待灭菌彻底后将其放入 40 ℃ 烘箱中烘烤 8 ~ 10 h,使其水分蒸发至石蜡液透明为止。冷却后在无菌操作条件下用无菌吸管将液状石蜡注入待保藏的菌种试管内,注入量以淹过琼脂上部 1 cm 为宜,试管塞上无菌棉塞,在室温下垂直放置保藏,液状石蜡油保存不宜放入 3 ~ 6 ℃ 的低温中,否则多数菌丝易死亡,应以 10 ℃ 以上的室温保存为宜。

液状石蜡保藏法适用于菌种的长期保藏,一般可保藏 3 年以上,但最好 1 ~ 2 年转接一次,使用矿油保藏菌种时,不必倒去矿油,只需用接种工具从斜面上取一小块菌丝块,原管仍可以重新封蜡继续保存。刚从液状石蜡菌种中移出的菌丝体常沾有石蜡油,生长较弱,要再移植一次,方能恢复正常生长。液状石蜡保藏法的缺点是菌种试管必须垂直放置,占地多,运输交换不便,长期保藏棉塞易沾灰污染,可换用无菌橡皮胶塞,或将棉塞齐管口剪平,再用石蜡封口。

3)自然基质保藏

(1)麸皮保藏法

水与新鲜麸皮按 1:0.8 的比例混合拌匀,装入试管,占管深的 2/5,洗净管壁,加棉塞,121 ℃ 灭菌 40 min,接入菌种,24 ~ 28 ℃ 培养 6 ~ 8 d,菌丝在培养基表面延伸即可。用真空泵抽干试管内水分,棉塞上滴加无菌凡士林,置干燥器内常温下保存,2 ~ 3 年转接 1 次。

(2)木屑保藏法

此法适用于木腐菌。利用木屑培养基作保藏木腐菌用的培养基比使用 PDA 培养基稍好,因为木屑培养基上菌丝生长容易而且菌丝量大,有利于菌种保藏。具体方法是按配方(阔叶树木屑 78%,麸皮 20%,蔗糖 1%,石膏 1%,料水比 1:0.8)配制培养基,装入试管中,占管深 3/4,121 ℃ 灭菌 1 h,接入菌丝,24 ~ 28 ℃ 培养,待菌丝长满木屑培养基时取出,在无菌操作下换上无菌的橡皮塞,最后放入冰箱冷藏室中 3 ~ 4 ℃ 下保藏,1 ~ 2 年转管一次即可。

(3)麦粒保藏法

取健壮麦粒,淘洗后浸水 15 h(水温 20 ℃),捞出稍加晾干,装入试管,装量以 1/4 ~ 1/3 为宜,然后灭菌,灭菌后趁热摇散,放置冷却,向每支试管内接菌丝悬浮液 1 滴,摇匀,在 24 ~ 26 ℃ 下培养,当大多数麦粒出现稀疏的菌丝体时,终止培养,保藏在冷凉、干燥处(麦粒含水量不超过 25%)。

(4)粪草保藏法

此法适用于草菇、双孢菇等草腐性菌类的菌种保藏,具体方法是取发酵培养料,晒干除去粪块,剪成 2 cm 左右,在清水中浸泡 4 ~ 5 h,使料草浸透水,然后取出,挤去多余的水分,使料的含水量在 68% 左右。装进试管,要松紧适宜。装好后清洗瓶壁,塞上棉塞,进行高压灭菌 2 h。冷却后,接入要保藏的菌种,在 25 ℃ 下培养。菌丝长满培养基后,在无菌操作下换上无菌胶塞并蜡封,放在冰箱 2 ℃ 下保藏,两年转管一次。

4) 液氮超低温保藏

采用超低温液氮保藏菌种的一种方法。首先将目标保藏菌种移接到无菌平板,然后取10%(体积比)的甘油蒸馏水溶液0.8 mL装入安瓿管,用作保护剂,将安瓿管高压灭菌,冷却备用,将长满无菌平板的目标菌种菌丝体用直径0.5 mm的打孔器,在无菌环境打下2~3块,放入安瓿管内,用火焰密封安瓿管管口,检验密封性,密封完好后进行降温,以1 ℃/min的速度缓慢降温,直至 -35 ℃左右,使管内的保护剂和菌丝块冻结,然后置于 -196 ℃液氮中保藏。

液氮超低温保藏适用于所有菌种的保藏,方法操作简便,保藏期长,被保藏的菌种基本上不发生变异,是目前保藏菌种的最好方法。但其保藏设备比较昂贵,仅供一些科研单位和菌种长期保藏单位使用。

除以上几种保藏方法外,还有真空冷冻干燥保藏、菌丝球生理盐水保藏、滤纸片保藏、沙土保藏法等。

2.6.2　菌种的复壮

食用菌菌种在传代、保藏和长期生产栽培过程中,不可避免地会出现菌种退化现象,主要表现在某些原来的优良性状渐渐变弱或消失,造成遗传的变异,出现长势差、抗性差、出菇不整齐、产量低、品质差等,给生产带来了巨大损失。造成菌种退化的主要原因是基因突变。为了避免食用菌菌种的退化,必须采取复壮措施。常用的菌种复壮措施有如下几种。

1) 系统选育

在生产中选择具有本品种典型性状的幼嫩子实体进行组织分离,重新获得新的纯菌丝,尽可能地保留原始种,并妥善保藏。

2) 更替繁殖方式

菌种反复进行无性繁殖会造成种性退化,定期通过有性孢子分离和筛选,从中优选出具有该品种典型特征的新菌株,代替原始菌株可不断地使该品种得到恢复。

3) 菌丝尖端分离

挑取健壮菌丝体的顶端部分,进行转管纯化培养,以保持菌种的纯度,使菌种恢复原来的优良种性和生活力,达到复壮的目的。

4) 更换培养基配方

在菌种的分离保藏和继代培养过程中,不断地更换培养基的配方,最好模拟野生环境下的营养状况,比如,用木屑或木丁保存香菇、木耳等木腐型菌种,可以增强菌种的生活力,促进良种复壮。

5) 选优去劣

在菌种的分离培养和保藏过程中,密切观察菌丝的生长状况,从中选优去劣,及时淘汰生长异常的菌种。

思考练习题)))

1. 菌种保藏的目的及原理是什么？
2. 常用的菌种保藏方法有哪些？请举出至少3种具体方法。
3. 什么是菌种的退化？菌种退化的主要原因是什么？
4. 菌种复壮的方法有哪些？

实训指导2　母种培养基的配制

一、实验目的

掌握食用菌母种培养基的配方，掌握母种培养基制作的工艺流程，掌握母种培养基的配制技术，了解高压灭菌锅的构造，掌握高压蒸汽灭菌锅的使用方法，掌握母种培养基的灭菌方法，学会对母种培养基灭菌效果的判断。

二、实验准备

（一）材料用品

马铃薯、葡萄糖（或蔗糖）、琼脂、水等。

（二）仪器用具

高压蒸汽灭菌锅（手提式或立式）、可调式电炉、铝锅（20 cm）、汤勺、切刀、切板、量杯、纱片、漏斗（带胶管和玻璃管）、止水夹、漏斗架、试管（18 mm × 180 mm 或 20 mm × 200 mm）、1 cm 厚的长形木条（摆放斜面时垫试管用）、棉花（未脱脂）、捆扎绳、标签、天平等。

三、实验内容

（一）食用菌母种培养基的配方。

（二）培养基灭菌。

四、方法步骤

（一）确定母种培养基配方和制作量

1. 配方

以 PDA 培养基配制为例进行操作，其配方为：马铃薯 200 g、葡萄糖 20 g、琼脂 18～20 g、水 1 000 mL。

2. 制作量

根据生产需求或班级人数确定，一般以每人制作 5～10 支培养基数量计，以每支试管中装母种培养基 15 mL 计。

（二）确定母种培养基配制工艺流程

制作培养基流程：制作营养液──→分装──→塞棉塞──→捆扎──→灭菌──→摆斜面。

1. 配制营养液

制作营养液流程:准备工作——→称量、材料预处理——→熬煮——→过滤——→溶解可溶药物——→加琼脂——→定容——→调节 pH。

(1)准备工作:准备好工具,所需工具为:电炉子、铝锅、电子秤、削皮刀、菜刀、脱脂棉、报纸、绑绳、纱布、试管、标签纸、记号笔等。

(2)称量:将培养基各组分按照培养基配方的比例进行称量。先将马铃薯洗净,挖芽去皮,准确称取 200 g,然后将马铃薯切成玉米大小的颗粒或薄片。用量杯量取 1 000 ~ 1 200 mL水于铝锅内煮马铃薯。

(3)熬煮:用量杯量取 1 000 ~ 1 200 mL 水于铝锅内煮马铃薯,待水沸后计时 20 ~ 25 min,马铃薯软而不烂。

(4)过滤:当马铃薯煮至软而不烂时,用双层纱布过滤于量杯中。

(5)溶解可溶药物及琼脂:过滤后,洗净铝锅滤渣,将滤液倒回锅中继续以文火加热,加入葡萄糖(或蔗糖)和琼脂,待琼脂溶化,不断搅拌,以免糊锅。

(6)定容:待琼脂完全熔化后,补足水量。

2. 分装

将熬煮的培养基保持文火,趁热分装。用勺将培养基加入漏斗中,左手握 2 ~ 5 支试管,右手持漏斗下面的玻璃管入试管口内,同时放开止水夹,让培养基逐渐流入试管内,培养基高度为试管长度的 1/4 ~ 1/5,10 ~ 15 mL,注意避免将培养基沾于试管口内外,以免棉塞粘上培养基,易造成污染。分装后的试管,在培养基凝固前必须立放。

3. 塞棉塞

用叠放式将未脱脂棉做成棉塞,塞入试管口,管口内棉塞底部要求光滑,棉塞侧面要求无褶皱,棉塞长度的 2/3 在管口内,1/3 在管口外。棉塞的松紧以手提棉塞轻晃试管不滑出为度。

4. 包扎

将试管用牛皮纸或报纸进行包扎。每把试管的支数为 5、7 或 10,因 6、8、9 等不能使试管很稳当地扎成一把。

(三)灭菌

步骤:装锅→加热排气→升压→保压灭菌→降压出锅。

排气:升压前排净锅内冷空气是灭菌成功的关键。因空气是热的不良导体,当高压锅内的压力升高后,它聚集在锅的中下部,使饱和热蒸汽难与被灭菌物品接触。此外,空气受热膨胀也产生一种压力,致使压力数值达到要求,但灭菌温度却未达到相应指标,从而导致灭菌失败。

排除冷空气的方法有缓慢排气法和集中排气法。缓慢排气法是将排气阀打开,待大量冒热气(呈直线状)约 2 min 后,以完全排净冷空气时再将其关闭。集中排气法是不打开排气阀,待压力达 0.5 kg/cm² (约 49 kPa)时再将其打开,放气降压至零,重复操作 2 ~ 3 次,就可排净锅内冷空气。

注意:灭菌压力及时间的选定应以被灭菌物品而异。

斜面培养基一般在 103 kPa 压力下,温度约达 121 ℃,灭菌时间为 20 ~ 30 min。原种、栽培种等培养基一般在 154 kPa 压力、温度约 128 ℃条件下,灭菌时间为 1 ~ 2 h。灭菌时间应从达到所需求的压力或温度时开始算起,并将培养基放入高压灭菌锅进行灭菌。

（四）搁置斜面或倒平板

将已灭菌的试管培养基搁置斜面,使培养基的顶端约在试管的 1/3 处。

（五）无菌检查

随机将一把斜面培养基置于 37 ℃培养箱中培养 24 h,观察有无杂菌生长。如无杂菌生长方可使用。

五、作业

（1）试述母种培养基的配制过程及培养基分装的要点。

（2）怎样正确使用高压蒸汽灭菌锅对培养基进行灭菌?

六、考核办法与标准

（一）考核内容

1. 母种培养基用量的计算。

2. 母种培养基配方的选择。

3. 母种培养基配制工艺流程的确定。

4. 母种培养基的配制过程。

5. 高压灭菌锅的使用方法。

6. 摆斜面的方法。

7. 无菌检验技术要求。

（二）考核标准

序号	考核项目	评价标准	分值	备 注
1	学习态度	遵守纪律和时间,不迟到,不早退,工作态度积极、发言积极、团队意识强,团队协作。	10	以小组考核为主。
2	技能操作	能准确计算出母种培养基的配制量及其他原料的用量。 配制工艺流程准确。 配制过程熟练。 能正确使用高压灭菌锅,并能根据培养基数量,准确确定灭菌时间及压力。 无菌检验方法正确。 仪器、材料及工具使用和管理符合要求,能安全操作。	70	
3	提问	根据现场情况提问,回答问题熟练、正确并给出相应成绩。	10	
4	完成任务的质量及速度	按时按标准完成任务。	10	

实训指导3　高压蒸汽灭菌

一、目的要求

说出高压蒸汽灭菌锅的构造及其功能,能独立完成各环节的操作。并能解释安全阀自动打开或灭菌不彻底的原因。

二、实验准备

（一）材料用品

母种培养基。

（二）仪器用具

手提式高压蒸汽灭菌锅,1 cm 厚的木棍。

三、实验内容

（一）高压锅的构造

高压锅构造如图2.30所示。

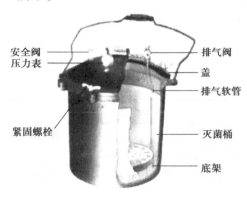

图2.30

实验室常用的手提式高压蒸汽灭菌锅,其构造一般分为外锅、内锅和锅盖。外锅是装水的厚锅桶,内锅是放置待灭菌物品的薄锅桶,内锅壁上有一壁管,是插入排气管用的。锅盖上有压力表（显示锅内蒸汽压力值和锅内温度）、排气阀（下端连接排气管,排除锅内的冷空气）和安全阀（自动放出超额压力,避免高压锅爆炸）。

（二）高压蒸汽灭菌锅的使用

高压蒸汽灭菌锅的使用步骤一般分为装锅、加热排气、升压、保压和降压。

1.装锅

手提式高压蒸汽灭菌锅可向外锅注入适量水分,再放入内锅,将待灭菌的培养基或其他物品疏松地摆放其内,盖上锅盖,对角线式拧紧锅盖上的螺旋。

2.加热排气

用电源或其他热源加热,打开排气阀,待大量热蒸汽冒出 3～5 min 后,已完全排净冷空气后再将其关闭。

3.升压

排气后关闭排气阀,使高压蒸汽灭菌锅处于密闭状态,随着热蒸汽的不断增多,锅内蒸气压也随之加大,温度逐渐上升,直至压力达到所需压力。升压要缓而稳,不能忽快忽慢甚至降压。

4.保压

待压力升至所需的压力时,开始计算灭菌时间。调节热源维持恒压直至完成灭菌。一般母种培养基需在 103 kPa 压力下,维持 30 min 左右。不同物品应采用不同的压力和时间,保压过程中要不断调节热源,使压力始终维持在所需压力值上,不能升降幅度过大。

5.降压

完成灭菌时间后关闭热源,压力徐徐下降,一定要待压力自然下降至"0"时才能打开排气阀和锅盖,降压过急会导致培养基喷出或玻璃器皿破裂。若待灭菌的物品是培养基,应将锅盖略打开,让热气将棉塞或包扎纸烘干。

6.出锅

灭菌物品若是培养基,可在温度降至 60 ℃ 时将其取出,随即把试管中的培养基摆成斜面。

高压锅中的灭菌物品被取出后应随即将外锅中的水倒出。锅盖不要盖严,以利于锅内保持干燥和延长锅盖上下密封圈的使用时间。

(三)斜面培养基的摆制

将试管斜置于棍条上,以斜面长度约为试管长的 2/3 为宜。若气温较低,可在试管上覆盖毛巾等物品,以防止降温太快使试管中形成大量的冷凝水,不利于菌种的成活。若装培养基的容器是三角瓶,可将其倒入无菌培养皿中,形成平板培养基。

(四)灭菌效果的检验

将凝固的斜面培养基放入 37 ℃ 温箱培养 2～3 d,若光滑无杂菌生长,即可待用。

四、方法步骤

(一)高压锅的使用

使用 {
装锅:外锅装热水 2 000～3 000 mL(手提式),物品疏松放入内锅,紧固锅盖。
排气:加热,打开排气阀,待冒热气 3～5 min 时将其关闭。
升压:使压力针升至 1 kg/cm²(0.1 MPa,121 ℃)。
保压灭菌:调解热源,维持此压 25～30 min。
降压出锅:关闭热源,自然降压至零。略开锅盖,温度约 60 ℃ 时取出培养基。
}

(二)斜面与平板培养基的制作

将试管培养基趁热斜置于木棍条上,倾斜度以培养基约占管长的 2/3 为宜,不要使其滚动。若温度低可盖毛巾,以免形成过多的冷凝水。

趁热将三角瓶中的培养基以无菌操作法注入无菌培养皿中,每皿的装量为 15～20 mL(刚覆盖皿底),如图 2.31 所示。

(三)灭菌效果的检验

将凝固的斜面培养基放入 37 ℃ 温箱培养 2～3 d,若光滑无杂菌生长,即可待用。

图 2.31

五、作业

(1)图解说明培养基的配制过程,并指明要点。

(2)排除冷空气的时机、目的及方法是什么?

(3)保压的时机与方法是什么?

(4)灭菌时间从何时算起?

(5)摆制斜面的时机与方法是什么?

(6)导致灭菌后的培养基长有杂菌的原因有哪些?该怎样处理?

(7)灭菌在微生物实验操作中有何重要意义?

六、考核办法与标准

(一)考核内容

1.准确说出手提式高压蒸汽灭菌锅的构造。

2.能正确使用手提式高压蒸汽灭菌锅。

3.能掌握排净冷空气的技巧。

4.会保压。

5.会开启高压蒸汽灭菌锅并取出培养基。

6.掌握摆斜面的技巧。

7.会无菌检测培养基是否灭菌彻底。

(二)考核标准

序号	考核项目	评价标准	分值	备注
1	学习态度	遵守纪律和时间,不迟到,不早退,工作态度积极、发言积极、团队意识强,团队协作。	10	以个人考核为主。
2	技能操作	能准确说出手提式高压蒸汽灭菌锅的构造;能正确使用手提式高压蒸汽灭菌锅;会排净冷空气;知道如何保压;灭菌结束时能正确开启高压蒸汽灭菌锅并取出培养基;掌握摆斜面的技巧;会测培养基是否灭菌彻底。	70	
3	提问	根据现场情况提问,回答问题熟练、正确,并给出相应成绩。	10	
4	完成任务的质量及速度	按时按标准完成任务。	10	

实训指导4　母种的转管及分离技术

一、目的要求

清楚无菌操作要点,熟练操作母种转管、多孢分离及组织分离技术。能正确分析自己的接种结果。

二、实验准备

(一)材料用品

空白斜面培养基、平菇母种、平菇子实体、香菇子实体、双孢菇子实体等。

(二)仪器用具

酒精灯、接种环、火柴、尖头镊、酒精棉球、大镊子、接种箱、超净工作台、高锰酸钾、37%甲醛溶液、紫外灯、2%来苏水、标签纸等。

三、实验内容

(一)接种环境的处理

(二)母种的转管

(三)组织分离

(四)多孢分离

四、方法步骤

(一)接种环境的处理

1.接种箱的熏蒸

先用2%来苏水清洁接种箱内外,放入接种所需的物品,用甲醛高锰酸钾熏蒸。一般为甲醛10 mL/m³,加5~7 g高锰酸钾使甲醛氧化挥发。先将高锰酸钾放入接种箱内的容器中,再注入甲醛,立即产生强烈刺激的甲醛气体,熏蒸时间至少保持30 min以上。

2.超净工作台的消毒

用消毒液擦拭台面后放置接种所需物品,开启超净工作台上的紫外灯,照射20 min后使用。

(二)母种的转管

1.手及菌种管的消毒

用肥皂洗手,再用75%酒精棉球擦手和菌种管表面,在酒精灯焰上略烧试管外的棉塞后,立即将菌种管放入接种箱内。

2.转管

两手从接种孔伸入接种箱内,酒精棉球擦拭接种环。左手持菌种管和斜面管,两支试管口对齐火焰上方。右手持接种环,并将其在灯焰上干热灭菌,用小指及无名指拔掉棉塞,使棉塞底部朝外。接种环冷却后伸入菌种管内取略豆粒大带有培养基的菌种块,迅速移入斜面培养基的中部,菌丝朝上。然后将棉塞在火焰上烧一下,立即塞入试管口,旋紧棉塞。

接种环不要触碰管口及管壁。接种后的试管应立即贴标签,注明菌种名称及接种日期,再进行适温培养。

（三）组织分离法

此法是生产中最常用的方法,具有操作简便,菌丝萌发快,分离所得的菌种在培养基条件适宜的情况下,能保持原菌种的优良性状。

1. 种菇消毒

在接种箱内,用镊子夹着燃烧的酒精棉球迅速擦拭菇体。

2. 取接组织

将菇体撕开,用无菌尖头镊在柄盖交界处取绿豆粒大组织,放入斜面培养基上,并迅速塞上棉塞。

（四）多孢子分离

1. 钩悬法

钩悬法是一种特别适用于耳类,也适用于伞菌类的多孢分离法。

在接种箱内将一小块消毒的耳片或菇片悬挂于无菌三角瓶内（装约 1 cm 厚的培养基）,在 25 ℃左右条件下,约 24 h 出现孢子粉时以无菌操作法取出分离材料。适温培养后挑取健壮尖端菌丝转管。

2. 孢子印分离法

取成熟子实体经表面消毒后,切去菌柄,将菌褶向下放置于灭过菌的有色纸上,在 20 ~ 24 ℃静置 1 d,大量孢子落下形成孢子印,接种环沾少量孢子在试管培养基上划线培养,如图 2.32 所示。

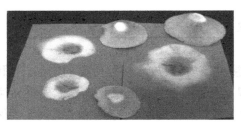

图 2.32

（五）母种的培养

将斜面朝下斜置叠放于瓷盘中,放于培养箱中适温培养。2 ~ 3 d 后每天都要检查菌丝生长情况,及时挑拣污染试管（出现黏膜或杂色）。

（六）注意事项

分离的母种在一定纯化后再做出菇试验。

1. 纯化

菌丝长至斜面 1/2 时,挑菌丝尖端转管,培养成再生母种。

2. 出菇试验

将再生母种扩成原种、栽培种,使其出菇。看产量、质量、形态、长势、抗性如何,鉴定为优质菌种后,才可供生产使用。

3.控制菌龄

菌丝即将长满斜面(一般为 7～10 d)终止培养。分别用于菌种保藏或繁衍原种。

图 2.33

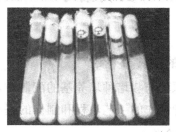

图 2.34

五、作业

(1)评比接种结果。

(2)分析自己接种成败的原因。

(3)孢子分离的母种为何一定要做出菇试验?

(4)试设计一个分离野生平菇菌种的实验方案。

六、考核办法与标准

(一)考核内容

1.会对接种箱及超净工作台进行消毒。

2.利用无菌操作进行母种转管。

3.利用无菌操作对平菇、香菇、双孢菇进行组织分离。

4.利用无菌操作进行平菇的多孢分离。

5.会设定合适的环境条件培养母种。

(二)考核标准

序号	考核项目	评价标准	分值	备注
1	学习态度	遵守纪律和时间,不迟到,不早退,工作态度积极、发言积极、团队意识强,团队协作。	10	以个人考核为主。
2	技能操作	会对接种箱及超净工作台进行消毒;利用无菌操作进行母种转管;利用无菌操作对平菇、香菇、双孢菇进行组织分离;利用无菌操作进行平菇的多孢分离;会设定合适的环境条件培养母种。	70	
3	提问	根据现场情况提问,回答问题熟练、正确并给出相应成绩。	10	
4	完成任务的质量及速度	按时按标准完成任务。	10	

实训指导5 原种、栽培种的制作技术

一、目的要求

学会原种与栽培种培养基的配制方法,掌握原种与栽培种的接种技术,了解食用菌原种与栽培种制作的工艺流程和制作的基本技能。

二、实验准备

（一）材料用品

棉籽壳、麸皮、蔗糖、石灰粉、过磷酸钙、母种、原种、小麦等。

（二）仪器用具

菌种瓶、棉塞、打孔棒、菌种袋、接种耙、大镊子、酒精灯、火柴、酒精棉球、标签、高压蒸汽灭菌锅、接种箱、消毒药品等。

三、实验内容

（一）培养料的配制

（二）菌种瓶及菌种袋的分装

（三）原种的接种

（四）栽培种的接种

四、方法步骤

原种的制作是把母种移接入原种培养料中,经培养而成,也称二级种。栽培种是由原种移接入栽培种培养料中,经培养而成,又称三级种。二者生产程序是相同的:培养基的配制——装瓶(或装袋)——灭菌——接种——适温培养。

（一）培养基的配制

1. 配方与配制

（1）颗粒培养基（麦粒、玉米粒等）

配方:粮食粒98.5%,石膏粉1%,碳酸钙0.5%。

配制:将洗净的粮食粒洗净,用1%石灰水浸泡12小时左右,放入锅中,文火煮沸15～20 min(熟而不烂,勿破皮),捞出晾至无明水后拌入余料。原种多使用颗粒培养基。

（2）棉籽壳麦麸培养基

配方:棉籽壳87%,麦麸10%,白糖1%,石灰1%,过磷酸钙1%。

配制:将棉籽壳、麦麸、石灰混合为主料,余料溶解于少量水后浇入主料中。一边加清水,一边翻拌至含水量达60%～65%(紧握料的指缝中有水泌出而不下滴)。

2. 分装

原种培养基装入菌种瓶(或其他大口瓶),装量约占瓶高的1/2(非颗粒培养基可装至瓶肩,用锥形棒打一料孔),瓶口擦净,堵棉塞后外包牛皮纸或双层报纸。

栽培种培养基一般装入聚丙烯菌种袋，上端套颈圈后如同瓶口包扎法。两端开口的菌种袋可将两端扎活结。要求装得外紧内松，培养料需紧贴瓶壁或袋壁。松散的培养料会导致菌丝断裂及影响对养分、水分的吸收。

（二）培养基的灭菌

原种栽培种培养基的容器大、装量多，应增加灭菌压力及灭菌时间。高压蒸汽灭菌，一般在 152 kPa 压力（1.5 kg/cm²）、温度约 128.1 ℃ 条件下，保持灭菌时间 1～2 h。若采用常压灭菌，需保持最高温度 10 h 左右，再焖 1 天或 1 晚。

（三）接种

灭菌后的原种及栽培种培养基及时运送至无菌环境中，待料温降至约 30 ℃，进行抢温接种。

1. 接原种

用接种耙取蚕豆大母种（连同培养基），放于瓶中培养料的孔口处（1 支母种接 5～8 瓶原种）。斜面尖端及原来的母种块勿接入。

2. 接栽培种

用大镊子、接种铲或接种匙取枣大原种，放于瓶或袋中料面上（若为两端扎活结的菌种袋，则每端都要接入原种）。1 瓶原种约接 60 瓶或 25 袋栽培种。去其表面老化菌丝及老种块。堵棉塞或用线绳扎袋口。贴标签，注明菌种名称和接种日期。

（四）培养

接种后，将种瓶（袋）置于适温下培养。菌种瓶初放时，应直立于床架上，当菌丝吃料后，再将其横放。菌种袋根据气温可单层或多层叠放。隔 4～5 d 转动或调换位置，以利于受温一致，并避免培养料水分的沉积。

常检查：及时去除出现杂色、黏液及菌种死亡的瓶或袋。

逐渐降温：当菌丝长至料深的 1/2 时，降温 2～3 ℃，以免料温升高，并有壮丝作用。

注意菌龄：原种为 30～40 d、栽培种 20～30 d 菌丝长满，再继续培养 7～10 d 是使用的最好菌龄。

五、作业

（1）记录实验结果，并对出现的异常现象进行原因分析。

（2）比较原种与栽培种生产过程的异同点。

（3）颗粒为何要进行泡和煮？

（4）菌种的表面有一块残留的琼脂块，证明该菌种是哪级菌种？

（5）菌种表面有少许玉米粒或麦粒，证明该菌种是哪级菌种？

（6）一批菌种在适宜条件下培养了十余天，发现有一瓶菌种块丝毫未萌动，请分析原因。

六、考核办法与标准

（一）考核内容

1. 会配制颗粒培养基和棉籽壳麦麸培养基。

2. 会正确分装培养料。

3. 会取合适的菌种量进行无菌接种。

4. 会培养原种和栽培种。

（二）考核标准

序号	考核项目	评价标准	分值	备 注
1	学习态度	遵守纪律和时间,不迟到,不早退,工作态度积极、发言积极、团队意识强,团队协作。	10	以个人考核为主。
2	技能操作	会煮麦粒,并掌握住火候;会配制颗粒培养基和棉籽壳麦麸培养基;会正确分装培养料,做到外紧内松,上紧下松。 会取合适的菌种量进行无菌、快速接种;会培养原种和栽培种,并及时挑拣污染菌种。	70	
3	提问	根据现场情况提问,回答问题熟练、正确并给出相应成绩。	10	
4	完成任务的质量及速度	按时按标准完成任务。	10	

实训指导6　菌种保藏与复壮

一、目的要求

学会利用自然基质保藏菌种。掌握菌丝复壮的方法。

二、实验准备

（一）材料用品

麦粒、麦麸、母种、三角瓶装的培养基等。

（二）仪器用具

试管、棉塞、装100 mL水的三角瓶（有玻璃珠）、装90 mL水的试剂瓶、高压锅、接种环、接种箱、酒精灯、火柴、干燥器、注射器或吸管等。

三、实验内容

（一）菌种保藏

1. 制备自然基质。

2. 高压灭菌。

3. 接种。

4. 培养。

5. 保藏。

（二）菌种复壮

1.制备菌丝悬浮液。

2.制平板。

3.培养。

4.转管。

四、方法步骤

（一）菌种保藏

1.麸皮保藏法

将麸皮和自来水按 1 :（1 ~ 1.25）比例拌匀,装入试管,装量约占试管高度的 1/3,洗净管壁,塞棉塞,扎捆,牛皮纸封绑棉塞后进行高压灭菌（0.15 MPa、30 min）,经 32 ℃、48 h 无菌检查合格后接入绿豆粒大的母种。在适温下培养至菌丝长满麸皮。

将菌种管置干燥器中放置一个月,换胶塞置冰箱中或低于 20 ℃ 干燥条件下保存（1 ~ 2 年）。

2.麦粒保藏法

将籽粒饱满的麦粒洗净,浸泡 10 ~ 15 h,加水煮沸 15 min,使麦粒熟而不破,捞出,冷水喷淋后,沥干表面明水,装入试管,装量约占试管高度的 2/5。高压蒸汽灭菌（152 kPa、1 h）。经 32 ℃、48 h 无菌检查合格后接入菌种,在适温下培养至菌丝长满麦粒。

将菌种管置干燥器中放置一个月,换胶塞置冰箱中或低于 20 ℃ 干燥条件下保存（1 ~ 2 年）。

（二）菌种复壮

1.制备菌丝悬浮液

将待复壮菌种的菌丝体刮下,置入 100 mL 有玻璃珠的无菌水三角瓶中,充分摇荡,使菌丝分散。吸取 10 mL 菌丝液注入盛有 90 mL 无菌水的小瓶中,摇匀备用。

2.制混合平板

将融化的 PDA 培养基倒入无菌培养皿中,凝固后滴入 2 ~ 3 滴菌丝液,用无菌涂棒涂抹,使菌丝均匀分散于平板上。

3.培养

适温下培养,使菌丝萌发生长。挑取健壮尖端菌丝转管。

4.检测

通过菌丝形态特征的检查及出菇试验等项目测定,符合原菌种性状即可用于生产。

五、作业

（1）记录菌种在麦粒和麦麸基质上的生长情况,并对出现的问题进行分析。

（2）麦粒与麦麸在处理方法上有哪些不同?

（3）本实验采用的菌种复壮法的原理是什么?

（4）试设计一个防止菌种衰退的菌种使用方案。

六、考核办法与标准

（一）考核内容

1.麸皮菌种保藏法。

2.麦粒菌种保藏法。

3.菌丝悬浮液制备。

4.菌种转管。

(二)考核标准

序号	考核项目	评价标准	分值	备 注
1	学习态度	遵守纪律和时间,不迟到,不早退,工作态度积极、发言积极、团队意识强,团队协作。	10	以个人考核为主。
2	技能操作	会按照比例配制麸皮保藏培养基,会蒸煮麦粒并把握火候,会正确灭菌,并进行无菌检验;会无菌、快速转接菌种;会制备菌丝悬浮液并挑取尖端菌丝进行转接。	70	
3	提问	根据现场情况提问,回答问题熟练、正确并给出相应成绩。	10	
4	完成任务的质量及速度	按时按标准完成任务	10	

项目3 栽培技术

学习项目名称	栽培生产
任务名称 3.1 平菇栽培技术 3.2 香菇栽培技术 3.3 金针菇栽培技术 3.4 双孢菇栽培技术 3.5 草菇栽培技术 3.6 鸡腿菇栽培技术 3.7 灵芝栽培技术 3.8 黑木耳栽培技术 3.9 滑菇栽培技术 3.10 秀珍菇栽培技术 3.11 杏鲍菇栽培技术	教学方法和建议： 　　1. 通过任务教学法实施教学，在实验实训教室、实训基地等食用菌生产现场完成。 　　2. 将生产设计分成6个工作任务单元，每个工作任务单元按照"资讯—决策—计划—实施—检查—评价"六步法来组织教学，学生在教师指导下制订方案、实施方案、最终评价学生。 　　3. 教学过程中体现以学生为主体，教师进行适当的讲解，并进行引导、监督、评价。 　　4. 教师提前准备好各种多媒体学习资料、任务工单、教学课件、并准备好教学场地。
学习目标	掌握平菇的菌丝体特点、子实体的形态及子实体发育各阶段的特征。 　　明确平菇的营养特点、温度反应类型以及对湿度、空气、光照和酸碱度的要求。 　　了解平菇的生活史和食用价值等。 　　掌握生产上平菇常用优良品种的名称、生物学特征、商品特点等知识。 　　依据当地气候特点能推算平菇的大约播种日期。 　　掌握平菇发酵料的制作技术、计算适宜的播种量、袋栽过程及各生长期的管理要点。 　　掌握平菇发菌、分化、长菇、间歇期不同发育期的管理方法和措施。 　　掌握金针菇的菌丝体、子实体形态特征、营养需求及对环境条件的需求特点。 　　掌握金针菇管理期各个阶段的管理要求。 　　掌握香菇的菌丝体特征、子实体的形态及子实体发育各阶段的特征。 　　明确香菇的营养要求特点、温度反应类型以及对湿度、空气、光照和酸碱度的要求。 　　了解香菇的生活史和食用价值等。 　　掌握香菇生产上常用优良品种的名称、生物学特征、商品特点和品尝品质等知识。 　　明确香菇选择栽培期的依据和传统的栽培期的时间。 　　明确香菇常用配方及其所用原料的处理方法；掌握拌料时对水分、酸碱度的要求。 　　明确香菇装袋时的技术要求，掌握灭菌过程中的技术要点和接种方法。

续表

学习项目名称	栽培生产
学习目标	掌握香菇发菌期菌袋排放的方式和要求、翻堆和增氧的时机及方法。 掌握香菇转色的作用、时机、标准和措施。 掌握香菇催花的时机和措施及形成花菇的各种因素。 了解香菇采菇的方法和间歇期的管理特点。 掌握黑木耳栽培段木的选择标准。 掌握黑木耳段木栽培技术。 掌握黑木耳代料栽培技术。 掌握蘑菇母种菌丝体的各类型特征和子实体 5 个发育阶段特征。 掌握双孢菇对营养的要求以及环境条件对它生长发育的影响。 明确生产中双孢菇的几个优良品种、确定播种期的依据以及配料建堆期的推算。 掌握蘑菇发料的基本过程和遵循的原则以及发料时的注意事项。 掌握一次性发酵法的基本要求和优质发酵料的标准。 掌握蘑菇撒播法播种。 掌握蘑菇播种后各个生长发育时期的管理要求和措施。 掌握草菇子实体的 6 个发育时期及特征，掌握草菇的营养特点和对环境条件的要求以及环境条件对其生长发育的影响。 了解草菇生产上常用品种和栽培期的时间。 掌握草菇畦栽过程及管理技术。 明确鸡腿菇结菇菌丝的形态，最适采菇期的子实体形态，掌握鸡腿菇的生理类型和对环境条件的要求以及环境条件对鸡腿菇生长发育的影响。 熟悉鸡腿菇生产上常用品种和栽培时间的确定。 掌握鸡腿菇建畦方法和层播法，掌握配制覆土和畦栽覆土及袋栽覆土的方法，掌握各管理期各种环境条件的管理措施。 掌握灵芝对环境条件的需求特性，结合特性理解灵芝代料栽培和段木栽培技术。 掌握杏鲍菇对环境条件的需求特性，结合特性理解杏鲍菇代料栽培技术。 熟悉滑菇生产上品种特性，掌握其形态学特性及生活条件，结合生活条件理解滑菇栽培技术。 熟悉秀珍菇生物学特性及栽培季节，掌握其催蕾的方法和出菇管理技术。 掌握各种食用菌生产中常见的问题，以及栽培过程中的有效防治方法。
教师所需的执教能力	能熟练进行平菇袋栽，并且能准确解决生产中遇到的问题；能栽培发生量大、菌柄挺拔、菌盖小、产量高的金针菇，并熟练解决金针菇出菇过程中遇到的问题；能栽培香菇、花菇，同时显著降低污染率，解决生产中出现的烂棒等生产问题；能种植耳片肥厚、产量高的黑木耳；能制作蘑菇优质发酵料，同时显著提高每平方米蘑菇产量，并且解决生产中出现的出菇问题；能用发酵料法栽培草菇，且解决生产中遇到的问题；能用袋栽法和畦栽法种植鸡腿菇，并且会防治鸡爪菌；能种植菇形好，产量高的杏鲍菇；能熟练生产灵芝，并有效防止畸形芝产生；能熟练制作滑菇的培养料并进行灭菌，能降低高温季节的污染率，并进行优质的出菇管理工作；能控制好秀珍菇不同品种原基分化时所需的温差，并进行出菇管理，有效解决生产中常见的问题。

任务 3.1　平菇栽培技术

项目3　栽培技术	姓名：	第　组
任务3.1平菇栽培技术	班级：	

工作任务描述：

　　了解平菇的生产概况,熟悉平菇菌丝体及子实体的特征,理解平菇对温度、光照、湿度、空气、pH 值的需求特性,掌握发菌期、催蕾期、出菇期的管理技术,最终学会平菇高产栽培技术。

任务资讯：

　　1.平菇生产概况。

　　2.平菇形态学特性和生活条件特性。

　　3.平菇主栽品种。

　　4.平菇栽培季节选择。

　　5.平菇发酵料制作。

　　6.平菇发菌期管理。

　　7.平菇出菇期管理。

　　8.平菇出菇过程常见问题。

具体任务内容：

　　1.根据任务资讯获取学习资料,并获得相关知识。

　　2.平菇生产概况。

　　3.平菇形态特征。

　　4.平菇对营养及环境条件的需求特性。

　　5.发酵料袋栽平菇的栽培管理措施。

　　6.熟料栽培平菇技术。

　　7.平菇生产中常见的问题及解决措施。

　　8.根据学习资料制订工作计划,完成工作任务。

考核方式及手段：

　　1.考核方式：

　　教师对小组的评价、教师对个人的评价、学生自评相结合,将过程考核与结果考核相结合。

　　2.考核手段：

　　笔试、口试、技能鉴定等方式。

任务相关知识点

3.1.1　概述

平菇是担子菌纲、伞菌目、侧耳科、侧耳属中可以栽培的一些种类,俗名为平菇,学名为侧耳,也称北风菌、冻菌、蚝菌等。通常所说的平菇是泛指侧耳属里的众多品种。

平菇肉质肥嫩,味道鲜美,营养丰富。蛋白质含量占干物质的 10.5%,含有 18 种氨基酸,并含有大量的谷氨酸、鸟苷酸、胞苷酸等增鲜剂,这是平菇风味鲜美的原因。此外还含有大量维生素,已被联合国粮农组织(FAO)列为解决世界营养源问题的最重要的食用菌品种。

平菇性微温,能补脾胃,除湿邪,具有追风散寒、舒筋活络的功效。用于治疗腰腿疼痛、手足麻木、筋络不通等病症。含有一种抑制癌细胞的多糖物质,能增强人体免疫力,并在降低胆固醇,降血压等方面有明显效果。它用于中药,是制作"舒筋散"的原料之一。

平菇人工栽培的历史不长,20 世纪初,欧洲人开始用锯木屑栽培平菇,经过 20 多年的努力获得成功。20 世纪 30 年代,日本森木彦三郎和我国黄范希进行瓶栽,1957 年,上海市农科院食用菌研究所用木屑栽培平菇成功。1972 年,河南省刘纯业用棉子壳生料栽培平菇成功,这为平菇的大面积栽培奠定了基础。1978 年,河北晋县利用棉子壳栽培平菇获得高产后,栽培更为广泛。平菇是全世界栽培最广泛的食用菌之一,2013 年我国平菇总产量约 600 万吨,是我国栽培量最大的食用菌。

3.1.2　生物学特性

1)形态特征

(1)菌丝体

平菇菌丝由其孢子萌发发育而成。初为单核菌丝,单核菌丝很快质配形成双核菌丝,平菇双核菌丝体都具有锁状联合,分枝性强。其菌丝体密集,粗壮有力,气生菌丝发达,爬壁性强,抗逆性能强,生长速度快,25 ℃时 6 ~ 7 d 可长满试管斜面。有的平菇品种在试管中易形成子实体。

(2)子实体

①子实体形态

平菇子实体常丛生或覆瓦状叠生(图 3.1)。子实体的外形、颜色等因品种和环境条件不同而有差异,但其基本结构是一样的,都由菌盖、菌褶、菌柄 3 个部分组成。菌盖呈贝壳状或扇状;菌柄着生部位微向下凹,有棉絮状绒毛,边缘薄,微上翘或波状;菌盖幼时颜色深暗,呈灰黑色,以后逐渐变淡,最后为灰白色或白色。因品种不同而颜色各异,菌褶生于菌盖下方。是平菇有性繁殖器官,呈扇状排列,形似刀片,不等长,纵切面着生有子实层等。菌柄实心或半实心,一般 1 ~ 5 cm 长,1 ~ 4 cm 粗。各菇体基部相连,呈丛生。

当子实体成熟时,菌褶子实层上形成并弹射大量孢子。平菇孢子很小,单细胞,为长方形或圆柱形,光滑无色,弹射数目极大。当弹射最大时,孢子散发呈雾状。子实体周围散落一层白色或淡紫色粉状物,个别栽培者呼吸大量孢子后有过敏症状。

②子实体的发育过程

平菇菌丝体扭结发育,形成子实体过程分为原基分化期、桑葚期、珊瑚期、成形期、生长期和成熟期。

图3.1　平菇子实体形态

A.原基分化期

菌丝体达到生理成熟后,在适宜的温度、温差、空气和光照刺激下扭结成团,分化出子实体原基,标志着平菇由营养生长阶段转入生殖生长阶段。

B.桑葚期

在培养基表面出现许多如小米粒似的白色或灰色菌蕾,形似桑葚。

C.珊瑚期

部分粒状菌蕾开始伸长,出现菌柄,向四周呈放射状排列。上细下粗,参差不齐,形如珊瑚。在珊瑚状子实体形成过程中,有的小颗粒发育成子实体,有的小颗粒被自然淘汰,这一时期为菌柄主要生长时期。

D.成形期

原始菌柄逐渐加粗并在顶端形成青灰色的小扁球,即原始菌盖。菌盖生长很快。而菌柄则逐渐转慢。

E.成熟期

菌盖迅速生长而展开并发育成熟。

2)生理特性

(1)营养条件

平菇属于木腐菌,分解木质素、纤维素、半纤维素的能力极强,栽培料极其广泛,一般农副产品的秸秆、皮壳均可栽培平菇,如棉籽壳、玉米芯、稻草、麦秸、甘蔗渣、花生皮等;栽培时添加一定量的辅料,如麸皮、米糠、饼粉、玉米面、尿素、磷肥等,可显著提高产量和质量。

(2)温度

平菇为低温型变温结实性菌类。菌丝体在 3 ~ 35 ℃ 均能生长,24 ~ 28 ℃ 适宜生长,超过 33 ℃ 菌丝生长不良。菌丝具有很强的耐寒性,即使在 - 15 ℃ 低温环境下菌丝也不会冻死。子实体在 5 ~ 26 ℃ 均可分化,不同品种的子实体发生对温度要求不同。根据子实体分化时期对温度的要求不同,可将平菇分为 3 个温型。

①低温型。子实体分化的最适温度为 10 ~ 15 ℃,如糙皮侧耳、阿魏平菇、美味侧耳。

②中温型。子实体分化的最适温度为 16 ~ 22 ℃,如佛罗里达平菇、凤尾菇、金顶蘑。

③高温型。子实体分化的最适温度为 21 ~ 26 ℃,如金顶侧耳、桃红侧耳、鲍鱼菇。

当栽培袋内菌丝生理成熟后,在适宜温度范围内,昼夜温差越大,子实体原基越易形成。在原基形成后,仍需要一定温差刺激,但其所需的温差幅度较小。

在子实体发育的适温范围内,温度偏低则菇质肥厚;温度过高,菇体虽成熟加快,但盖薄、质差。栽培时,必须了解菌株属于哪一类型,根据各地气候条件选择适宜品种。

(3)湿度

平菇属喜湿性菌类,耐湿力较强。湿度分为培养料的含水量和空气相对湿度。在菌丝体生长阶段,因采用的培养基质材料不同,其物理性状(吸水性、孔隙度、持水率)也不同,配制培养料时,根据不同的培养基质,配制不同的含水量,以确保基质内水、气比例适宜,菌丝健壮生长。棉籽壳培养料的含水量应保持为 60% ~65%;稻草培养料含水量为 65% ~70%;木屑培养料含水量为 55% 左右。发菌期空气相对湿度为 60% ~70%,湿度低于 60%菌包会失水,湿度高于 70% 则易染杂菌。子实体生长阶段要求环境空气相对湿度为85% ~95%,空气相对湿度低于 70% 时,子实体生长缓慢,甚至出现畸形,当空气相对湿度高于95% 时,子实体易变色腐烂或引起其他病害。

(4)空气

平菇属好气性真菌,菌丝和子实体的生长发育都需要氧气。发菌阶段,平菇菌丝较其他菌类较耐二氧化碳,即使二氧化碳浓度超过 1%,仍能生长。子实体生长阶段,空气中二氧化碳浓度超过 0.3%,子实体生长就受到抑制。原基形成后,随着子实体的发育,对氧的需求剧增,如果此时氧气不足,则平菇子实体易变成盖小柄长的畸形菇,严重时,原基不断分化,菌柄丛生并开叉,菌盖不发育,形成畸形菇。

(5)光照

菌丝生长阶段几乎不需要光线,弱光和黑暗条件下均生长良好,光线强抑制菌丝生长。子实体分化阶段,50 ~1 000 lx 光照,子实体均能发生。光照超过 2 500 lx,原基发生显著减少,甚至不能形成。光照太弱,原基数减少,分化出的幼小子实体菌柄细长,菌盖小,畸形菇多。同一品种在光线弱的条件下颜色浅,多为白色、浅灰白色,而在较强的光照条件下颜色深,多呈青灰色、灰褐色或黑褐色。

(6)酸碱度

平菇菌丝对酸碱度的适应范围较广,但喜欢偏酸环境,适宜的 pH 值为 5.5 ~6.2。在平菇的生长发育过程中,由于代谢作用会产生有机酸、醋酸、琥珀酸、草酸等,使培养料 pH 值逐渐下降,此外培养料灭菌时 pH 值也下降,因此为了使平菇能更好地生长和抑制杂菌的发生,在配制培养料时,应调节 pH 值为 7 ~8,使其偏碱性,一般用石灰水来调节 pH 值,同时为稳定 pH 值,在配制培养料时,常添加 0.2% 磷酸二氢钾和磷酸氢二钾等缓冲物质,如果培养料产酸过多,可添加少许轻质碳酸钙或石膏,使培养料不致因 pH 下降过多而影响平菇的生长。

3.1.3 主栽品种

平菇的栽培种类和品种很多,仅在我国栽培的就有 500 余个品种,每年都有一批新菌种推向市场,生产上以糙皮侧耳为主。糙皮侧耳常见的优良品种有平杂 17、新平 1012、双耐、天达、江都 792、江都 8813、黑 89、西德 33、常州 2 号、平菇 2019、平菇 5526、平菇 142、杂24、平菇 HP-1、T-平菇等。

3.1.4　平菇栽培技术

目前人们栽培平菇主要采用代料栽培,代料栽培主要是用棉籽壳、木屑、甘蔗渣、玉米芯等农业下脚料代替传统的段木或原木栽培。平菇代料栽培依其对培养料的处理情况,可分为熟料栽培、发酵料栽培和生料栽培3种。依据栽培的容器可分为瓶栽、袋栽、压块栽培、箱栽、大床栽培。依栽培场地可分为室外栽培和室内栽培。室外栽培可分为阳畦栽培、地沟栽培、露地栽培、树荫栽培等。

虽然平菇栽培方法多样,但它们之间有一定的联系,只要掌握一种方法,其他方法触类旁通,在这里重点介绍平菇发酵料袋栽和熟料袋栽,这两种栽培方式是目前应用较为广泛的栽培方法。

1)发酵料栽培

发酵料栽培也称为半熟料栽培,是指培养料不经高温灭菌,靠堆积发酵,用巴氏消毒法杀死其中大部分不耐高温的杂菌和害虫,再接种培养的方法。

(1)发酵料栽培工艺流程

栽培期选择——→原料准备——→发酵料制作——→装袋、接种——→发菌——→出菇管理——→转潮管理——→后期管理。

(2)栽培季节选择

平菇虽然有各种温型的品种,适宜一年四季栽培,但绝大多数品种属中、低温型,春、秋两季是平菇生产的旺季。发酵料栽培要避开高温期,宜在早春和秋末进行栽培,以秋末栽培最好。一般早春在2月份开始,秋季在9月份开始。

(3)培养料配制

①配方

A.棉籽壳75%、玉米芯15%、麦麸8%、石灰2%。

B.棉籽壳80%、稻草段10%、麦麸8%、石灰2%。

C.玉米芯74%、麸皮或米糠24%、过磷酸钙1%、石膏粉0.5%、石灰0.5%。

D.木屑78%、麸皮或米糠20%、蔗糖1%、石膏粉1%。

E.甘蔗渣70%、麸皮或米糠28%、石膏粉2%。

F.木屑37%、玉米芯40%、麸皮20%、复合肥1%、石灰1%、石膏1%。

②配制

先将栽培料按料水比1:(1.8~2)充分搅拌均匀,使含水量达65%~70%,调节pH值为8.5~9。然后选择向阳、地势高燥的地方,堆料按50 kg/m²堆积发酵,栽培料数量少时堆成圆形堆,有利于升温发酵;如果数量大可堆成长条形堆,麦秸和稻草因有弹性应压实,其他栽培料应根据情况压实,然后用直径2~3 cm的木棍每隔0.5 m距离打1个孔洞至底部,再在料堆两侧的中部和下部各横向斜打1行透气孔,以利于通气,防止烧料、腐败,也可于铺料时在底部放2根竹竿,上面两侧打孔时与底部竹竿交叉,堆好后抽出底部竹竿。之后覆盖草苫、麻包、编织袋等能透气的覆盖物并盖好料堆,使之发酵,经1~3 d在料表约

25 cm深处温度升至55~60 ℃（不宜超过70 ℃）时，经12~24 h翻堆1次，翻堆时将料堆外层培养料与内层和底层的培养料互换，重新建堆、打气孔、覆盖。当温度再次升至55~60 ℃时，再经12~24 h后第2次翻堆。发酵过程中，如果温度达不到50 ℃以上，应延长发酵时间。一般堆积发酵需翻堆3~4次。堆期因气温不同而异，一般为5~7 d，当培养料色泽均匀转深、质地柔软，料内出现较多白色放线菌，闻不到氨、臭、酸味时，扒堆终止发酵。发酵后期为防止蝇蛆可喷敌敌畏500~600倍液，为防止杂菌发生，也可拌入0.1%的多菌灵或0.2%~0.5%的甲基托布津。栽培料在堆积发酵过程中要损失水分，pH值也会下降，所以发酵之后应重新调整栽培料的含水量和pH值，将含水量调整为60%~65%，pH值为7.5~8。

③装袋播种

栽培平菇应选择适当大小的栽培袋，塑料袋大小与栽培季节有关，气温低宜用长而宽、气温高宜用窄而短的塑料袋。一般选择宽为22~24 cm，长为40~45 cm的塑料袋。每袋装干料0.8~1.2 kg，栽培袋过大将延长栽培周期，且生物效率偏低。

发酵料袋栽一般采用分层播种。3层菌种2层料的方式，即袋的两端和中间各放一层菌种，其他为栽培料。先将塑料筒一端用塑料绳扎死，在袋的另一端首先装入一层菌种，再装料，边装边压实，用力要均匀，当装至袋的1/2处时，再装入一层菌种，接着再装料，装到距袋口8~10 cm时，再装一层菌种，稍压后封口。装袋时应注意以下几点：一是装袋时应不断搅拌培养料，使其含水量均匀一致，防止水分流失；二是特别注意袋内料的松紧度，装料不可过紧，否则通气不良，菌丝生长受影响，但也不可过松，否则菌丝生长疏松无力、影响产量；三是当天掰好的菌种应当天用完，不可过夜。

（4）管理

①发菌期管理

菌丝定植后尽早封面是栽培成功的关键。接种后排袋发菌，排袋高度依季节不同而不同，温度低可堆得高些，为8~10层，温度高可散置或以井字形堆放3~4层，堆与堆之间要留出35~40 cm的距离，以利散热。接种后到菌丝长满袋，应保持室内黑暗，并保持适温22~24 ℃，相对湿度保持60%~70%，发菌初期相对湿度可略低些。一般在接种后10 d左右，菌袋内温度可基本稳定下来。当空气相对湿度超过80%时，应加大通风量。接种后15 d，菌丝快速蔓延，同时产生生物热，应注意避免高温"烧菌"；每隔5~7 d翻一次堆，第一次翻堆时应用缝纫机针在接种层部位扎通气孔，横向每隔5 cm扎一针，针深3~5 cm，以利通风换气。在菌丝满袋后1周内，应让菌袋接受光线（逐渐增强），使菌袋逐渐适应，也利于整齐现蕾。

②出菇期管理

将发满菌丝的菌袋移入出菇场所，采用立体堆积方式出菇。先垫高10 cm左右的土埂或砖块，然后将菌袋堆叠卧放其上。菌袋一层层摆放，高4~8层，长度根据出菇场所而定。每排菌袋之间留60 cm左右的空隙，并留有采菇和管理的通道，通道应对着南北两侧的通风口。

出菇期间的管理，主要从以下几个方面来进行：

A. 温度控制

菌丝长满后给予低于 20 ℃的温度和尽量大的温差 5～10 ℃（高温型的温差小些，低温型的温差大些），利于刺激原基的形成。

原基形成后，将出菇室温度控制为 10～20 ℃。通常温度高子实体生长较快，菌盖变小而菌柄伸长，降低产量与品质；温度低，子实体生长缓慢，低于 5 ℃，子实体停止生长。室内出菇的，可通过门窗及通风口的通风换气来调整温度，温度偏高时应打开门窗及通风口，温度偏低时少通风。冬季室内出菇，出菇室应有加温设施，如用煤火加温，必须要有烟道，不可明火加温，否则子实体生长将受到影响；室外出菇，可通过揭盖草帘和通风换气来控制温度。温度偏高时，在棚膜上覆盖草帘遮光，并加强通风；温度偏低时，白天应揭开草帘，让阳光晒薄膜，使棚内温度升高，夜晚覆盖草帘保温，并减少通风。如冬季短时期温度过低，也可在棚内生火加温，但一定要设有烟道。

B. 湿度控制

空气相对湿度保持在 90%～95%。用喷雾器对菌袋、空间和地面喷水。气温高或空气干燥时，可向地面泼水，以增加空气湿度，保持地面湿润不干燥。当子实体菌盖直径达 2 cm以上时，可直接向子实体上喷水，但不可向子实体原基或幼菇蕾上喷水，否则子实体将萎缩死亡。

C. 通风换气

平菇子实体生长发育时耗氧量大，对二氧化碳浓度敏感，当室内通风不良时，将出现子实体畸形，表现为菌柄细长、菌盖小，严重影响产量和质量。菇房通风换气时，也不要过于剧烈，以免吹干菇蕾。

D. 光照控制

子实体的生长需要一定的散射光，在全黑暗条件下不会形成子实体，当光照强度超过2 500 lx 原基发生也显著减少，甚至不能形成，一般出菇室内光线掌握在能够正常看书看报即可。室内出菇要有门窗，保持室内有一定光线；室外出菇的白天应揭开下部草帘透光。

③采收

在适宜的条件下，由子实体原基长成子实体需 7～10 d，当菌盖充分展开，菌盖颜色由深转浅，下凹部分开始出现白色绒毛，且未散发孢子时及时采收。采收时无论大小一次性采完，两手捏住子实体拧下，或用小刀割下，不可拔取，否则会带下培养料。

④后期管理

A. 转潮期管理

平菇 1 次栽培可采收 4～5 潮菇，每次采收后，都要清除料面老化菌丝和幼菇、死菇，再将袋口合拢，避免栽培袋过多失水，停止喷水，降低菇场的湿度，以利平菇菌丝恢复生长，积累养分，3～4 d 后喷水，仍按照第一潮菇的管理办法进行。

B. 菌袋补水

如果菌袋失水过多，可进行补水。一般前两潮菇可自然出菇，无需补水，但 3 潮菇后，往往由于培养料湿度过小而不能自然出菇，可给菌袋补水。将菌袋浸入水中浸泡 12～24 h，浸水前用粗铁丝或木棍将菌袋中央打 1 个洞，可使水尽快进入菌袋内。浸好的菌袋捞出甩去多余的水分,重新摆放整齐,也可用补水枪补水,还可以在喷雾器胶管前端安装1个带针头的铁管,将针头从菌袋两端料面插入补水,还可以摸泥墙栽培。摸泥墙出菇法具体操作为:首先把出过几潮菇的菌袋搔菌后脱袋,然后用含有1%石膏粉和1%过磷酸钙的干净水和泥,所用的土最好用菜园土或刮去表层土的干净土。和泥时有时也加入一些杀菌剂如多菌灵、克霉灵或生石灰,以抑制土壤中的杂菌生长。用这样的泥像垒墙似地把脱袋后的菌袋一层泥一层菌袋地砌起来,砌成4~8层高,晾上半天时间,再用泥把菌墙两面抹成泥墙,并在墙顶部抹成水槽或直接隔一定距离捅一个眼,以便注水时用。这样处理的结果会使菌袋充分得到水分、养分以及土壤中大量的矿质营养元素的补给,从而生长出朵形更大、菌盖更厚、产量更高的平菇。一般抹泥墙后,菌袋仍可继续出3~4潮菇。但是,抹泥墙出菇要非常注意一点,即不要喷水喷得过多,把泥弄到菇上,从而影响菇的销售。最后把出完菇的泥墙倒在田里又是非常好的有机肥。

2)熟料栽培

熟料袋栽是栽培平菇的基本方法之一,也是栽培其他木腐型食用菌的主要方法之一。它的优点是菌种用量小,培养料中的养分易于吸收,发菌受外界环境影响较小,在较高的温度下也可发菌,产量高,病虫害较易控制。它的缺点是接种、灭菌的工作量大,生产成本大,消耗燃料多,受灭菌量的限制,短时间内较难大规模生产。

(1)熟料栽培工艺流程

栽培期选择——→原料准备——→装袋、灭菌——→接种——→发菌——→出菇管理——→转潮管理——→后期管理。

(2)栽培季节

秋季栽培平菇为8—11月,北方早于南方;春季栽培为2—6月,南方早于北方。一般而言,把出菇初始期往前倒推30~40 d为接种时期,然后再根据市场和生产情况来做相应的调整。

(3)培养料配制

①配方

同发酵料配方。

②配制

将原料按配方确定的比例进行称取。配制时,棉籽壳、稻草、玉米芯等主料与不溶于水的辅料如麸皮、米糠等搅拌均匀,将糖等物质配制成水溶液的形式加入。经多次翻堆,使培养料充分吸收水分,依据培养料物质性状的不同,调节合适的含水量。一般掌握"三高三低",即

A.基质颗粒偏大或偏干,含水量应调高,反之应调低。

B.晴天水分蒸发量大,水分应略高些,阴天则应偏低。

C.拌料场地吸水性强,含水量应调高,反之应调低。用棉籽壳培养料拌料时,用手抓起一把拌好的原料,紧握一下水能从手指缝渗出,滴而不成线时,其含水量为65%左右;仅有水痕出现,含水量为60%左右。此外,料拌好后,必须堆成一堆,让水分充分渗入原料。

拌好料后用pH试纸测定其pH,一般调至7.5~8为宜,如果偏碱,用柠檬酸调节,若偏

酸,用石灰调节。

(4)装袋灭菌

熟料栽培菌袋制作工序较为复杂,搬动次数多,袋膜被损坏的可能性较大,并且培养料经高温熟化后极易染杂菌。筒袋宽度和长度的选择取决于季节,一般夏季、早秋应选用宽(20~22)cm×40 cm×0.003 cm 为宜,以防止料袋大、积温高、难出菇。中秋及晚秋选用(22~25)cm×45 cm×0.003 cm 为宜,料袋大营养足,出菇期长。

手工装袋时,边装袋边用手指压,用手压时袋壁四周压紧,中央稍压,形成四周紧中间松,两端紧中间松,松紧适宜,有利于菌丝生长。若装得过紧,氧气不易进入袋中,发菌慢;装得过松,容易出现侧壁出菇,造成营养浪费。装袋后用直径约2.5 cm 的钝尖木棒在袋料中间打一洞,套上口圈,将袋口入口圈处翻下,再盖上一层牛皮纸,用细绳或胶皮套扎住。

装好的料袋不宜久放,应在4 h 内进行灭菌,特别在高温季节,尤其要注意,否则培养料在高温下微生物繁殖迅速,很快会使培养料发生酸败。大规模生产时一般多采用常压蒸汽灭菌,料袋进入常压灭菌仓时,应堆码好,不要太挤,要留有蒸汽通道,尽快使温度升到100 ℃,维持8~10 h,待温度降至80 ℃时,慢慢开门,取出料袋,放到无菌冷却室中冷却。

(5)接种

待袋内温度降至28 ℃时方可接种,接种前按照接种室空间,用药剂进行熏蒸消毒。接种时,将菌种瓶表面的菌种剔除,用镊子把菌种取出接入料袋内,接种时,最好2~3人一组,解袋口、接种、封口连续进行。整个过程要严格无菌操作,动作要快,尽量缩短接种时间,防止杂菌污染。

(6)发菌

同发酵料。

(7)出菇管理

同发酵料。

3.1.5　平菇栽培常见问题

1)菌袋发黄,菌丝萎缩

(1)产生原因

栽培期气温高,棚上覆盖的草帘等过薄,料温长时间超过35 ℃;培养料发酵不彻底,播种后继续升温发酵;培养料内带入或栽培场地发生螨类。

(2)防治措施

高温季节栽培平菇,场地应尽可能选在有遮阴处,菌袋堆积的层数控制为3~4层,菇棚上草帘等遮光覆盖物要厚一点;发酵质量要达到要求;培养料在播前要进行杀虫处理;菇棚在菌袋进入的前一天要喷药杀虫。

2）菌丝萌发后不吃料,发菌缓慢

（1）产生原因

①添加过量的尿素导致产生氨气,抑制了平菇菌丝生长。

②培养料水分过多或水质差,导致杂菌污染,抑制平菇菌丝生长。

③菌种老化或菌龄不足或菌种不纯。

（2）防治措施

除少数情况外,尿素的添加量应控制在0.5%以内;培养料含水量应灵活掌握;水质要清洁;选择种性纯,菌丝生长健壮,菌龄适宜的菌种。

3）菌丝封面后,霉菌从料内向两头生长

（1）产生原因

①棉籽壳在存放期已局部结块霉变或培养料中加有易感霉菌的麸皮、米糠等。

②培养料添加的过磷酸钙结块未过筛,又超过2%,导致培养料过酸,或水质pH值小于5.5,引起霉菌生长。

③在同一场地连年栽培。

（2）防治措施

棉籽壳等原料在配制培养料前需曝晒2~3 d;培养料中添加过磷酸钙量控制在2%以内,并碾碎过筛;注意水质;如用老菇房栽培,要加强消毒、灭菌工作。

4）发菌后期吃料缓慢,迟迟发不满

（1）产生原因

①菌袋两头扎死,没有通气孔,袋内有害气体集聚过多,抑制平菇菌丝生长。

②培养料含水量过高,发生酸变。

③发菌后期遇低温天气,没有采取升温措施。

④培养料质量差,或装袋过紧。

（2）防治措施

控制培养料的含水量,料的粗细、长短要合理搭配,以增加通气量,防止酸变;控制菌袋的长度;遇低温天气,采取升温措施;培养料营养要丰富。

5）菌丝已发透,但稀疏不紧密

（1）产生原因

①菌种老化,生活力弱。

②高温使菌丝受灼伤。

③培养料质量差。

（2）防治措施

选用优良菌种;防止高温灼伤菌丝;注意培养料的质量。

6）菌丝未发透（零星出菇）

（1）产生原因

①菌种用量太大,老菌块出菇。

②袋口打开过早。

③低温期太长,湿度偏大。

(2)防治措施

菌种使用量控制在20%以内,将菌种掰成蚕豆大小;低温期要采取升温措施;待菌丝发满后,再打开袋口进行出菇管理。

7)菌丝发好后不出菇

(1)产生原因

①料面气生菌丝生长过旺,形成菌皮。

②昼夜温差过小,缺少温差刺激或通风不良。

③空气中二氧化碳浓度过高。

④光线太强或太暗。

⑤菌种选择不当。

⑥培养料 C/N 比不当,不利营养生长转入生殖生长。

(2)防治措施

根据栽培季节,选用适宜品种;进行搔菌,即用干净的刀在菌袋的两端对培养料划几道口子;采用早晚通风等措施加大温差;加强通风换气,供给新鲜空气,给予微弱的散射光刺激。

8)小菇大批死亡

(1)产生原因

①原基形成后,遇持续高温,致使菌盖逐渐枯萎。

②培养料过干,空气相对湿度低,幼蕾形成后,很快就展开菇盖,不久就枯萎死亡,通风不良,菇房内二氧化碳浓度偏高,幼菇缺氧发生畸变,严重时相继死亡。

③盼菇心切,调水失控,在菇体幼小时,往往错用"重喷出菇水"的方法,造成幼菇水肿、变黄腐烂死亡。

④菇体很小时喷高浓度的营养液。

(2)防治措施

出菇期气温过高,要采取降温措施,不能长时间超过 30 ℃;喷水要掌握少、细、勤、匀的原则,切忌向菇体直接喷水;加强通风换气,并注意通风要均匀、多向,切忌大风天大通风;喷营养液的浓度要适宜。

9)烧菌

(1)产生原因

①菌袋堆叠过高过密,未及时翻堆。

②培养场所温度过高或通气不良。

(2)防治对策

高温天气,应松散直立放置,待袋温稳定后再堆叠;培养场所应注意通风换气、降温。

10）培养料酸败发臭、杂菌污染严重

（1）产生原因

①培养料陈旧，带有大量杂菌。

②培养料含水量过多，料发生厌气发酵，产生大量有害气体。

③拌料时加入了过多的尿素产生了游离氨气。

（2）防治对策

陈旧的棉籽壳或代料在配料前应在太阳下暴晒 2 ~ 3 d，并在拌料时加入 0.1% ~ 0.2% 多菌灵；拌料时应控制用水；已污染的料应及时挖除，用 2% 明矾水拌匀除臭；应把已经发黑腐烂的菌袋拣出。

11）平菇子实体畸形，柄长、伞盖小

（1）产生原因

主要是由于通风不畅，CO_2 浓度过高所致。

（2）防治措施

平菇子实体生长阶段呼吸作用增强，需吸收大量的氧气、排出 CO_2，CO_2 沉积在菇棚的下部，不易排放出去，当浓度超过 0.3% 时，就会抑制平菇原基分化和子实体生长，这就要求菇棚每天在喷水后都要放风 2 ~ 3 h；掀开菇棚底部塑料，打开背墙通风口，使贴近地面处形成空气对流，有风天气风口适当小些，防止风大吹干菇蕾，冬季风口也要适当小些，防止棚内温度过低。总之，要协调好空气、温度、湿度三者之间的关系，最大限度地满足子实体生长发育所需的各项生理指标。

12）黄菇病

（1）产生病因

①菇场通气差，温度高，湿度大，含水量高的菌床和积水多的菌袋，该病较为常见。

②栽培使用浅色菇种或出菇密集型的品种时，一般较易感病，这可能是品种间抗病力有差异。

③菇丛密度大，菌袋排放集中过量，单个菇体之间的水分散发速度慢，造成积水机会多，得病的概率也高。

④栽培管理用水的水质洁净度差，本身带菌量大，也可能造成该病持续发生，无法根治。

（2）防治措施

①搞好栽培环境的净化消毒，抓好菇场消毒及水质净化。

②抓好培养料的质量和配制，采用发酵料和熟料栽培。

③加强对土壤的消毒处理。

④科学管理菇房，加强菇场通风散热降温，切忌高湿管理。

⑤选用抗病品种。

⑥及时处理受害菌袋或菌床，剔除病菇，喷药防治。如喷洒 1% 石灰水清液，或 150 mL/kg 漂白粉液，或每毫升含 100 ~ 200 国际单位农用链霉素液；如果病害发生严重，应首先摘除

病菇,刮去泛黄染病的表层菌丝,降湿后再加大药剂量进行处理。如喷洒5%石灰水清液,或250 mL/kg漂白粉液;或800 mL/kg卡拉霉素液,增强菌床抗病能力,避免转潮后病害的再度发生。

13)尖眼菌蚊

尖眼菌蚊又名眼菌蚊、菇蚊、白蛆等,危害平菇尖眼菌蚊有多种,其中以尖眼菌蚊和菇尖眼菌蚊发生较普遍。

（1）危害症状

一般质地松软、柔嫩的品种受害较重。幼虫多在培养料的表面取食,可把菌丝咬断吃光,使料面发黑、成松散的米糠状。菇蕾被其伤害后干枯死亡,危害子实体时,先从接近料面菌柄基部开始蛀入,后逐渐向上钻蛀,可将整个菌柄蛀空,继而危害菌褶和菌盖。

（2）防治措施

①搞好环境卫生,减少虫源。

②在菇房门窗和通气孔安装60目纱网,防止成虫入内。

③及时清理料面及菇根、烂菇等。

④灯光诱杀,利用黑光灯诱杀,并在灯下放盆0.1%敌敌畏水溶液。

⑤药剂防治。生料栽培每1 000 kg培养料可拌入20%二嗪农可湿性粉剂0.2 kg,或土壤用600倍20%二嗪农液处理,还可用50%辛硫磷1 500倍,2.5%溴氰菊酯3 000倍,50%马拉硫磷1 500～2 000倍或20%杀灭菊酯2 000～3 000倍喷雾杀虫。注意出菇期不要喷洒,要采完菇再喷药。

思考练习题 》》》

1.平菇对温度、光照、湿度、通风有什么要求?

2.平菇子实体分化发育分为哪几种?各有何特点?

3.试述平菇发酵料袋栽的技术要点。

4.试述平菇熟料袋栽技术要点。

5.平菇栽培过程中常见问题有哪些?如何防治?

任务 3.2 香菇栽培技术

项目3 栽培技术	姓名：	第 组
任务 3.2 香菇栽培技术	班级：	

工作任务描述：

　　了解香菇的生产概况,熟悉香菇菌丝体及子实体的特征,理解香菇对温度、光照、湿度、空气、pH 值的需求特性,掌握发菌期、分化期、转色期、育菇期的管理技术,学会花菇栽培技术。

任务资讯：

　　1.香菇形态学特性。

　　2.香菇生活条件。

　　3.香菇装袋技术。

　　4.香菇栽培季节的确定。

　　5.香菇灭菌注意事项。

　　6.香菇打穴接种的方法。

　　7.香菇转色作用、时机、措施。

　　8.香菇出菇管理技巧。

　　9.香菇、花菇培育技术。

　　10.香菇出菇过程中常见问题。

具体任务内容：

　　1.根据任务资讯获取学习资料,并获得相关知识。

　　2.香菇生产概况。

　　3.香菇形态特征。

　　4.香菇对营养及环境条件的需求特性。

　　5.香菇发菌期、分化期、转色期、育菇期的管理技巧。

　　6.花菇生产技术。

　　7.香菇栽培过程中常见问题。

　　8.根据学习资料制订工作计划,完成工作任务。

考核方式及手段：

　　1.考核方式：

　　教师对小组的评价、教师对个人的评价、学生自评相结合,将过程考核与结果考核相结合。

　　2.考核手段：

　　笔试、口试、技能鉴定等方式。

任务相关知识点

3.2.1 概述

香菇,又名香蕈、冬菇、花菇、香信等,在真菌分类中,香菇隶属于层菌纲,担子菌亚纲、伞菌目、口蘑科、香菇属。

香菇肉质肥嫩、味道鲜美、香气独特、营养丰富,并具有较高的保健和药用价值,因此深受国内外人们的喜爱,是不可多得的理想的健康食品。

香菇中含有较高的蛋白质、不饱和脂肪酸、碳水化合物、粗纤维、矿物质等对人体有益的物质。其所含有的 18 种氨基酸中有 7 种为人体必需氨基酸,含有 30 多种酶,其中富含其他蔬菜中缺乏的维生素 D。

香菇的药用价值很高,含有多种能降低胆固醇、防治心血管、糖尿病、佝偻病、抗流感、抗肿瘤的生理活性物质,如香菇多糖等。

香菇是世界上著名的食用菌之一,在木腐菌中产量位居第一。中国是最早栽培香菇的国家,一般认为至少已有 800 多年的栽培历史,我国也是世界香菇生产的第一大国,在现有栽培的食用菌中,香菇栽培量和出口量都是最大的。

香菇栽培技术经历了原木砍花法栽培、段木接种栽培、代料栽培和高棚层架栽培 4 个阶段。

1)原木砍花法

将硕大的原木伐倒,在树皮上剁上斧痕,空气中的天然香菇孢子在斧痕上萌发,在树皮内形成菌丝,经两年以上的培菌管理,形成香菇子实体,这种生产香菇的技术就是原木砍花法栽培技术(图 3.2)。这是香菇从野生到人工栽培的第一步,其中要经过"作樯、砍花、遮衣、倡花、开衣、惊蕈、当旺、采焙"8 道工序,从砍花到收获结束,整个过程经历 3 ~ 8 年,所用的原木种类、周边环境、砍伐季节、斧痕深浅等都十分讲究,是栽培成败的关键。

图 3.2 原木砍花法
(本照片摄自庆元香菇博物馆)

2)段木接种栽培

大约在 500 年前,原木砍花法栽培技术传入日本。1928 年,日本人森木彦三郎首先利用锯木屑菌种接种段木获得成功。"纯菌种段木栽培技术"在成活率、转化率、人工调控能力和集约程度都比"原木砍花法栽培技术"大大提高,而生产周期却大大缩短,这是香菇栽培史上的第二次革命。

3)代料栽培

1964 年上海农科院何园素、王日英等人采用木屑菌种压块栽培香菇获得成功;1980 年福建古田农民彭兆旺仿银耳栽培,进行筒袋栽培尝试并取得成功。代料栽培的成活率、转化率和集约化程度进一步提高,而生产周期进一步缩短,农作物的下脚料(麸皮、米糠等)在香菇生产上得到利用,这是香菇栽培史上的第三次革命。

4)高棚层架栽培

在代料栽培技术推广后,人们想利用这项技术栽培香菇中的极品——花菇。1994年庆元县食用菌科研中心首先攻克了这项技术,其主要特点是由产量向质量、由平面栽培向立体栽培、由顺境培养向逆境培养转化。这项成果通过浙江省科技厅鉴定,经国际查新确认为"国际领先水平"。这项技术的发明和推广,使中国香菇不仅在数量上超过日本,而且在质量上也普遍超过了日本。由于这项技术的核心是降低棚内湿度,以促使花菇的生成。广大北方地区原本不适合高湿管理代料香菇栽培,而这项技术的发明,使北方地区干燥的气候条件由劣势变成优势,由此引发了所谓的"南菇北移"。同时高棚层架栽培技术也为香菇工厂化生产提供可能(图3.3)。

图3.3 高棚层架栽培

我国香菇的主产区是福建、浙江、湖南、湖北、河南、河北、陕西、辽宁等省市,近年四川、广西、云南、安徽、贵州、黑龙江、山东等省份也在大力发展香菇。并且逐渐由单家独户的栽培方式向规模化生产的方式转变。多年实践证明,栽培香菇是活跃农村经济、帮助农民脱贫致富的有效途径,同时对于出口创汇和丰富菜篮子工程有着重要的意义。

3.2.2 生物学特性

1)形态特征

(1)菌丝体

菌丝由孢子萌发而成,白色绒毛状,在斜面培养基上平铺生长。菌丝在光学显微镜下粗壮,粗细较均匀,具有隔膜和分枝,双核菌丝有明显的锁状联合现象。在试管内略有爬壁现象,边缘呈不规则弯曲。老化时略有淡黄色色素分泌物,使培养基变淡黄色。早熟品种在冰箱内存放时间稍长,有的会形成原基。在人工栽培条件下,香菇菌丝经长时间光照后,会产生特殊的反应,菌种和菌袋表面菌丝会形成褐色的被膜。

(2)子实体

子实体单生、丛生或群生,早期呈扁半球形,后逐渐平展,淡褐色、茶褐色到深褐色,常有淡褐色或褐色的鳞片,有时有菊花状或网状皲裂,露出菌肉。

子实体由菌盖、菌褶和菌柄3部分组成。菌盖初期内卷,呈半球形,随着生长逐渐平展趋于成熟,过分成熟时,菌盖边缘向上翻卷。幼蕾时菌盖与菌柄间有一层内膜,破裂后残留在菌盖外缘,易消失。

菌柄中生或偏生于菌盖下方,呈圆柱形或近圆形,起支撑作用。表面附着细绒毛,内实,纤维质。

菌褶着生于菌盖下方,辐射状排列呈刀片状,不等长,弯生。显微镜下可以清楚看到菌褶纵切面中的子实层基、担子、担孢子。孢子印白色,孢子无色。

2)生理特性

(1)营养条件

香菇是木腐性菌,野生香菇生长于阔叶树的朽木上,如针叶树、芸香科植物、樟科、木荷等树种。有抑制香菇菌丝生长的物质,不能作为培养基质。代料栽培中,利用阔叶树的木屑作为主要营养基质,并加入麸皮、米糠甚至棉籽壳、玉米芯等农作物下脚料以增加营养。为了有利于早期菌丝的生长,常加入1%的蔗糖。

现在常用的香菇培养基质配方是:木屑:麸皮:石膏:蔗糖为78:20:1:1,简称782011配方。这个配方沿用了半个多世纪,至今仍被广泛应用,但在生产中还应根据不同的香菇品种而作相应的调整,高抗品种麸皮的比例则要适当增加,而弱抗品种则要适当减少。

(2)温度

温度对香菇孢子萌发,菌丝生长和子实体分化、发育均有较大影响,因此,在生产实践中,应根据当地冬季气温变化范围、栽培目标(生产花菇还是鲜菇),选定所栽培香菇品系的温型是至关重要的。

香菇菌丝生长的最适温度为23～25 ℃,低于10 ℃或高于30 ℃则有碍其生长。香菇是低温、变温结实性菌类,子实体分化所需温度因温度类型的不同而不同,高温型为20～25 ℃;中温型为15～20 ℃;低温型为5～10 ℃。香菇原基形成要有一定的昼夜温差刺激,昼夜温差越大,子实体原基数目也就越多,而所需要的温差幅度由香菇品系所决定。高温型香菇诱导原基形成的温差为3～5 ℃;低温型诱导原基形成的温差为5～10 ℃。

香菇原基形成后,分化出菇体的各器官。在适温内,随着气温升高,子实体发育加快,以致常形成组织松软的薄皮菇;在低温下,虽然发育缓慢,但菇质较硬实且肥厚浓香。温差过小,只有1～2 ℃,子实体不能很好地发育。

(3)湿度

培养基水分含量对菌丝及子实体生长有重要作用。香菇培养基含水量过多,其菌丝会因缺氧而生长受阻甚至死亡;相反,含水量不足,菌丝分泌的各种酶就不能通过自由扩散接触培养料进行分解活动,从而营养物质也就不能运输和转换,菌丝也就不能正常生长。

一般木屑培养料的含水量为55%～60%,因料的粗细而有所差异,细料孔隙小,不利通氧,要做干些,粗料则相反。段木栽培含水量为35%～40%。出菇时要求空气的相对湿度为80%～90%。较高的湿度有利于子实体的分化和生长,但湿度低可以造成逆境培养而提高质量,如花菇生产时,要加大通风,湿度要降至60%。

(4)空气

香菇是好气性菌,通风良好的环境有利于菌丝健壮生长,有利于子实体分化和生长发育;加强通风,还有利于菇形和菇质,盖大柄短,提高商品价值。反之,容易形成畸形菇。

(5)光照

香菇是喜光性菌类(相对其他品种而言),但在菌丝培养阶段则不需要光线,光线过强反而会抑制菌丝的生长。当菌丝长满菌袋或菌瓶时,再经过一定时间的光照,香菇菌丝就会产生特殊的反应,菌丝表面会产生褐色的被膜即菌被,俗称转色。香菇只有转色好,子实

体原基才能分化得好,产量才能高。转色是香菇代料栽培的重要管理环节。

子实体分化和生长发育需要一定的散射光,光线过暗,子实体分化少,易形成盖小柄长的高脚菇,菇体颜色浅淡。但光照过强,子实体的分化也会受到影响,甚至不能长菇。

在生产中,建造的菇棚就是模拟野生状态下的散射光环境,遮阳物的荫蔽度一般要达65%~80%。但在北方的花菇栽培中经常进行白天敞棚日晒,晚上盖棚保温。这是逆境培养的手段,容易形成花菇,并提高白天棚内温度。

(6)酸碱度

香菇是喜酸性菌。其适宜的 pH 值一般为 5.5~6.5。随着菌丝不断吸收培养基中的营养,使培养基逐渐酸化,待培养基 pH 降至 3.8~4.1 时,菌丝开始扭结形成菇蕾,进入生殖生长。为了缓冲培养料中的 pH 值变化,代料香菇配料时一般要加入 1% 的石膏粉。

3.2.3　主栽品种

国内香菇品种较多,有适合段木栽培的,有适合代料栽培的,有既适合段木又适合代料栽培的,代料栽培的品种中有的适合春栽,如香菇9608、香菇135、花菇939、香菇9015;有的适合秋栽,如L26、泌阳香菇、087、苏香 2 号;还有的适合于夏栽。常见的优良品种还有7401、7402、7420、L241、闽优 1 号、闽优 2 号、L8、L9、L380、Cr01、Cr04、沪香、常香、农安 1 号、农安 2 号、豫香、古优 1 号、辽香 8 号、花菇 99、香菇 66、香 9、广香 51、香浓 7 号、香菇9207、香菇 241、香菇 856、广香 8003、菇皇 1 号等。

3.2.4　栽培技术

香菇常用的栽培方法有段木栽培和代料栽培。为了退耕还林,保护森林资源,目前主要采用代料栽培。在这里主要介绍代料栽培。

1)香菇代料栽培

(1)香菇代料栽培工艺流程

确定栽培季节→培养料准备→拌料→装袋→扎口→灭菌→打穴→接种→封口→培菌→排场→转色→催蕾→出菇管理→采收→后期管理。

(2)栽培季节选择

接种过早,培养料的营养消耗多会影响香菇后期产量;接种太迟香菇菌丝营养积累少,第 1~2 潮菇的畸形菇多。具体时间的确定,应根据菌丝长好后正遇上适宜的转色及出菇温度。早熟品种的发菌时间需 40~60 d、中熟品种需 60~90 d、晚熟品种需 120~180 d。代料栽培应根据具体品种及当地气候合理安排栽培期。传统栽培多选择秋栽,栽培期南方多在 8 月份,北方多在 7 月份。由于在高温期播种污染率较高。现多采用低温期接种,选择春栽秋生型品种,一般在 1~5 月份接种,让发菌期躲过夏季。

（3）培养料配制

①配方

A. 阔叶树木屑78%、麸皮20%、石膏1%、蔗糖1%，pH糖6.0~6.5，料水比1:0.9~1:1.1。

B. 阔叶树木屑63%、棉籽壳20%、麸皮15%、石膏1%、蔗糖1%，pH 6.0~6.5，料水比1:0.9~1:1.2。

C. 阔叶树木屑76%、麸皮18%、玉米粉2%、石膏2%、过磷酸钙0.5%、蔗糖1.2%、尿素0.3%。pH 6.0~6.5，料水比1:0.9~1:1.1。

D. 棉籽壳76%、麸皮20%、石膏粉1.5%、过磷酸钙1.5%、糖1%。pH 6.0~6.5，料水比1:1.1~1:1.3。

E. 木屑35%、棉籽壳40%、麸皮20%、玉米粉2%、石膏1%、过磷酸钙1%、糖1%、料水比1:1~1:1.1。

F. 玉米芯50%、阔叶树木屑26%、麦麸20%、糖1.3%、石膏粉1%、过磷酸钙1%、硫酸镁0.5%、尿素0.2%、石灰2%，料水比1:1.2~1:1.3。

②培养料配制

按配方要求称取木屑、麸皮、轻质碳酸钙或石膏等不溶性的干料先混匀，分次掺水，分批泼入木屑干料中，用铁铲来回翻动数次，力求均匀。最好在人工搅拌后，培养料分批铲入装筒机（装袋机）料斗内，推两遍，在装筒机内搅拌、混合、挤压。该法对吸水性较慢的料，如棉籽壳效果更佳。在大规模生产时，采用搅拌机开机搅拌15 min以上。无论是手工或机械搅拌都必须控制好搅拌终了的培养基含水量（一般为55%~60%，视制筒时气温和木屑颗粒而定），这点至关重要。通常粗略测定可用手握料法判断。具体方法是：手抓料紧握后张开，料不成团并龟裂成数块，说明含水量为54%~57%；若手指缝间仅有水痕，无水滴下，伸开手掌料会成团，自1 m高处落下后分块，不碎，说明此时含水量为58%~60%；若手指缝间有水渗出一两滴，但不滴下，说明含水量为61%~62%。培养料含水量超过65%，菌丝因缺氧而生长受阻。

配好料后放置10~20 min，让水分从木屑表面渗入内部后，即可开始装袋。

③装袋

拌好料后装袋，一般用规格为15 cm×55 cm×（0.045~0.05）cm的塑料袋，每袋装干料0.9~1.0 kg，湿重2.1~2.3 kg。河南泌阳多采用24 cm×55 cm的袋子，河南西峡多采用18 cm×55 cm的袋子，山西则采用（20~22）cm×55 cm的袋子栽培。原则上天气热的地方袋子宜细些，天气冷的地方可粗些。装袋松紧度适宜，以孔隙度为12.5%最佳。其检测方法是：五指握住料袋，稍用力才出现凹陷；用手指托起料袋中部，两端不向下弯曲。装料过紧，灭菌后容易胀破袋子；装料过松，袋膜与料不紧贴，接种、搬动操作时，袋子必然上下鼓动，杂菌随气流进入接种穴，从而引起杂菌污染。

装袋时为防止杂菌污染，必须轻拿轻放，不可硬拉乱扔，还需扎紧袋口并及时装锅灭菌，做到当日拌料，当日灭菌。

（4）灭菌

料袋装锅时要有一定的空隙或者以"井"字形排垒在灭菌锅里，这样便于空气流通，灭

图 3.4 灭菌

菌时不易出现死角。开始加热升温时，火要旺要猛，从生火到锅内温度达到 100 ℃ 的时间最好不超过 4 h，否则会把料蒸酸蒸臭。当温度到 100 ℃ 后，要用中火维持 14 ~ 16 h，中间不能降温，最后用旺火猛攻一会儿，再停火焖一夜后出锅。出锅前先把冷却室或接种室进行空间消毒。

出锅用的塑料筐也要喷洒 2% 的来苏水或 75% 的酒精消毒。把刚出锅的热料袋运到消过毒的冷却室里或接种室内冷却，待料袋温度降到 30 ℃ 以下时才能接种。

（5）接种

香菇的接种方法很多，较为常用的是长袋侧面打穴接种法（图 3.5）。接种是香菇栽培成败的关键步骤，为保证菌袋的成品率，还必须注意接种时的温度、接种时间的选择、菌袋面的消毒和正确的打穴封口方法。

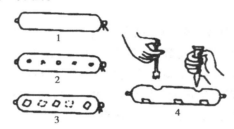

图 3.5 接种

香菇的接种，多选在温度较低的时间内进行。春天接种可在白天进行；秋天或温度高的时候，应选择晴天的早晨或午夜接种。因为气温低时，杂菌处于休眠状态，有利于提高菌袋接种的成品率。接种室宜干燥、无尘土，不宜潮湿；雨天湿度大，容易感染霉菌，不宜接种。

料袋面在打穴前应消毒。一般用 75% 酒精，配 50% 多菌灵，按 20∶1 的比例混合成药液，或采用克霉灵拌酒精制成药液。用纱布蘸上少许药液，在料袋将要打穴处迅速擦洗一遍，从而起到消毒和清洗残留物的作用。

香菇接种一般采用先灭菌，再接种，并且边打穴、边接种的方法。这样操作迅速、接种效果好、污染率低。具体操作方法为：采用木棍制成的尖形打穴钻或空心打孔器，在料袋正面消过毒的袋面上，按等距离打上 3 个接种穴，穴口直径为 1.5 cm，深 2 cm，再翻过另一面，错开对面孔穴位置再打上 2 个接种穴。边打穴，边接种，用接种枪把菌种迅速在无菌操作下接入接种穴内。尽量接满接种穴，最好菌种略高出料面 2 ~ 3 mm。随即用食用菌专用胶布或胶片封口，再把胶布封口顺手向下压一下，使之黏牢穴口，从而减少杂菌污染。过去用普通胶布封口，后来用纸胶带或胶片封口，现在最先进的方法是采用食用菌专用胶片封口，特别是透气性香菇专用胶片，一般胶片规格为 3.25 cm × 3.6 cm 或 3.6 cm × 4.0 cm。整个接种过程要动作迅速敏捷，尽可能减少"病从口入"的机会。每接完一批料袋，应打开门窗通风换气 30 min 左右,然后关闭门窗,再重新进袋、消毒,继续接种。接种时切忌高温高湿。

香菇菌种接入接种穴后,也可不采用胶片封口,如河南泌阳县多采用双套袋封口的方法,西峡县采用石蜡封口的方法。

(6)发菌(图 3.6)

接种后进入定植期,通常定植期为 7 ~ 10 d。反季节栽培或花菇栽培多在初春或初夏接种,此时气温低于 20 ℃,应以"保温、排湿"为定植工作重心。接种后,应开窗换气 6 ~ 12 h,排湿换气。此外,每日午后也要通风 30 min,其余时间均关闭门窗,减少空气的对流,有利提高接种成功率。大规模制筒时,大多是将菌筒放置在通风、阴凉、干净、黑暗的场所,使菌丝尽快恢复生长。夏季气温高,可直接在室内水泥地面或石、砖地面堆垛。每四筒为一层,摆成"井"字形交错堆叠。堆高控制为 80 ~ 100 cm,堆温维持在 25 ℃ 左右,并留有足够的过道和翻堆场所。还要经常检查堆温,不得超过 28 ℃。堆温过高,则要拆堆,改为矮堆。

图 3.6　发菌

一般在接种 10 d 后,翻堆检查。翻堆的目的是检查接种穴定植情况,及时弃掉污染严重的菌筒,改变堆形,改善堆内通风状态,以利整批菌筒发菌均匀。10 d 后,接种穴内菌丝呈放射状蔓延,直径达 1 ~ 2 cm,该堆形为方形堆,每层排 4 筒,高度为 90 cm 左右。此时应增加供氧量,以满足菌丝对氧的需求。撕角后,接种穴内氧供应突然增加,菌丝新陈代谢旺盛,堆温急速上升,应将每层堆垛拉大筒间距离。在气温过高,通风不良的场所,往往使堆温急速上升,一旦堆温超过 32 ℃,极易出现菌丝发黄,且不再生长的"烧菌"现象,将前功尽弃。当菌筒内菌丝长至 1/2 筒时,菌丝进入新陈代谢旺盛期,会产生大量的呼吸热。为了防止发生"烧菌"现象,可将菌筒改为三角形排列堆垛,层数降至 6 层,为第三次翻堆。当菌筒长满菌丝,即可搬入遮阳良好的菇棚内,边炼筒,边生理成熟。

在第一、二、三次翻堆时,若发现有污染杂菌的菌筒,应及时处理,减少损失。

在整个堆垛过程既要注意通风,又要注意遮光,并经常检查堆温,防止"烧菌"。

(7)脱袋

菌袋经过 60 ~ 80 d 才能达到生理成熟,其标志是接种穴周围出现不规则小泡隆起,并出现褐色色斑。这时可将菌棒搬入栽培棚内"炼筒",2 ~ 3 d 后,选择晴天或阴天的傍晚进行脱筒,雨天不宜进行,脱袋时气温为 15~25 ℃,最适宜气温为 20~22 ℃。用小刀轻轻划破薄膜并小心撕去,将菌筒按 10 cm 间距,60°~80°倾斜排放于设好的畦面靠架横竹上。为防止菌棒失水,边脱袋,边盖膜。

(8)转色

香菇菌丝生长发育进入生理成熟期,表面白色菌丝在一定条件下,逐渐变成棕褐色的一层菌膜,称为菌丝转色。转色的深浅、菌膜的薄厚,直接影响到香菇原基的发生和发育,对香菇的产量和质量关系很大,是香菇出菇管理最重要的环节。

脱袋排场后 3~5 d 尽量不要揭开畦上的罩膜,这时畦内的相对湿度应为 85%~90%,塑料膜上有凝结水珠,使菌丝在一个温暖潮湿的稳定环境中继续生长。应注意在此期间如果气温高、湿度过大,每天还是要在早、晚气温低时揭开畦的罩膜通风 20 min。在揭开畦的罩膜通风时,温室不要同时通风,将两者的通风时间要错开。在脱袋排场 5~7 d 时,菌筒表面长满浓白的绒毛状气生菌丝时,要加强揭膜通风的次数,每天 2~3 次,每次 20~30 min,增加氧气、光照(散射光),拉大菌筒表面的干湿差,限制菌丝生长,促其转色。当 7~8 d 开始分泌色素,吐出黄水,此时应揭膜,往菌筒上喷水,每天 1~2 次,连续 2 d,冲洗菌筒上的黄水,喷完水后再覆膜,菌筒开始由白色变为粉红色,经过人工管理,逐渐变成棕褐色。正常情况下,脱袋 12 d 左右,菌筒表面形成棕褐色的树皮状菌被,即转色完成。

(9)出菇期管理

香菇菌筒转色后,菌丝体完全成熟,并积累了丰富的营养,在一定条件的刺激下,迅速由营养生长进入生殖生长,发生子实体原基分化和生长发育,也就是进入了出菇期。

①催蕾

香菇属于变温结实性的菌类,一定的温差、散射光和新鲜的空气有利于子实体原基的分化。这个时期一般都揭去畦上罩膜,出菇温室的温度最好控制为 10~22 ℃,昼夜之间能有 5~10 ℃的温差。如果自然温差小,还可借助于白天和夜间通风的机会人为地拉大温差。空气相对湿度维持在 90%左右。条件适宜时,3~4 d 菌筒表面褐色的菌膜就会出现白色的裂纹,不久就会长出菇蕾。此期间要防止空间湿度过低或菌筒缺水,以免影响子实体原基的形成。在出现这种情况时,要加大喷水,每次喷水后晾至菌筒表面不黏滑,而只是潮乎乎的,盖塑料膜保湿。也要防止高温、高湿,以防止杂菌污染,烂菌筒。一旦出现高温、高湿时,要加强通风,降温降湿。

②子实体生长发育期的管理

菇蕾分化出以后,进入生长发育期。不同温度类型的香菇菌株子实体生长发育的温度是不同的,多数菌株在 8~25 ℃子实体都能生长发育,最适温度为 15~20 ℃,恒温条件下子实体生长发育很好。要求空气相对湿度 85%~90%。随着子实体不断长大,呼吸加强,二氧化碳积累加快,要加强通风,保持空气清新,还要有一定的散射光。夏播香菇出菇始期在秋季,北方秋季秋高气爽,气候干燥,温度变化大,菌筒刚开始出菇,水分充足,营养丰富,菌丝健壮,管理的重点是控温保湿。早秋气温高,出菇温室要加盖遮光物,并通风和喷水降温;晚秋气温低时,白天要增加光照升温,如果光线强影响出菇,可在温室内半空中挂遮阳网,晚上加保温帘。空间相对湿度低时,喷水主要是向墙上和空间喷雾,以增加空气相对湿度。

当子实体长到菌膜已破,菌盖还没有完全伸展,边缘内卷,菌褶全部伸长,并由白色转为褐色时,子实体已8成熟,即可采收。采收时应一手扶住菌筒,一手捏住菌柄基部转动着拔下。整个一潮菇全部采收完后,要大通风一次,晴天气候干燥时,可通风2 h;阴天或者湿度大时可通风4 h,使菌筒表面干燥,然后停止喷水5～7 d。让菌丝充分复壮生长,待采菇留下的凹点菌丝发白,就需给菌筒补水。补水方法是先用10号铁丝在菌筒两头的中央各扎一孔,深达菌筒长度的1/2,再在菌筒侧面等距离扎3个孔,然后将菌筒排放在浸水池中,菌筒上放木板,用石头块压住木板,加入清水浸泡2 h左右,以水浸透菌筒(菌筒质量略低于出菇前的质量)为宜。浸不透的菌筒水分不足,浸水过量易造成菌筒腐烂,都会影响出菇。补水后,将菌筒重新排放在畦里,重复前面的催蕾出菇的管理方法,准备出第二潮菇。第二潮菇采收后,还是停水、补水,重复前面的管理,一般出4潮菇。有时拌料水分偏大,出菇时的温度、湿度适宜,菌筒出第一潮菇时,水分损失不大,可以不用浸水法补水,而是在第一潮菇采收完,停水5～7 d,待菌丝恢复生长后,直接向菌筒喷一次大水,让菌筒自然吸收,增加含水量,然后再重复前面的催蕾出菇管理,当第二潮菇采收后,再浸泡菌筒补水。浸水时间可适当长些。以后每采收一潮菇,就补一次水。

北方的冬季气温低,子实体生长慢,产量低,但菇肉厚,品质好。这个季节管理的重点是保温增温,白天增加光照,夜间加盖草帘,有条件的可生火加温,中午通风,尽量保持温室内的气温在7 ℃以上。可向空间、墙面喷水调节湿度,少往菌筒上直接喷水。如果温度低不能出菇,就把温室的相对湿度控制在70%～75%,养菌保菌越冬。

春季气候干燥、多风,这时的菌筒经过秋冬的出菇,菌筒失水多,水分不足,菌丝生长也没有秋季旺盛,管理的重点是给菌筒补水,浸泡时间2～4 h,经常向墙面和空间喷水,空气相对湿度保持为85%～90%。早春要注意保温增温,通风要适当,可在喷水后进行通风,要控制通风时间,不要造成温度、湿度下降。

2)花菇木屑栽培

花菇是香菇中的极品,以菇体圆整、厚实,香味浓郁,菇盖表面出现不规则龟裂而得名。花菇具有很强的竞争力,其售价是普通香菇的几倍。

(1)栽培季节的选择

花菇主要是其菇蕾在低温干燥下缓慢发育形成的。温度并非形成花菇的先决条件。在适宜香菇发育的温度下,只要有较低的空气相对湿度(40%～70%),均有形成花菇的可能,但在8～16 ℃(依菌株而定)下,形成花菇的质量较好。又由于栽培花菇所用的菌株为低温型和中低温型,而且要求栽培环境较为干燥。一般10—11月开始出菇,一直到春节后的2～3月出菇结束。

(2)接种

①菌株

适宜培育花菇的菌株,主要是低温型和中温型。

②确定接种期

为了尽量减少畸形菇发生,大多采用延长菌筒菌龄的方法来培育花菇。一般发菌期长达140～190 d(视使用菌株的温型而定)。根据当地历年来气象资料,找出气温稳定在

20 ℃的具体日期,向前推 140~190 d,即为栽培筒制作日期。

（3）管理

①菌丝培养阶段的管理

菌丝定植期和生长期管理与香菇代料栽培方法相似。但花菇栽培在菌丝阶段最为关键的是刺筒放黄水,防止烂筒,安全过夏。

刺筒方法为:发菌中期(一般为接种后 25 d)用 4 cm 铁钉沿菌丝外沿内侧 1 cm 左右,均匀刺孔一圈,孔深为 1.5~2.0 cm。菌筒满筒后(一般为接种后 62 d 左右),用钉板(在长条形的木板上,间隔 3 cm,钉上 4 cm 铁钉)刺筒。每筒刺 3~4 排。菌筒生理成熟期,即接种后的 80 d(早熟种)~110 d(晚熟种),用铁钉板再次刺筒,刺 2~3 排,深度为 1.5~2 cm。生理成熟后,在环境条件刺激下,会吐出黄水珠,此次刺筒有利黄水排出。

②子实体发生阶段管理

A. 诱蕾

温度白天应控制为 15~20 ℃,晚上应控制为 8~10 ℃,形成 10 ℃左右的温差;空气相对湿度为 80%~90%;有充足的氧气;有散射光照;培养料内水分充足,含水量达到 50%~55%。一般经过 3~5 d,绝大部分菌筒均会出现原基。

B. 割口、疏蕾

菇蕾长到 1 cm 左右长时,应及时用刀片沿菇蕾外围将薄膜割破 2/3 以增氧,并使菇蕾自由生长。此时,幼蕾生长温度应达到 12~20 ℃,小环境相对湿度 80%~90%,适当通风,有散射光照。幼蕾一次出得太多时,要进行疏蕾,每袋以留 5~6 个为宜。当幼蕾长至 2 cm 左右长时,开始进行花菇培育。

C. 幼蕾期

在原基形成后,当菇盖长到 1.5~2 cm 时,只需微弱光照,不能强光刺激,温度保持为 8~12 ℃,育花菇棚内用煤火加温,空气相对湿度为 85%~90%。当菌盖长到 2 cm,表面颜色变深时,即可降低温度,进行幼菇管理。

D. 幼菇期

当菇蕾直径为 2.5~3.5 cm 时,菇棚不需遮阴,遇有晴天还可掀去菇棚上的薄膜,让阳光直接照射,这样不仅空气新鲜,而且菇盖受全光照射,可增加菇盖裂纹的白度,此时温度保持为 8~15 ℃,棚内相对湿度 70% 左右。遇雨天或雾天棚膜应盖严。

E. 花菇形成期

当菇盖直径长到 3.5 cm 以上,花菇处在增白增大期,可增强光照,将温度控制为 15~20 ℃,相对湿度为 55%~65%。强化管理,促使菇盖继续开裂和增白。

F. 采收

采菇时,一手按住菌袋,一手用大拇指和食指捏紧菇柄基部左右旋转,并向上轻提,不留菇根,不带起大块基料,不碰伤小菇,采大留小。通常采取的加工方法是干燥,有机械烘干、土法烘干和阳光干燥。

3.2.5　香菇栽培常见问题

1)转色太浅或不转色

转色太浅或不转色表现为菌袋呈现黄色或白色。

(1)产生原因

①菌龄不足,脱袋过早,菌丝没有达到生理成熟。

②菇床保湿条件差,湿度偏低,不适合转色需要。

③脱袋时气温偏高,喷水时间太迟,或脱袋时气温低于12 ℃。

(2)防治措施

①喷水保湿,结合通风,连续喷水2~3 d,每天1次。

②检查菇床罩膜,修理破洞,罩紧薄膜,增强菇床保湿性能。

③将菌袋卧倒在地面上,利用地温,促进一面转色,转色后再翻另一面。

④若因低温影响,可把菇棚覆盖物揭开,引光增温,中午通风;若是由高温引起的,应增加通风次数,中午将菌袋两头薄膜打开,早晚通风换气,每次30 min。

2)菌丝陡长不倒伏

表现为菌筒洁白,菌丝长2 cm还未倒伏。

(1)产生原因

①湿度过大,菌丝生长旺盛。

②缺乏氧气,菌丝开始洁白后,没有适当地进行通风换气,或掀动膜次数太少。

③培养料配方不合理,营养过量,菌丝生长过盛。

(2)防治措施

①加大通风量,选中午气温高时,揭膜1~1.5 h,让菌袋接触光照,达到干燥,促使菌丝倒伏,待菌袋表面晾至手摸不黏时,盖紧薄膜,第二天表面出现水气,菌丝即已倒伏。

②采取上述措施仍未能解决倒伏问题的,可用3%的石灰水喷洒菌袋1次,晾至不黏手后盖膜,3 d后菌丝即可倒伏。

③如果10~15 d仍不转色,以至菌筒脱水,应连续喷水2~3 d,每天2次,通风时间缩短至30 min,补水增湿促进转色。

3)菌膜脱落

表现为脱袋2~3 d,菌袋表面瘤状菌丝膨胀,菌膜翘起,局部片状脱落,部分悬挂于菌袋上。

(1)产生原因

①脱袋太早,菌丝没有达到生理成熟。

②脱袋后温度突变(高温或低温),表面菌丝受刺激,缩紧脱离,使菌袋内菌丝增生,迫使外部菌膜脱落。

③管理失误,一般为脱袋后3 d,在25 ℃条件下不揭膜通风,但有的因当时气温较高,

中午揭膜通风,致使菌丝对环境条件不适应。

(2)防治措施

①人为创造适合的环境条件,温度以 25 ℃ 为宜,让恢复生长的菌丝迅速增长。

②选择晴天喷水加湿,相对湿度保持在 80%。

③每天保持通风 2 次,每次 30 ~ 40 min,经过 4 ~ 6 d 管理,菌袋表面可产生新的菌丝。一般发生菌膜脱落现象时,出菇会推迟 10 d 左右。

4)转色太深,菌膜过厚

转色太深,菌膜过厚表现为皮层质硬,颜色深褐,出菇困难。

(1)产生原因

①脱袋延误,菌龄太长,体内养分不断向表层输送。

②菌丝扭结,菌膜逐层增厚。

③通风不当,脱袋后没有按照转色规律要求的时间揭膜通风,或通风次数、时间太少。

④菇场过阴缺乏光照。

(2)防治措施

①加强通风,每天至少通风 2 次,每次 1 h。

②调节光照,菇棚要求保持"三分阳七分阴"花荫光照。

③增大菇棚内的干湿差和温差,促使菌丝从营养生长转为生殖生长。

5)烂筒

(1)产生原因

①培养料处理不当。用生的杂木屑直接生产;或杂木屑没有完全晒干就投入生产;或培养料混有不适合香菇菌丝生长的松、杉、木荷、樟树木屑;或培养料放置时间太长,致使料发酸;或培养料含水量过高;或麸皮添加过少,碳氮比失调,致使菌筒营养贫乏。

②菌种不优良。使用的品种未经鉴定,菌种不适宜反季节栽培,菌种退化、老化或受高温,使香菇菌丝的生命力衰弱。

③菌丝培养条件不适宜。菌筒在培养过程中严重缺氧而造成菌丝活力低下;或在菌丝培养过程中遇到高温未及时处理,造成烧菌现象;或在培养后期因温差过大而造成菌皮过厚;或在菌丝达到生理成熟时未及时脱袋,致使袋内菇和未及时清除的黄水为杂菌滋生创造了条件。

④脱袋排场后管理不当。菌筒脱袋后碰上高温高湿;或菇棚的遮盖物过低、过密;或喷水过多,通风不良;或菇场没有消毒和使用混有病虫的水源。

(2)防治措施

①培育健壮的菌丝。选用适合香菇生长的完全晒干的杂木屑;麸皮的添加量要掌握在 20% 左右,切忌为了节约成本而随意减少用量。拌料时要控制培养料的含水量为 55% ~ 60%。菌丝培养过程中要调节好培养室的温度、湿度和通风,减少温差。在气温高的季节要及时疏散菌棒,防止高温烧菌。

②选好菇场,搞好卫生。对使用 2 年的菇棚要更换菇场。菇棚应建在通风、排灌方便、近清洁水源的沙壤土田地。菇棚高度以 2 ~ 2.4 m 为宜,菇棚间留通道,四周二疏二密,以

利通风。通气差的菇棚顶不要太密,通气好的可适当加密,做到八分阴至全阴。棚内土壤应用敌敌畏、辛硫磷、高锰酸钾、福尔马林和石灰粉处理,水源最好用漂白粉消毒。

③适时脱袋转色。选短期内气温稳定为18～24℃,菌筒达到生理成熟时及时脱袋转色,局部有黄水的要及时处理,发现袋内菇要及时连根拔除。气温较高时,菌筒下田后应炼菌几天,再两边划袋进行半人工转色。

④加强出菇管理。每天结合喷水要进行通风,遇到阴雨天气,要少喷水或不喷水,并适当延长通风时间。气温过高时要控制菇蕾量,以免出菇过量,造成菌丝生命力下降。如果已发生烂筒,轻者可用清水冲洗,重者应刮除腐烂部分,并用5%石灰水涂抹患位,同时停止喷水,加强通风,菇场可用漂白粉进行消毒。

6)袋栽香菇杂菌防治

对杂菌的防治应采取综合防治的措施,除应注意原料与菌种的选择,场地、用具的消毒外,栽培时还应采取下列措施。

①培养料先经堆制发酵,利用多种高温型微生物所产生的生物热杀死害虫和中低温菌类,减少污染源。

②快速装袋灭菌。配制后的培养,适于各种微生物生长与繁殖,所以应尽量在5 h内装完,灭菌时要求4～6 h使温度上升到100 ℃。

③培养室降温、通风,可以减少杂菌污染,提高接种成品率。如要防止木霉的污染,可把接种后的菌袋先在16 ℃下培养,这时香菇菌丝可以生长,而木霉的孢子难以萌发,菌丝生长缓慢(木霉菌丝生长最适温度为25～30 ℃),待香菇菌丝体在培养料表面生长到一定程度后,再逐步提高温度,最后在25 ℃下培养到菌丝体长满全袋。如一开始就在25 ℃下培养,则有利于木霉菌丝的生长,使杂菌污染率偏高。

④局部污染的菌袋,可注射20%甲醛溶液或5%石炭酸,以控制污染点的扩散。

7)袋栽香菇害虫防治

对蜗牛、蛞蝓等害虫,可于清晨或傍晚进行人工捕杀。对白蚁可用亚砒酸(亚砷酸、砒霜、信石)60%、滑石粉40%;或亚砒酸46%、水杨酸15%、氧化铁5%的混合药粉撒施在蚁道、蚁巢上防治。对跳虫的防治,在出菇期可用0.1%敌敌畏拌少量蜂蜜诱杀,或用0.1%鱼藤精或150～200倍除虫菊液喷洒。

思考练习题)))

1.试述香菇菌筒制作方法和操作要点。

2.为什么说菌筒转色期是香菇生产成败的关键? 菌筒转色有哪些条件?

3.试述花菇栽培的技术要点。

4.试述香菇烂筒的原因及防治措施。

任务3.3　金针菇栽培技术

项目3　栽培技术	姓名：	第　　组
任务3.3　金针菇栽培技术	班级：	

工作任务描述：

　　了解金针菇的生产概况,熟悉金针菇菌丝体及子实体的特征,理解金针菇对温度、光照、湿度、空气、pH值的需求特性,掌握发菌期、分化期、抑制期、伸长期的管理技术,最终学会金针菇栽培技术。

任务资讯：

　　1.金针菇形态学特性。

　　2.金针菇生活条件。

　　3.金针菇栽培季节的确定。

　　4.金针菇拌料方法。

　　5.金针菇分化期采取措施。

　　6.金针菇抑制期管理的时机、目的及措施。

　　7.金针菇伸长期管理的目的及措施。

　　8.金针菇出菇过程中常见问题。

具体任务内容：

　　1.根据任务资讯获取学习资料,并获得相关知识。

　　2.金针菇生产概况。

　　3.金针菇形态特征。

　　4.金针菇对营养及环境条件的需求特性。

　　5.金针菇发菌期、分化期、抑制期、伸长期的管理技巧。

　　6.根据学习资料制订工作计划,完成工作单。

考核方式及手段：

　　1.考核方式：

　　教师对小组的评价、教师对个人的评价、学生自评相结合,将过程考核与结果考核相结合。

　　2.考核手段：

　　笔试、口试、技能鉴定等方式。

任务相关知识点

3.3.1 概述

金针菇又名构菌、冬菇、朴菇、扑蕈、毛柄金钱菌等。在真菌分类中,隶属于无隔担子菌亚纲,伞菌目,金钱菌属。

金针菇脆嫩适口,味道鲜美,营养极其丰富。据上海食品所测定:每100 g鲜菇中水分为89.73 g,蛋白质为2.72 g,脂肪为0.13 g,灰分为0.83 g,糖为5.45 g,粗纤维为1.77 g,铁为0.22 mg,钙为0.097 mg,磷为1.48 mg,钠为0.22 mg,镁为0.31 mg,钾为3.7 mg,维生素 B_1 为0.29 mg,维生素 B_2 为0.21 mg,维生素 C 为2.27 mg。此外还含有丰富的 $5'$ – 磷酸腺苷和核苷酸类物质。在每百 g 干菇中,氨基酸总量为20.9 g,其中人体所必需的8种氨基酸为氨基酸总量的44.5%,高于一般菇类。其中赖氨酸和精氨酸含量特别丰富,这两种氨基酸能有效地促进儿童的健康生长和智力发育,所以金针菇在国内外被誉为"增智菇"。金针菇子实体中含有酸性和中性的植物纤维(又称洗涤纤维、食物纤维),能吸附胆汁酸盐,调节胆固醇代谢,降低人体内胆固醇含量。金针菇的纤维可以促进胃肠的蠕动,防治消化系统疾病,还可以预防高血压,并有辅助治疗肝病和溃疡病的效果。金针菇子实体中还含有一种金针菇素(又称朴菇素、火菇素),是一种碱性蛋白质,具有显著的防癌作用。

金针菇是我国最早栽培的一种食用菌,大约有1 400年的历史。1928年日本的森木彦三郎发明了以木屑和米糠为原料的金针菇栽培法。日本从20世纪60年代开始,利用各种自动化控制设备形成一套周年工业化生产金针菇的体系。1984年日本长野县通过生物工程方法育出白色金针菇新品种,现在我国已得到大面积推广。

近年来,金针菇生产除了季节性栽培外,企业化设施栽培技术也有所突破,形成了以黄毅教授开发成功的福建金针菇塑料袋栽培模式和台湾企业塑料瓶栽培模式,这两种栽培模式并存于各地。目前,全国日生产金针菇量高达300余 t,新鲜金针菇已成为百姓餐桌上的寻常菜肴。福建闽南金三角、浙江江山市一带、河北石家庄等地已成为季节性金针菇栽培的重要产区。

3.3.2 生物学特性

1)形态特征

金针菇属于伞菌类食用菌。野生时,呈丛状,着生于腐木上。

(1)菌丝体

金针菇菌丝白色,菌落呈细棉绒状或绒毡状,稍有爬壁现象(图3.7)。生长速度中等,13 d左右可发满培养基斜面。菌丝老化时,菌落表面呈淡黄褐色。条件不适宜时易形成粉孢子,粉孢子过多的菌株往往菇体质量差,菌柄基部颜色较深。试管内的母种在冷藏条件下易形成子实体。成熟的菌丝体转入雪白色,并分泌深棕色液滴。

显微镜下，菌丝粗细均匀，具有锁状联合结构，锁状突起一般为半圆形。

（2）子实体

成熟子实体由菌盖、菌褶和菌柄3部分组成，多数成束生长，肉质柔软有弹性。菌盖呈球形或呈扁半球形，直径1.5~7 cm，幼时球形，逐渐平展，过分成熟时边缘皱折向上翻卷。菌盖表面有胶质薄层，湿时有黏性，色黄白到黄褐，菌肉白色，中央厚，边缘薄，菌褶白色或象牙色，较稀疏，长短不一，与菌柄离生或弯生。菌柄中央生，中空圆柱状，稍弯曲，长3.5~15 cm，直径0.3~1.5 cm，菌柄基部

图3.7　金针菇菌丝

相连，上部呈肉质，下部为革质，表面密生黑褐色短绒毛，担孢子生于菌褶子实层上，孢子圆柱形，无色。

2）生理特性

（1）营养条件

金针菇是一种木腐菌，需要的营养物质有碳源、氮源、无机盐和维生素4大类。这些营养物质可从甘蔗渣、棉籽壳、油菜壳、稻草、谷壳中获得；也可以从阔叶树的木屑中，甚至松、杉、柏的木屑中获得。但金针菇分解木质素的能力较弱，未经过腐熟的木屑一般不能用于金针菇栽培。在生产中，用陈旧木屑，一般堆积发酵后更适合于金针菇栽培；同时，因其抗逆性较差，生产中大多采用熟料栽培技术。

金针菇可以利用多种含氮化合物，最适宜的氮源为有机氮。生产中主要是从麸皮、米糠、玉米粉这些含氮量较高的农副产品下脚料中获得氮源和碳源。和其他菌类相比，金针菇所需要的氮源量较高，并且矿质元素中磷、钾、镁三要素对其生长也很重要。

（2）温度

金针菇是低温型的恒温结实性的食用菌。金针菇的孢子在15~25 ℃时萌发形成菌丝体。菌丝在5~30 ℃均能生长，最适生长温度为23 ℃左右。金针菇的菌丝体耐低温的能力很强，在 -21 ℃的低温下经过3~4个月仍具有旺盛的生活力，但是不耐高温，在35 ℃以上的温度菌丝就会停止生长而死亡。

金针菇子实体分化的温度为5~23 ℃，生长适宜温度为8~12 ℃。个别耐高温品种在23 ℃时，仍能出菇，但长出的子实体菇形差，商品价值较低。金针菇在5~10 ℃时，子实体生长要比12~15 ℃时慢3~4 d，但子实体生长健壮，不易开伞，颜色白，更具有商品价值。

（3）湿度

金针菇属喜湿性菌类，抗旱能力差。最适于菌丝生长的培养基含水量为63%~66%，含水量太高时，菌丝生长缓慢，甚至不长。菌丝培养期间菇房的空气相对湿度以控制在70%左右为宜。子实体催蕾期间，空气相对湿度应控制在90%~95%；子实体发育期间，空气相对湿度应控制在85%~90%。

（4）空气

金针菇是好气性真菌，培养过程中必须通风换气。如氧气不足，菌丝体活力下降，呈灰

白色。但在子实体发育期间,需要根据不同的发育阶段,调节氧的含量,以促进菌柄伸长,抑制菌盖展开,从而达到优质商品菇的要求。白色品种无论在菌丝体培养阶段或子实体形成阶段,需氧量均比黄色品种高。

(5)光照

金针菇是厌光性菌类,在黑暗条件下菌丝生长正常,但全黑暗条件下难以形成子实体原基。微弱的光线诱导子实体形成。光线过强,会使黄色品种子实体的色泽加深,特别是菌盖的顶部及菌柄的下半部,长期受光刺激易形成深褐色。光线过强还会促使菌盖过早展开。白色品种在强光下,色泽变化不明显。无论是黄色还是白色品种,强散射光下均有促使菌柄增粗的趋势。金针菇对红光和黄光不敏感,为了保持商品价值,菌种或栽培室内以红光作为工作光源较好。

(6)酸碱度

金针菇适合在弱酸性培养基上生长。菌丝生长阶段的 pH 为 5~8,最适宜的 pH 为 6.2~6.5;而子实体阶段 pH 为 5.0~7.0,最适宜的 pH 为 5.4~6.2。

3.3.3 主栽品种

目前在国内栽培金针菇的品种已有近百种。根据颜色的深浅可分成黄色品系和白色或浅色品系两大类。黄色品系,其菌盖的颜色多为黄褐色,柄基部绒毛多,易栽培,产量比较高,一般栽培的品种多为此类;白色或浅色品系,菌盖白色或浅黄白色,柄白色或浅黄褐色,柄基部无绒毛或很少有绒毛,此类品种,适合于出口。据金针菇菌柄分枝的多少,又可分为细密型和粗稀型。菌柄长出时易分枝,菇丛细密,子实体朵数极多的,为细密型;长出菌柄分枝少的,菇丛粗稀,菌柄粗壮,子实体朵数较少的,为粗稀型。

在国内常用的金针菇品种有:三明 1 号、三明 3 号、金针菇 8909、苏金 6 号、金针 FV908、FV7、金针 92、金针 129、金针 227、F26、I58、F21、9808、杂交 40、高产 707、川 12、F31、B27、江都 513、金野 1 号、口金 2 号、F-21、三明 1193、杂交 19、纯白、金杂 19、苏金 6(河北)、FV093、日本白。

3.3.4 金针菇包式栽培技术

金针菇的栽培有多种方法,但目前主要以金针菇工厂化栽培为主。金针菇工厂化规模栽培有两种类型:一为以塑料袋为容器的包式栽培;二为以塑料瓶为栽培容器(台湾企业)的瓶式栽培。无论哪种栽培都是走熟料栽培的技术路线。瓶式栽培机械化生产程度相当高,品质相对较好,其栽培容器——聚丙乙烯塑料瓶可以重复使用多次,甚至高达 20 次以上,有利于机械化操作,但其沉淀资金相对较大,第一次投资额较高,资金回笼期长,不适合小农户生产。

包栽形式主要是以聚丙烯或聚乙烯塑料袋作为栽培容器。其特点是:透明,耐高压,具有一定抗张强度,价格较低廉,相对于瓶栽来说,第一次投资额较少,便于启动生产。只要

严格按生产程序生产,其平均单产甚至高于瓶式栽培。

在中国发展金针菇到底是走包栽路线好还是走瓶栽路线好,不同投资者有不同的看法,黄毅教授认为在目前价格主导的社会,适宜于走包栽技术路线,但随着劳动力的紧缺,社会对品质要求逐渐苛求,再过十年,瓶栽有可能取代包栽。由于包式栽培技术已相当成熟、普及,所以对金针菇自然栽培不做详细介绍。本章注重介绍周年金针菇工厂化包式栽培。

1)金针菇栽培工艺流程

培养料处理——→拌料——→装袋——→灭菌——→冷却——→接种——→发菌——→催蕾——→开袋——→套袋——→吊袋——→采收——→包装

2)栽培季节的选择

华北地区,一般全年可安排两次栽培,第一次可于9月下旬接种,最迟不超过10月上旬,11月中旬或12月上旬进入出菇期,一般9月中、下旬气温为20~25 ℃,正适合菌丝体生长,进入11月份后,气温逐渐降至10 ℃左右,正适合出菇的温度要求。接种过早,因气温高,湿度大,易污染,过晚,往往出一潮菇后会因气温过低而影响产量。第2次栽培可与12月或1月份进行,在塑料棚内发菌,只要温度维持在18 ℃以上,菌丝就能正常生长。于春季2—3月,自然气温回升到10 ℃左右,即可适时出菇。但第2次栽培必须在1月上旬结束,才能保证在低温下正常出菇,获得理想的产量。

南方各省冬令季节短,春季气温回升快,金针菇栽培以安排一次为好,一般在10—11月接种发菌,12月至次年2月出菇。其他地区可根据当地气温变化情况,灵活掌握,确定栽培的适宜时期。

周年工厂化设施栽培周年都在生产,就不存在栽培季节选择问题。

3)培养料配制

(1)配方

①棉籽壳46%、杂木屑25%、麦麸20%、玉米粉5%、石膏1%、石灰1%、磷肥1%、糖1%。

②棉籽壳20%、玉米芯35%、杂木屑10%、麦麸30%、玉米粉3%、石膏1%、石灰1%。

③杂木屑33%、玉米芯30%、米糠22%、麦麸11%、玉米粉3%、碳酸钙1%。

④玉米芯35%、棉籽壳20%、木屑10%、麸皮30%、玉米粉3%、轻质碳酸钙1%、石灰1%。

⑤棉籽壳35%、玉米芯35%、麸皮28%、碳酸氢钙1%、石灰1%。

⑥棉籽壳38%、杂木屑25%、麦麸32%、玉米粉3%、轻质碳酸钙1.5%、过磷酸钙0.5%。

⑦淋水陈积松木屑39%、玉米芯39%、米糠或麸皮20%、贝壳粉2%。

将培养基的含水量调到63%~66%,酸碱度调节为8.0。

(2)培养料的配制

①季节性栽培培养料的配制

拌制大量栽培料时,可先将主料混匀薄摊于水泥地上,撒石灰粉后浇洒清水,使其吸水湿润 12～14 h 后再拌入所有辅料(需溶解的辅料要先用少量水溶化再拌入)。用铁锨反复翻拌,使料水混合均匀,不能存有干料块,含水量以紧握料的指缝中有水泌出而不易下滴为度。

②规模栽培培养料的配制

规模化生产不可能每次都称重,只能按照确定的配方,换算成相应的体积,采用不同体积的容器来量取培养料各组分材料。倒入大型搅拌机,先搅拌 5 min,让组分充分搅拌至半干湿(木屑、玉米芯是湿的)混合均匀,再加水,加水量是受多种因素决定的。通过微电子时间控制器控制加水泵、压电磁阀的联动,就能够准确控制加水量,使每批次培养基含水量都基本一致。

4)装袋

(1)手工填料

填料时,用小铲铲料,倒入 17.5 cm × 39 cm × 0.005 cm 规格的插角聚丙烯包内。待料高接近包口时,插入锥形棒,棒要插到底,提住包口,提起在光滑的垫板上墩几下。垫板作用在于防止在墩实过程中被地面上沙粒刺破包底,导致污染。随后一手握住包口,一手伸入包内将培养料压实,边压实边转动料包,最后抽出棒,可看见成型的预留孔。

栽培包质量要求:外壁光滑,不皱折,预留孔在正中间,每包填料高度为 15 cm,包干料重为 380～400 g,湿重 950～980 g。

打包结束后马上进锅灭菌,间隔时间越短越好。

(2)机械填料

采用冲压式装袋机装袋,装料高 15 cm,人工用直径 2.5 cm 圆形木棒在袋内料中央打眼,深 10 cm,沿棒四周将袋内料压紧,旋出木棒,以套环和棉花塞封口,竖置于周转筐内,移入灭菌器。

5)灭菌

灭菌通常选用高压灭菌,常规操作减压放气后约 2 h 温度升至 121 ℃,保持 3 h 后停火,自然冷却至常压后出炉,将菌袋移送至无菌冷却室冷却。也可用常压灭菌,袋温 100 ℃保持 12 h 以上,焖锅 6 h 后出炉。

6)冷却

待灭菌锅内温度降低后,将栽培袋从后门推出,置于干净密封的室内冷却。待温度降到 55 ℃ 以下后再移入冷库房强制冷却到常温。

7)接种

在接种过程中要保证"快、准、净",每袋接种量为 40 g。接种时,拔出料袋棉塞,将菌种搅拌后倒入洞穴中,袋面留少量菌种盖面,及时将棉塞塞紧。

规模化生产企业采用流水线作业,冷却后的栽培包随着周转筐在滚筒式生产流水线上不断移动,在极干净区域(净化度达到 100 级)下进行机械或人工接种。一边接种,一边输出。

8)管理

(1)菌丝培养阶段管理

金针菇菌丝生长最适温度为23℃,温度过高或过低都会降低其中生长速度,在发菌过程中,由于菌丝呼吸作用产生的热量,料温要比气温高2～4℃,所以气温控制为19～21℃,温度偏高时,菌丝生长弱,而且容易感染杂菌,温度过低时,菌丝生长慢,且易在未发满菌丝时就出菇。发菌期间空气相对湿度要低些,不需喷水,保持60%～70%即可,湿度过大,污染杂菌的机会增加,低于60%,则会使接种后的菌种块难以恢复生长,甚至干死。发菌期最好在黑暗条件下进行,这样菌丝生长速度快且不易老化,出菇整齐。发菌期间加强通风,通风可排出菌丝生长过程中产生的二氧化碳,补充新鲜空气,才能使菌丝健壮生长。

发菌期间,主要是控制温、湿、光、气4个环境条件,在培养正常的情况下,25～35 d即可长满料袋。

(2)出菇期的管理

出菇管理的好坏直接影响金针菇的产量和质量,国内目前金针菇栽培出菇阶段管理工艺主要有再生法和搔菌法。

①再生法

再生法主要包括以下环节:催蕾、开袋、修剪、吹枯、育蕾、抑制、育菇。

A. 催蕾

当菌包生理成熟后,一般在接种后第22 d满袋,第25 d开始给予低温刺激,促使栽培包从营养生长转入生殖生长,诱导菇蕾形成,温度控制为12～15℃;早晚通风两次,每次10 min左右;光线不能太强,仅需散射光,一般使用蓝色DEL光带,每天照射两次,每次1 h。当菇蕾形成后,不急于开袋,而是让其继续在包内高浓度的二氧化碳环境下,菌柄伸长,形成密集菇蕾丛,也称针尖菇。

B. 开袋

催蕾达到针尖菇占到料面的2/3以上,菇柄高度有3～4 cm,为开袋标准。如出现少量豆芽菇时可拔掉,后套袋重新催蕾;如不拔除,很难再催出新菇蕾,影响产量和质量。

C. 修剪

选出符合标准的袋子,用消毒利刀沿离料面0.5～1 cm高度割下金针菇袋膜。然后用消毒剪刀剪去不齐、带菇帽的金针菇,放在架子的中间三层上,待翌日菇蕾发干时再吹风。

D. 吹枯

在制冷机组运转风力的作用下,针状菇蕾很快半倒伏。用手触摸,菇蕾发干微黄、顶部有绒绒的感觉,即达到了吹枯的标准。

E. 育蕾

育蕾阶段,保持二氧化碳浓度为2 000～2 500 mg/L,温度为13～15℃,以散射光间断性照射,进行光诱导,形成原基。

F. 抑制

当再生新菇蕾长到3～4 cm高,顶端小菇盖似火柴头大小时为最佳抑制期,过早过晚都会影响产量和质量。抑制前用19.5 cm×40 cm×0.004 5 cm的聚乙烯袋套袋。套袋时袋子的顶沿与菇蕾顶部相平或稍低一些,以确保新生菇蕾有足够的氧气。

抑制阶段主要有风抑制、光抑制和温度抑制 3 种,以提高金针菇的产量。在原基形成阶段,通过风抑制,可使菇生长整齐,风抑制阶段,二氧化碳浓度控制为 4 000 ~ 4 500 mg/L,减少通风量,使袋内的二氧化碳浓度增加。光照和温度抑制阶段,每天的光照时间不超过 2 h,间歇性光照,温度保持 4 ~ 6 ℃。

G.育菇

再生菇蕾经过抑制后菇柄整齐,菇盖大小适中,此时可进行育菇,育菇管理的重点是拉袋子,不要一次拉得太高,做到套袋顶沿距菇盖 3 ~ 4 cm。育菇期间温度 6 ~ 8 ℃,湿度 85% ~ 92%。

②搔菌法

瓶式栽培和金针菇自然栽培采用搔菌法。当栽培包生理成熟后的栽培平面采用机械搔菌,深度约 1 cm,将栽培平面上的老菌丝扒弃,有的搔菌后马上注水约 15 mL,有的先让受伤的菌丝先恢复 2 d 后再注水,移入催蕾室催蕾。栽培环境通过雾化加湿至 90% ~ 92%,温度 5 ~ 7 ℃。当鱼籽样金针菇原基整齐形成后,降低湿度至 85% ~ 90%。待原基发育出瓶口 2 ~ 3 cm 时,用蓝色包菇片将菇蕾包住,经过 1 周左右时间就可以采收,一般每瓶产量为 280 ~ 320 g。

9)采收

当子实体长至 17 cm 左右,菌盖直径 0.5 ~ 1.0 cm 时及时采收;并根据市场要求进行分级包装,切去菇根,整齐装入指定包装袋内,抽气,扎口,装入纸箱或泡沫箱,移至温度为 3 ~ 5 ℃ 的冷库保藏,及时销售。

3.3.5　袋栽金针菇常见问题

1)菌丝生长缓慢

(1)产生原因

①发菌时温度、湿度、氧气不能满足要求。

②接种量不足或接种时温度过高。

③栽培料配方不合理。

(2)防治措施

①发菌期间菇房温度应保持在 22 ℃ 左右,大气相对湿度为 60% ~ 70%,栽培料中含水率约 65%,当菌丝生长到 1/3 时,可解开袋口,以增加袋内氧气。

②增加接种量。接种量可提高到 12% ~ 15%。接种时袋内栽培料的温度控制在 25 ℃ 以下。

③金针菇对氮素要求量较高,可多用有机氮作为氮源,不用硝态氮。

2)现蕾难,四周出菇,半袋出菇

(1)产生原因

①菌种老化或退化;栽培料过干或空气湿度过低,温度过高,都会导致现蕾难。

②发菌过程中见光或光照过强,栽培料装得过松等都易出现四周出菇。

③栽培料太湿,装得过紧,栽培料中有机氮的氮含量不足等均会出现半袋出菇的现象。

(2)防治措施

①选择优良菌种。若二三级菌种的培养基表面出现幼蕾,尽快使用,易现蕾。在子实体分化过程中,控制好温湿度。菇房中温度一般为 10 ℃ 左右,大气相对湿度为85% ~90%。

②装料松紧适宜。发菌期严格遮光,栽培袋不宜多移动。用弱光处理,可使柄长得快而整齐,避免四周出菇。

③在栽培料中增加 0.4% ~1% 尿素,清除已发生原基和幼蕾,可防止半袋出菇。

3)劣质菇

(1)产生原因

①与品种有关。

②缺氮染病能产生"疲软菇";幼菇生长不壮、菇丛过密、光照方向多变,易产生"扭曲菇";菇房湿度高于92%,会导致菌盖表面出现水渍;出菇时,光线过强,子实体色泽加深,菌柄变成褐色。

(2)防治措施

①选择优良品种。

②严格控制栽培条件,防止子实体受伤。

4)转潮慢

(1)产生原因

①没有及时清除老菌根。

②栽培料中缺水。

③温度等条件不适宜。

(2)防治措施

①及时清除残留物。

②补充栽培料中失去的水分。

③保持菇房适宜的温度,促进菌丝生长,促进转潮。

5)杂菌污染

(1)产生原因

①对栽培设备和栽培料消毒、灭菌不严格或不彻底。

②菇房卫生条件差。

③鼠害。老鼠咬破栽培袋,导致杂菌污染。

(2)防治措施

①用熟料栽培。

②严格按照要求消毒灭菌,同时注意菇房清洁卫生,防治病虫害及鼠害。

6)斑点病

金针菇菌盖出现椭圆形褐色或深褐色斑点,初为针尖状,扩大后直径达 2 ~4 mm,边缘整齐,有时菌盖开裂。

（1）产生原因

因菇房温度偏高,空气湿度大造成。

（2）防治措施

降低菇房温度和空气湿度,可以有效防治黄斑病的发生,对于发生轻微的可以喷施黄腐消、保清等药物进行除治,对于发生严重斑点病的应及时扔掉。

7）细菌性根腐病

发病初期,在培养基表面,菇丛中浸出白色混浊的液滴。使菇柄很快腐烂,褐色变成麦芽糖色,最后呈黑褐色,发黏变臭。

（1）产生原因

产生根腐病的根本原因是把带菌的水直接喷到菇体上,由于菇丛很密,表面面积很大,呼吸作用很强,水分不能及时散失,就产生热量,病原菌便在适温条件下大量繁殖生长,产生根腐病。

（2）防治措施

防治的主要方法是,禁止将水喷到菇体上。一旦发病,要立即采收,对菌床进行喷施1‰多菌灵处理。

思考练习题)))

1.金针菇对营养需求有何特点?

2.金针菇对空气、光照有哪些特殊要求?

3.简述金针菇袋栽的工艺流程,并详述再生法栽培的特点。

4.金针菇细菌性病害防治措施是什么?

任务 3.4　双孢菇栽培技术

工作任务单

项目3　栽培技术	姓名:	第　　组
任务 3.4　双孢菇栽培技术	班级:	
工作任务描述: 　　了解蘑菇的生产概况,熟悉蘑菇菌丝体及子实体的特征,理解蘑菇对温度、光照、湿度、空气、pH 值的需求特性,掌握发菌期、覆土期、育菇期的管理技术,最终学会蘑菇高产栽培技术。		

任务资讯：

   1.双孢菇菌丝体特性。

   2.双孢菇对生活条件需求特点。

   3.双孢菇栽培季节确定。

   4.双孢菇培养料发酵技术。

   5.双孢菇覆土材料制备。

   6.双孢菇吊菌丝的时机、目的和措施。

   7.定菇位的时机、目的和措施。

   8.喷结菇水的时机、目的和措施。

   9.喷保菇水的时机、目的和措施。

   10.双孢菇出菇过程中常见问题。

具体任务内容：

   1.根据任务资讯获取学习资料，并获得相关知识。

   2.蘑菇生产概况。

   3.蘑菇形态特征。

   4.蘑菇对营养及环境条件的需求特性。

   5.蘑菇覆土材料的制备。

   6.蘑菇发菌期、覆土期、育菇期、间歇期的管理技巧。

   7.蘑菇生产过程中的常见问题。

   8.根据学习资料制订工作计划，完成工作任务。

考核方式及手段：

   1.考核方式：

教师对小组的评价、教师对个人的评价、学生自评相结合，将过程考核与结果考核相结合。

   2.考核手段：

笔试、口试、技能鉴定等方式。

任务相关知识点

3.4.1 概述

   蘑菇学名为双孢蘑菇，又称洋蘑、白蘑。在真菌分类中隶属于伞菌目，担子菌亚纲、伞菌科，蘑菇属，是商业化栽培规模大、普及地区广、生产量多的食用菌。

   蘑菇肉质肥嫩，鲜美爽口，是一种高蛋白、低脂肪、低热能的健康食品。蛋白质含量几乎是菠菜、白菜、马铃薯等蔬菜的2倍，与牛奶相等。蛋白质的可消化率高达70%～90%，是有名的植物肉。脂肪含量仅为牛奶的1/10，比一般蔬菜含量还低。蘑菇所含的热量低于苹果、香蕉、水稻、啤酒，其不饱和脂肪酸占总脂肪酸的74%～83%。

蘑菇含有丰富的氨基酸,尤其含有较高的而大多数谷物所缺乏的赖氨酸和亮氨酸,还含有维生素 B_1、维生素 B_2、维生素 C 和磷、铁、钙、锌等多种具有生理活性的物质。

蘑菇还具有多种疗效。鲜品中的胰蛋白酶、麦芽糖酶可以帮助消化,所含的大量酪氨酸酶可降血压。用浓缩的蘑菇浸出液制成的"健肝片"是治疗肝炎的辅助药品,对治疗慢性肝炎、肝肿大、早期肝炎有明显疗效。蘑菇所含的核糖核酸可诱导机体产生能抑制病毒增殖的干扰素,所含的多糖化合物具有一定的防癌、抗癌作用,还有降低胆固醇、防治动脉硬化、防治心脏病和肥胖症等药效。可见,蘑菇既是高档蔬菜,又是药品和保健品,对经常食用者有强身健体和延年益寿的作用。

蘑菇的人工栽培始于法国,距今有 300 余年的历史。从 20 世纪中叶开始,蘑菇的经济价值和栽培生产引起了人们的高度重视,由于栽培技术不断改进,使蘑菇单位面积产量大幅度提高,成本降低,一跃成为世界上栽培广泛的菇类。现在有 100 余个国家在进行蘑菇生产。在发达国家蘑菇生产已同现代高新技术接轨,整个生产过程按可控制的工厂化生产程序来进行,不受自然气候的影响,控制了病虫为害和稳定了产量。

我国从 20 世纪 30 年代引进蘑菇栽培以来,发展较慢。近十年来,在麦粒菌种应用、二次发酵技术的普及、菇房结构的改良与规范化栽培技术的推广等多方面进行了研究。但毕竟历史短,农村经济实力不足,使我国蘑菇栽培仍处于零散生产、广种薄收的状态。栽培方式至今仍处在季节性的一区制简易床架式栽培阶段。

3.4.2 生物学特性

1)形态特征

(1)菌丝体

蘑菇菌丝体因生长期不同而分为绒毛状、线状和索状菌丝。各级菌种及发菌期的菌丝都是白色绒毛状。绒毛状菌丝不能形成子实体,必须覆土调水后,在粗、细土粒间形成线状菌丝,线状菌丝在适宜条件下才能形成子实体,有些线状菌丝扭成绳索状的索状菌丝,索状菌丝也不能结菇,当气温低时,土层中绒毛状菌丝和线状菌丝大多萎缩,留下的主要是索状菌丝。条件适宜时,索状菌丝萌发出绒毛状菌丝,绒毛状菌丝再变成线状菌丝,然后再形成子实体。因此,低温时节要保护好索状菌丝。

(2)子实体

子实体由菌盖、菌柄、菌褶和菌环组成。菌盖白色,像顶帽子,故又称菌帽。菌盖初呈球形,后发育为半球形,老熟时展开呈伞形。菌盖圆整饱满,肉肥厚脆嫩,结实,色白而光洁是优质菇的特征。开伞后露出菌褶,菌褶初为粉红色,成熟时呈咖啡色,老熟变黑色。每片菌褶的两侧,生有无数肉眼看不见的棒状担子细胞,每个担子的顶端生有 2 个担孢子,故称双孢菇。菌柄内实,圆柱形,与菌盖同色。优质菇的菌柄为粗短、表面光滑、肉质丰满,而细长、组织疏松的菌柄为生长不良的蘑菇,未成熟的蘑菇被菌膜包被,成熟开伞时,被撑破而残留的一圈环状菌膜便成为菌环,在收购加工上要求菌膜不破裂,否则商品价值降低。

2）生理特性

（1）营养

蘑菇属粪草腐生型菌类，需从粪草中吸取所需的碳源、氮源、无机盐和生长因子等营养物质。栽培蘑菇的原料主要是农作物下脚料、粪肥和添加料。稻草、麦秸、玉米秸、豆秸、甘蔗渣、玉米芯、棉籽等是常用的碳源，各种禽畜粪肥是常用的主要氮源，饼肥、尿素、硫酸镁、石膏粉、石灰等是常用的添加料。

蘑菇只能吸收利用化学氮肥中的铵态氮，不能同化硝态氮。所以补充氮源的化肥是尿素、硫酸铵、碳酸铵等。蘑菇不能利用未经发酵腐熟的培养料，上述原料必须合理搭配和堆制发酵，才能成为蘑菇的营养物质。培养料在发酵前的适宜 C/N 是（30~33）:1；发酵后适宜蘑菇菌丝生长的 C/N 为 17:1~18:1；而蘑菇原基分化和子实体形成的最适 C/N 为 14:1。

蘑菇生长发育所需的矿物质元素有磷、钾、钙、镁、硫、铁、铜、钼、锌等。据报道，培养料中的 N:P:K 浓度比以 13:4:10 为宜。

（2）温度

蘑菇喜较低温度，属恒温结实性菌类，尤其在子实体形成期，突然变温对其十分不利。菌丝体生长的温度为 5~33 ℃，最适温度为 22~25 ℃。在适温下，菌丝生长健壮有力，快而浓密。超过 25 ℃，虽生长速度快，但稀疏无力，容易衰老，33 ℃以上菌丝几乎停止生长，但低于 15 ℃，生长则非常缓慢。

子实体生长的温度范围为 5~25 ℃。在 13~18 ℃的适宜温度下，子实体生长快，菌柄矮壮、肉厚、质量好、产量高。在 18~20 ℃的较高温度下，子实体产生的数量多、密度大，但朵形小、质量轻、品质较差。若温度持续几天在 23 ℃以上，菌柄易迅速伸长，菌盖开伞，成为次品，甚至会造成死菇。当温度低于 12 ℃时，子实体生长缓慢，产量降低，温度降至 5 ℃以下，子实体基本停止生长。

孢子弹射的最适温度为 18~20 ℃，萌发的最适温度为 23~25 ℃。当环境温度超过 27 ℃，即使是成熟的子实体也不能弹射孢子，这是制种时应特别注意的。

（3）湿度

蘑菇所需的水分主要来自培养料、覆土层和空气湿度。在不同生长阶段对水分和空气湿度有不同的需求。在菌丝体生长阶段，培养料的含水量一般保持在 60% 左右为宜。低于 50%，菌丝生长慢、弱、不易形成子实体；高于 70% 时，培养料中的氧气含量减少，菌丝不但生活力降低，而且长得稀疏无力，培养料易变黑、发黏、有臭味，易生杂菌。产菇阶段，培养料的含水量应保持在 62%~65%。

覆土层的含水量以 18%~20% 为宜。土层湿度在菌丝体生长阶段应偏干些，为 17%~18%，此时的土层湿度一般以手握能成团、落地可散开的方法测试。在出菇阶段，尤其当菇营长至黄豆大时，土层应偏湿，其含水量保持在 20% 左右，此时的土层湿度应能捏扁或搓圆，但不黏手。具体的含水量应视不同的覆土材料而确定。

空气湿度在菌丝体生长阶段应控制在 70% 左右。太低的空气湿度易导致培养料和覆土层失水，阻碍菌丝生长；而过高又易导致病虫害。在出菇阶段，空气湿度需提高至 85%~90%。空气湿度小，菇体易生鳞片，柄空心，早开伞；过湿则易长锈斑菇、红根菇等。一般在发菌阶段不宜向培养料直接喷水。喷水应根据菇房的保湿情况、天气变化、不同菌株和不同发育阶段而灵活调控。

（4）空气

双孢蘑菇是好气性菌，在生长发育各个阶段都要通气良好。对空气中二氧化碳浓度特别敏感。菌丝生长期适宜的二氧化碳浓度为 $0.1\% \sim 0.3\%$；菌蕾形成和子实体生长期，二氧化碳浓度为 $0.06\% \sim 0.2\%$。当二氧化碳浓度超过 0.4% 时，子实体不能正常生长，菌盖小，菌柄长，易开伞。二氧化碳浓度达 0.5% 时，出菇停止。因此，在双孢蘑菇栽培过程中，一定要保证菇房空气流通而清新。

（5）光线

双孢蘑菇与其他菇类不同，它整个生活周期都不需要光线。在黑暗的条件下，菌丝生长健壮浓密，子实体朵大，洁白，肉肥嫩，菇形美观。但光线对蘑菇生育有间接作用，如使床温升高，易造成子实体表面干燥变黄。

（6）酸碱度

蘑菇适宜生长的 pH 为 $6.2 \sim 8.5$，最适 pH 是 $6.8 \sim 7.0$，但由于菌丝生长过程中产生一些有机酸，主要是碳酸和草酸，使培养料逐渐变酸。因此，培养料在播种时，pH 控制为 $7.5 \sim 8.0$，对抑制霉菌生长有利。与木腐菌类相比，蘑菇更适合在偏碱的环境中生长。麦秆和稻草都偏碱性，因此是蘑菇栽培的主料。

3.4.3 主要栽培品种

在野生蘑菇被驯化改良成可栽培的菌类后，又经过不断分离、选育，现已有众多的栽培品种。栽培品种在理论和应用上有多种划分方法。按种类划分，蘑菇是蘑菇属中不同种类的总称。人工栽培的蘑菇主要是双孢菇，其次是四孢菇和大肥菇。

按子实体色泽划分，目前栽培的双孢菇可分为白色、棕色和奶油色 3 种。白色双孢菇因颇受市场欢迎，在世界各地广泛栽培；而棕色、奶油色双孢菇因色泽较差，仅在少数国家有局限性种植。

按照品系（菌株）划分，不同国家有不同的划分标准。我国栽培的双孢菇，一般是按照菌丝在琼脂培养基上的生长形状而将其分为气生型和贴生型菌株，目前国内推广使用的多为杂交型菌株。

常用品种有：蘑菇 176、浙农 1 号、闽 1 号、As1671、As2796、Ag150、Ag17、Ag118、萦米塞尔 110、普士 8403、新登 96、大棕菇、双 5105、蘑加 1 号等。

3.4.4 栽培技术

蘑菇的栽培包括菇房的修建、培养料的配制、堆制发酵（前、后发酵）、播种、覆土、生长期管理，以及采收等一系列过程。

蘑菇生长发育所需要的培养基是由稻草、牛粪等物质堆制发酵而成的。这一发酵过程分为室外进行的前发酵和在室内进行的后发酵两个阶段。经过后发酵后,将培养料平铺于菇房床架上,随后播种。在微通风、保湿环境下,促使蘑菇菌丝尽快生长。再通过覆土改变覆土层,最后形成子实体。经过出菇管理,子实体先后生成,并适时采收和加工。一般从播种到出菇需要 35～40 d,采收期为 3～4 个月。

1)蘑菇栽培的工艺流程

蘑菇栽培的工艺流程如图 3.8 所示。

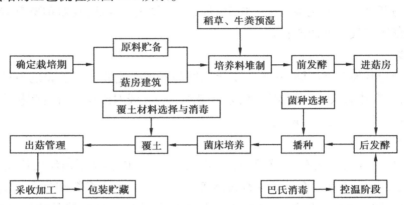

图 3.8　蘑菇栽培工艺流程

2)栽培季节的选择

蘑菇栽培季节的选择应根据当地子实体发生适温和建堆适温来推算。

以月平均气温达 16～18 ℃的出菇月份为基准,往前推 1 个半月至 2 个月为播种的大概时间,再向前推 1 个月为制栽培种时间,再往前 2 个月为制备母种和原种的时间。

南方各省的播种时间为 10—11 月上旬,北方为 8 月下旬—9 月中旬。

建堆适期可根据当地历年气象资料,了解日平均气温稳定在 25～26 ℃时的大致日期(播种期),减去"二次发酵"(前、后发酵)所需时间(16～18 d),就是建堆日期。

3)培养料的配制

(1)配方

①棉籽壳 95%、尿素 0.5%、过磷酸钙 1%、石膏 1%、石灰 1.5%～2%。

②稻草 50%、棉籽壳 40%、饼肥 5%、尿素 1%、过磷酸钙 1%、石膏 1.5%、石灰 1.5%。

③稻草 56%、畜禽粪 36%、饼肥 3%、尿素 0.5%、过磷酸钙 1%、石灰 2%、草木灰 1.5%。

④稻草 50%、畜禽粪 45%、石膏 1%、过磷酸钙 1%、尿素 1%、石灰 2%。

在实际栽培中,因各地原料种类、来源不同,C、N 含量不一,应根据主料用量,通过添加辅助氮源量,寻出恰当配方。各地还应根据原料质量适当修正,最终播种前培养料纯含氮量应保持为 1.5%～2.0% 水平。

另外,干料使用量为 35～40 kg/m²,可根据栽培面积算出总用料量,再按各原料占总料量的百分比,求出其实际用量。

（2）建堆发酵

蘑菇菌丝不能利用未经发酵分解的培养料,培养料在播种前一定经过发酵腐熟。发酵质量直接关系到栽培成败和产、质量的高低。发酵方法有常规发酵、二次发酵和增温发酵剂发酵法。目前多采用二次发酵法,即培养料在室外堆制发酵1次,也称前发酵,然后趁热搬入菇房,在密闭条件下再加温发酵,也叫后发酵。

发酵成熟之时,应为开始播种之日,要合理安排建堆时间。若采用二次发酵法,一般在播种前20 d左右进行建堆。

①前发酵

前发酵的时间一般掌握在15~18 d,翻堆3~4次。

A. 建堆

因干粪草在建堆时不能快速吸足水分,易使浇入的水和养分流失以及因其过干而发酵不良。所以,建堆前粪、草要预湿。秸草可碾压或铡成约20 cm长的碎段,用1%石灰水浇湿,浸泡1~2 d。禽畜粪也须泼水预湿后打碎,湿度调至手捏成团,落地即散状态。

在地势高、靠近菇场和水源的地方堆料。粪草要分层铺放,料堆的长轴与当季季风方向平行。先在场地上铺宽约2 m、厚20 cm左右、长度不限的草料,然后铺一层约5 cm的禽畜粪,如此一层草,一层粪,边堆边踏实、边浇水至堆叠到高度约为1.5 m。饼肥可与尿素混匀后分层投放在料堆中部。

尿素、石膏、磷肥、铵盐等原料的加入要注意先后顺序。化学氮肥若一次性加入,微生物不能充分利用,易造成流失。尿素可在建堆时加入配方定量的50%,第1次翻堆时加入30%,第2次翻堆时再加入剩余的20%。由于这些氮肥不是直接供蘑菇菌丝利用,而是为料内微生物提供氮素营养,以促进发酵作用;并利用微生物的活动,将其转化成菌体蛋白,而间接地为蘑菇菌丝所利用。所以要在发酵前期加入,不能迟于第2次翻堆。若在发酵后期加入,不但影响前期的发酵程度,料内还会产生大量的游离氨,反而对蘑菇菌丝有伤害作用。硫酸铵可在第3~4次翻堆时加入,加入过早会使铵盐流失。石膏与过磷酸钙能改善培养料的结构和加速有机质的分解,故宜早施,可在第1、2次翻堆时加入。石灰一般在第3次翻堆时加入,或视培养料的酸度情况分次加入。

堆制时,除第1层粪草上不浇水外,每层粪草铺好后都随即浇水。须下部少浇,上部多浇,以次日堆基四周有少量水溢出为宜。料堆四周要开小沟,并在四角挖小坑,以积聚料堆溢出的水可将坑内的积水重新浇入料堆,以免养分流失。

料堆四周要陡直。堆顶呈龟背形,并用粪全部覆盖后再盖草帘或草被,以防风吹日晒,造成水分蒸发,雨天须盖薄膜,防止雨水淋入。

B. 翻堆

翻堆的目的是为了改善堆内空气条件,调节水分,散发废气,促进有益微生物的继续生长和繁殖,进一步发酵,再次升高堆温,使培养料得以良好的分解转化。

料堆在发酵中,要掌握水分前湿后干,堆形前大后小,翻堆时间间隔前长后短的原则。

在正常情况下,建堆的第2 d,堆温开始上升,早上和晚上可看到堆顶冒出白雾。待料温升至约70 ℃时保持1~2 d,进行翻堆。要结合翻堆,调整水分和补充养料。翻堆时须将上面及外周的料翻到中间,内部的料翻到下面,下面的料翻至上面。此次翻堆,可将配方中的石膏、一半的过磷酸钙及尿素(总需要量的30%)混匀后分层撒入。并适当浇水,将含水量调至紧握料的指缝中有6~7滴水滴出。每次翻堆,都要逐渐缩小料堆的宽度与高度,并在堆表喷洒杀虫剂。

第1次翻堆后1~2 d,堆温又可升到70 ℃左右,保持1 d后进行第2次翻堆。此次翻堆,可将粪草混合,并将剩余的尿素、磷肥等辅料混匀后全部加入。水分调至紧握料的指缝中能挤出4~5滴水即可。

第2次翻堆后的2~3 d,即可进行第3次翻堆。翻堆时撒入石灰粉,含水量调至能挤出2~3滴水,料堆应纵横打几个透气孔。一般翻堆3~4次,就可使料堆体积缩小到建堆时的60%,料呈浅咖啡色,无臭味和氨味,质地松软,草有弹韧性,拉之不易断,有香味,pH值为7.5~8.5,含水量约67%(以能挤出1~2滴水为宜)。

最后一次翻堆时可结合杀虫,因堆内高温,虫多密集在堆外层,是杀虫的好机会,常喷1 000倍菊乐合酯或1 000倍敌杀死,但不宜用敌百虫。

②后发酵

后发酵可进一步改善培养料的理化性质,增加可溶性养分,彻底杀灭病虫杂菌。

前发酵最后翻堆后的第2~3 d,当料温升到70 ℃左右时,趁热将料搬入菇床,以防堆温急剧下降,堆料应集中堆放在菇房床架的中层(除最上层和底层外),呈培垄式(如置于顶层床架上,在发酵之后,常常造成堆肥过湿;若置于底层床架上,则堆料温度较低,达不到后发酵的目的)。一间菇房要求一次性进料完毕,如果菇房太大,也需尽快在短时间内进完,不宜拖得太久。

培养料进房后,散落地面的培养料要打扫干净,同时密闭门窗,立即依靠外热源进行巴氏消毒。待料温升到约60 ℃时,维持6~8 h,以进一步杀死杂菌与害虫。但勿超过70 ℃,以免伤害有益微生物。然后灭火保温,使温度降至50 ℃左右,维持3~4 d。以促进有益微生物的生长繁殖。应每日通风2次,每次约5 min。若料偏干,可洒2%石灰水。在加温过程中,严禁炉烟积存。

发酵结束后,缓慢通风降温,待降至约45 ℃以下时,可打开门窗使料温快速降至30 ℃。将料平摊于床面上,用木板轻轻拍平压实至厚度为15~25 cm。料层的厚薄影响到蘑菇栽培单位面积的产量。国内和国外料层厚度差异相当大,前者只有后者的2/3。检查培养料是否偏干或偏湿。如偏干,则可轻喷些清水或石灰水调整;若偏湿,则可以在床架上反面凿洞,加强通风,否则湿度过高,培养料过于腐熟,易出现金孢霉等病菌的污染,待气温稳定下降到26 ℃以后准备播种。否则,播种后遇到高温,麦粒菌种易污染。

后发酵好的料应呈深咖啡色,有大量白色粉末状放线菌,有甜面包香味,含水量60%~62%,手握有湿润感,能捏成团,一抖即散,pH值7.5左右。

4)播种

待料散尽氨味,温度降至约26 ℃时开始播种。目前生产上多用麦粒菌种,采用撒播法进行,一般栽培面积适宜播种量为180 g/m²。将3/4的菌种撒在料面,用铁叉子插至料厚的一半,轻轻抖动,使麦粒种均匀分布到料中,然后将剩余的1/4菌种均匀撒于料面上。薄盖一层培养料后,轻轻压实整平。

播种后应覆盖一层消毒报纸,若气温低、湿度小,可改为地膜。覆盖物的四周要大于料面,以利保温保湿。

5)管理

(1)发菌阶段管理

从播种到覆土前是发菌阶段,主要管理目的是促进菌丝尽快萌发定植,并在料中迅速生长。发菌期的料温保持为24~25 ℃,空气湿度调至70%左右,并适当通风。播种后1~2 d,一般密闭不通气,以保湿为主。在正常情况下,播种3 d左右,菌丝开始萌发,此时可少量通风,若盖薄膜可轻轻抖动。1周左右菌丝就可基本封盖料面,这时应加强通风,保证空气新鲜,促使料面菌丝向料内生长。当菌丝扎至料深的1/2时,可用尖木棍在料面上打若干个孔洞,以排除有害气体,利于菌丝向底部伸展。若料面过干,可向报纸上喷水,以保持表面湿润。一般20 d左右,菌丝就长透培养料。

(2)覆土

不覆土则不能出菇。覆土可保持和调节培养料内的水分,对气温有隔热和保温的缓冲作用,土层的覆盖增加了料内二氧化碳浓度,迫使菌丝向表面生长,利于出菇,土中的臭味假单孢杆菌的代谢物可刺激和促进子实体原基的形成,土对子实体的生长还有支撑作用。

当菌丝长至料深的2/3时是最佳覆土时机。覆土过早,会影响料内菌丝的继续生长;覆土过晚(菌丝已长透培养料),容易冒菌丝,结菌块,表面菌丝老化,推迟出菇时间,影响产量。覆土材料有无肥力并不重要,主要在于结构。最好选用黏度为40%,可利于形成团粒结构的壤土(沙壤或黏壤),含有少量腐殖质(5%~10%)。理想的覆土材料应具有喷水不板结,湿时不发黏,干时不结块,表面不形成硬皮和不龟裂等特点,一般多用稻田土、池塘土、麦地土、豆地土、黄泥土和河泥土等,不用菜田土,因为其含氮量高,易造成菌丝陡长,出菇少,并易藏有大量病菌和虫卵。

应在表土以下20~30 cm处挖取覆土材料。经过烈日曝晒,以杀灭虫卵及病菌,然后堆放在通风处备用。最好不用新土,因新土中含有多量铁离子(Fe^{2+}),对蘑菇菌丝有伤害作用。经风吹日晒后,可使一些还原型物质转化为对菌丝生长有利的氧化型物质。

常规的粗、细土粒两次覆土法费工费时,可用省工省力,有增产效果的棉壳土代替。棉壳土的制作方法是:干的壤质土90%,棉籽壳5%~10%,石灰0.5%,敌敌畏0.05%,甲醛0.08%。棉籽壳先经1%石灰水浸软后再与各原料混匀,加水调至手握成团,落地即散的湿度,pH值7.5~8.5,覆盖薄膜堆闷24 h,然后覆盖于料面2~3 cm厚。

(3)覆土后的管理

从覆土到出菇约需20 d,保温、保湿和通风换气是此期的主要管理措施。

覆土后,蘑菇菌丝生长旺盛,吸氧量与二氧化碳释放量增加,所以要加强通风换气,一般为每天通风2~4 h。温度高时,早晚通风;温度低时,中午通风。覆土后的料温保持在20~24 ℃,空气湿度为80%~85%。一般覆土1~2 d后要喷保持水,通常蒸发多少喷多少,保持覆土原来的湿度。直至菌丝长到距覆土层表面约1 cm,菌丝洁白旺盛,先端形成扇状或辐射状时,要喷一次较平常喷量多2~3倍的"出菇水",以刺激子实体的形成。此后停

水 2~3 d,同时加大通风量。当菌丝扭结成小白点时,再回复正常喷水量。

(4)出菇期管理

加强通风换气(最好采用长期持续通风法),保持 90% 左右的空气湿度,控温 12~18 ℃,是出菇期的管理要点。

喷水是调节覆土和培养料含水量的主要方法,又是一项十分重要且细致的工作。一般随着菇量的增加和菇体的发育而加大喷水量,反之则减少用水。喷水后要加强通风,不要喷"闭门水",以免闷湿伤菇。高温时不能喷水,采菇前不能喷水,否则蘑菇易发红变质。

当蘑菇长到黄豆大小时,须喷 1~2 次较重的"保菇水",用量为 1 kg/m²,每天喷 1 次,以促进幼蕾生长。停水 2 d 后,再随着菇的长大逐渐增加喷水量,一直保持到即将进入菇潮高峰,再随着菇的采收而逐渐减少喷水量。

出菇阶段,每天都要采菇,出菇盛期每天要采 2~3 次。一般当菌盖直径长至 2~5 cm 时,未开伞时及时采收。采菇前约 4 h 内不喷水。前三批菇采收时,要先扭转菇体,再轻轻拔起,尽量不带菌丝,以防伤害周围幼菇的生长。采收后期菇时,可直接将菇拔起,尽量带出老化的菌索,以利于促进菌丝的更新,提高后期菇的产量。要随采并随时用利刀切除菌柄基部的泥根,不要在风口处切,以免风吹变色。菇体要轻拿轻放,若折断菌柄或损伤表面,受伤部位极易变色。

(5)间歇期管理

采菇后,用长柄镊子将菇脚、死菇、老化菌索等残余物仔细挑除,轻轻拨动采菇穴周围的土层,用含有石灰或碳酸钙的湿土填平,保持料面平整、洁净后再喷 1 次 1% 石灰水。然后保温、保湿、通风,7~10 d 后又现新的菇峰。

蘑菇种植 1 次,可收 6~9 批菇。采完前三批菇后,就应疏松土层,打洞眼,以改善料内通气状况,并在采菇后到新蕾长到豆粒大前喷施追肥。

3.4.5 蘑菇栽培中的常见问题

1)播种后菌丝生长不良

菌种不萌发、不吃料、只在料面生长及出现萎缩等现象时,应及时查找原因,采取解救措施。当料有氨臭味时,应在料内戳洞,加强通风换气,促使有害气体散失。若料偏干,可每天向覆盖的报纸上喷 1~2 次水;如果培养料过湿,则要加强通风。播种后定植前若遇高温气候,菌丝易萎缩,应加强降温管理。

2)覆土后菌丝生长不良

覆土后 3~5 d 菌丝不上土,呈灰白色,稀弱无力,严重者料面见不到菌丝甚至发黑,是菌丝萎缩所致。主要原因是覆土后喷水过多过急,造成因缺氧而致菌丝窒息萎缩。应立即停止喷水,加强通风,降低培养料湿度,以利于菌丝恢复爬土。

覆土材料偏干、pH 值低于 5、含盐量高时易导致菌丝在料中生长正常,但迟迟不上土。

当菌丝长出土层表面,持续 2~3 d 遇到高温、高湿环境,菌丝就会徒长,形成一种致密的、不透水、不透气的菌被层。防止菌丝徒长结被的措施是:当菌丝刚长出覆土层,就要及时加强通风,使土面干燥,促使菌丝由营养生长转向生殖生长。并及时喷结菇水,利于原基的形成。若加强通风也不能使菌丝倒伏时,就应喷0.5%石灰水。如果土面已有菌被,可用小刀或竹片将菌被挑弃。

3)子实体生长不良

①锈斑、红根菇

子实体出土后,若喷水后不及时通风,由于空气湿度大,菇表面水分蒸发慢,菌盖上积聚水滴的部位便会出现铁锈色的斑点。虽此斑点不长入菌肉,但降低蘑菇品质。出菇期间,土层过湿,加之温度高和通风不良,则易出现红根菇。

②空心菇

在出菇期间,若温度高,子实体生长迅速,水分供应不足,就会在菌柄产生白色疏松的髓部,甚至菌柄中空。有时也会因气温低,子实体生长缓慢,在床面因停留时间过长而形成空心菇。应及时调整覆土含水量,并适当进行间歇喷重水,同时注意温度的调控配合。

③硬开伞

当气温变化幅度大,昼夜温差达10 ℃以上,加之空气湿度小和通风过甚时,易使正在生长的未成熟子实体开伞或出现龟裂。

④群菇

许多子实体参差不齐的密集成群菇,既不能增加产量,又浪费养分和不便于采菇。群菇的产生与菌种特性和播种方式有关,一般老化菌种易产生群菇。

思考练习题)))

1. 双孢菇菌丝体有何特殊点?

2. 简述双孢菇的生理特性。

3. 如何制作双孢菇发酵料?

4. 双孢菇覆土材料有什么特点?

5. 试述双孢菇各生长期的管理要点。

6. 如何喷结菇水和保菇水?

7. 蘑菇生产中常出现哪些问题,如何避免?

任务3.5　草菇栽培技术

工作任务单

项目3　栽培技术	姓名：	第　　组
任务3.5　草菇栽培技术	班级：	

工作任务描述：

　　了解草菇的生产概况,熟悉草菇菌丝体及子实体的特征,理解草菇对温度、光照、湿度、空气、pH值的需求特性,掌握培养料配制及发酵、畦式、袋式、床式栽培特点,发菌期、育菇期的管理技术,掌握草菇生产期的常见问题。

任务资讯：

　　1.草菇形态学特性。

　　2.草菇生活条件。

　　3.草菇栽培季节确定。

　　4.草菇畦式栽培技术。

　　5.草菇床架栽培技术。

　　6.草菇袋式栽培技术。

　　7.草菇栽培过程中的常见问题。

具体任务内容：

　　1.根据任务资讯获取学习资料,并获得相关知识。

　　2.草菇生产概况。

　　3.草菇形态特征。

　　4.草菇对营养及环境条件的需求特性。

　　5.草菇培养料的制备。

　　6.草菇床式、畦式、袋式栽培技术。

　　7.草菇常见栽培问题。

　　8.根据学习资料制订工作计划,完成工作任务。

考核方式及手段：

　　1.考核方式：

　　教师对小组的评价、教师对个人的评价、学生自评相结合,将过程考核与结果考核相结合。

　　2.考核手段：

　　笔试、口试、技能鉴定等方式。

任务相关知识点

3.5.1 概述

草菇隶属于担子菌纲,伞菌目,光柄菌科,小包脚菇属(俗称草菇属)。又名兰花菇、美味草菇、美味包脚菇、中国蘑菇、贡菇、南华菇、稻草菇、秆菇、麻菇。

草菇原产于我国广东、福建等省,已有200余年的栽培历史,在国际上被称为中国蘑菇;因有浓郁兰花香味,故常称为兰花菇;又因基部有蛋壳状的苞脚,也称作苞脚菇。草菇盛产于炎热的夏季。菇肉肥嫩、脆滑,鲜美爽口,味甘性凉,有解热消暑作用,是盛夏难得的佳肴,也是高胆固醇和糖尿病人的理想食物。

草菇为世界第三大食用菌,年总产量仅次于蘑菇和香菇,我国是世界上最大草菇生产国。栽培草菇的原料来源广泛,废棉渣、棉籽壳、稻草、玉米秆、甘蔗渣、剑麻渣、中药渣等均是栽培的理想原料。草菇的生产周期短,在适宜的条件下,一个生产周期为15~25 d,目前广西室内废棉渣床栽草菇播种后通常第8~9 d开始有采收,第13 d左右即可完成一个栽培周期(只收一潮菇)。尽管草菇的产量与其他食用菌相比相对较低,通常批量周年生产为每100 kg稻草产鲜菇10~15 kg,每100 kg废棉渣产鲜菇25 kg左右,但由于草菇栽培原料广、周期短、价值高、市场容量大,栽培草菇能获得较为可观的经济效益,因而具有广阔的前景。

3.5.2 生物学特性

1)形态特征

(1)菌丝体

草菇的菌丝体为白色至浅黄色,生长稀疏,透明或半透明,有金属样光泽,似蚕丝。草菇的二级菌丝无锁状联合过程。生长中易产生淡黄、褐色或红褐色的厚垣孢子。

(2)子实体

①子实体形态

子实体在幼嫩时,其形如同鸟雀蛋,顶部黑灰色,向下颜色渐浅,基部近似白色。开伞后出现菌盖、菌褶、菌柄和菌托。菌盖为圆形,边缘整齐,表面光滑,中央深灰色,边缘淡灰色,并有黑褐色绒毛形成的放射状条纹。菌肉白色。菌盏下面是密集的初期呈白色、中期为水红色、后期变红褐色的菌褶。菌柄圆柱形,顶端稍细,白色、中实、肉质,幼菇时与菌盖均隐于包被内。菌托白色,膜质,上缘裂片状。

②子实体发育过程

A. 针头期

二级菌丝扭结出的鱼卵状白色小颗粒,无菌盖、菌柄的分化。纵切只见整个结构是一团丝状细胞。

B. 小纽扣期

白色颗粒发育成小纽扣大的幼菇,如黄豆大小。此时已有明显分化,除去包被可见菌

柄,纵剖可见菌褶。

C. 纽扣期

小纽扣期1~2 d后,形成雀蛋大小的纽扣菇。包被中已分化出菌盖、菌褶和菌柄。

D. 卵形期

菇体长到鸡鸭蛋状,菌盖开始突破包被,但菌柄仍未显露出来,此时菌褶上仍未形成担孢子,是采收的最佳时期。

E. 伸长期

菌柄顶着菌盖破皮而出,菌褶上形成大量担孢子。

F. 成熟期

菌盖展开,担孢子成熟,菌褶由白色变为水红色,担孢子脱落,菇体逐渐腐解。

2)生活条件

(1)营养

草菇生长发育需要的养分主要是碳水化合物,氮素营养和矿物质,此外还需要一定数量的维生素。这些物质一般可从稻草或棉籽壳等原料中获得。草菇是一种腐生菌,它必须从死亡的植物体和土壤中吸收养分,栽培草菇应选用无霉烂变质的稻草、棉籽壳等原料,未经晒干的湿草容易腐烂,不宜采用。草菇体内缺乏分解半纤维素的酶类,故其产量不高。近年来,使用棉籽壳、废棉作为草菇的培养料,取得了比其他原料好的效果。如在上述原料中适当增加一定数量的辅料;如干牛粪、鸡粪、麦麸、米糠、玉米粉等,以补充氮素营养和维生素,也可提高草菇的产量。

(2)温度

草菇是高温菌类,对外界温度要求很严格,菌丝生长的温度为20~40 ℃,30~35 ℃为最适温度。在低于15 ℃或高于42 ℃条件下,菌丝生长极微弱,10 ℃停止生长,5 ℃以下或45 ℃以上菌丝很快死亡。

子实体发育的温度条件,除与气温有关外,培养料温度也是个重要因素。一般适宜子实体发育的气温是25~32 ℃,料温为30~34 ℃。若气温低于20 ℃或高于35 ℃,料温在27 ℃以下时,均不利于子实体的形成。

草菇是恒温结实性菌类,发育中的子实体对外界温度变化非常敏感。忽冷忽热的气候,对其生长极为不利,温差若达5 ℃以上,小菇蕾将停止发育或死亡。

(3)湿度

草菇是一种喜高温高湿环境的菌类。只有在适宜的水分条件下,草菇的生长发育才能正常进行,水分不足,菌丝生长缓慢,子实体难以形成;水分过多,引起通气不良,容易死菇,杂菌也容易发生。培养料的最适含水量为70%左右,菌丝生长阶段最适空气湿度是80%左右,子实体生长阶段空气相对湿度要求在90%以上。

(4)空气

草菇是好气性真菌,足够的氧气是草菇生长的重要条件。如氧气不足,二氧化碳积累太多,会使子实体受到抑制甚至死亡。草菇的呼吸量是蘑菇的6倍,所以新鲜空气是草菇菌丝正常生长和子实体形成的重要条件。氧气不足,会抑制菇蕾的形成。在出菇阶段,若空气不流通或水分过大,草被太厚,均可造成缺氧。当 CO_2 浓度积累到 0.3% ~ 0.5% 时,则会对菌丝和子实体产生明显的抑制作用。所以在室内栽培草菇时,要注意通风换气。

（5）光照

草菇担孢子的萌发和菌丝的生长均不需要光照,直射的阳光反而会阻碍菌丝体的生长。而光照对子实体的形成有促进作用。子实体的形成需要一定的散射光,最适宜光照强度为300 ~ 350 lx。光线的强弱不但影响草菇的产量,而且直接影响着草菇子实体的品质和色泽。光照强时子实体颜色深而有光泽,子实体组织致密,光照不足时,则子实体暗淡甚至呈灰白色,子实体组织也较疏松。强烈的直射阳光对子实体有严重的抑制作用,露地栽培必须有遮阴的条件。

（6）酸碱度

草菇是一种喜欢碱性的真菌。草菇菌丝生长最适 pH 值为 7.8 ~ 8.5,子实体生长的最适值 pH 为 7.5 ~ 8。酸性的环境对菌丝体的生长发育均不利,而且容易受杂菌的感染。栽培时,一般通过添加石灰来调节 pH 值,添加量一般为干料重的 5% 左右,以使 pH 值达到 10 ~ 12。随着菌丝的生长,pH 值会逐渐下降,到子实体形成时,pH 值为 7.5 左右,正好适合草菇子实体的生长发育。

3.5.3 主栽品种

草菇依颜色分,有两大品系:一类为黑草菇,主要特征是未开伞的子实体包皮为鼠灰色或黑色,呈卵圆形,不易开伞,草菇基部较小,容易采摘,但抗逆性较差,对温度变化特别敏感。另一类是白草菇,主要特征是子实体包皮灰白色或白色,包皮薄,易开伞,菇体基部较大,采摘比较困难,但出菇快,产量高,抗逆性较强。依照草菇个体的大小,可将其分为大型种、中型种和小型种,由于用途不同,对草菇品种的要求也不同。制干草菇,喜欢包皮厚的大型种,制罐头用的,则需包皮厚的中、小型种,鲜售草菇,对包皮和个体大小要求不严格。各地可根据需要选择适合的品种栽培。

目前,在我国生产中比较广泛使用的草菇菌株为 V23、V5、V6、V7、V849、V91、VP53、GV34、屏优 1 号等。

3.5.4 栽培技术

1) 栽培工艺流程

草菇栽培工艺有扭草把生料栽培、发酵料栽培和熟料栽培工艺。

（1）生料栽培工艺

整畦→稻草预湿→扭草把→堆垛→播种→出菇管理→采收。

（2）发酵料栽培工艺

材料预处理→前发酵→后发酵→播种、培养→出菇、采收。

（3）熟料栽培工艺

材料预处理→填料→常压灭菌→接种→培养→采收。

2）栽培季节选择

草菇在自然条件下的栽培季节,应根据草菇生长发育所需要的温度和当地气温情况而定。通常在日平均气温达到 23 ℃以上时才能栽培。南方利用自然气温栽培的时间是阳历 5 月下旬至 9 月中旬。以 6 月上旬至 7 月初栽培最为有利,因这时温度适宜,又值梅雨季节,湿度大,温湿度容易控制,产量高,菇的质量好。盛夏季节(7 月中旬至 8 月下旬)气温偏高,干燥,水分蒸发量大。管理比较困难,获得草菇高产优质难度较大。广东、海南等省在自然气温条件下栽培草菇,以 4—10 月较适宜。北方地区以 6—7 月栽培为宜。利用温室、塑料棚栽培,可以酌情提早或推迟。若采用泡沫菇房并有加温设备,可周年生产。

3）培养料的配制

（1）配方

①棉籽壳培养料:棉籽壳 97%、生石灰 3%。

②废棉培养料:棉纺厂废棉 90%、生石灰 3%、过磷酸钙 2%、麸皮 5%。

③稻草培养料:干稻草 82%、干牛粪粉 15%、生石灰 3%。

④麦秆培养料:干麦秆 82%、干牛粪粉 15%、生石灰 3%。

⑤稻草棉籽壳混合培养料:稻草(切成 7 cm 长)48%、棉籽壳 49%、生石灰 3%。

⑥稻草麦秆混合培养料:稻草 30%、麦秆 62%、麸皮 5%、生石灰 3%。

（2）培养料配制

①废棉培养料配制

废棉来源于棉花加工厂。废棉渣发热时间长,保温保湿性能好,是目前最理想的草菇栽培材料,每平方米需废棉渣 12 kg 左右。

废棉培养料配制方法为:一种是砌一个池子,将废棉渣浸入石灰水中,每 100 kg 废棉渣加石灰粉 3 kg,过磷酸钙 2 kg,浸 5~6 h,然后捞起做堆,堆宽 1.2 m,堆高 70 cm 左右,长度不限,发酵 3 d,中间翻堆一次。另一种是做一个木框,即长 3.0 m,宽 1.8 m,高 0.5 m,放置在水泥地上。随后在木框中铺一层废棉渣,厚 10~15 cm,撒一薄层石灰粉,洒水压踏使废棉渣吸足水分,然后撒一层麸皮或米糠,再铺一层废棉渣,如此一层层压踏到满框时,把木框向上提,再继续加料压踏,直到堆高 1.5 m 左右。发酵 3 d。

②棉籽壳培养料配制

棉籽壳培养料配制方法可参考废棉配制方法,还可将棉籽壳摊放在水泥地上,加上石灰粉或辅料,充分拌湿,然后堆起来,盖上薄膜,发酵 3 d,中间翻堆一次,翻堆时,如堆内过干,需加石灰水调节,上床时料的含水量为 70% 左右,pH 值为 8~9。

③稻草或麦草培养料配制

以稻草或麦草的处理方式有两种:一种是稻草或麦草不切碎,用长稻草栽培。将稻草浸泡 12 h 左右,稻草上面要用重物压住,以便充分吸水。浸透后捞出堆制,堆宽 2 m,堆高 1.5 m,盖薄膜保湿,堆制发酵 3~5 d,中间翻堆一次,栽培时,长稻草要拧成"8"字形草把扎紧,逐把紧密排列,按"品"字形叠两层,厚度 20 cm。另一种方法是将稻草或麦草浸泡或直接加石灰水拌料,并添加辅料,堆 3~5 d,中间翻堆一次。

④混合料配制

将棉籽壳或废棉与稻草或麦秆堆置后,加石灰和辅料堆制后使用。

4)栽培方法

(1)草菇床式栽培技术

草菇床架式栽培是目前我国常用的栽培方式,即在房子或棚子里搭设床架,不但可以充分利用空间,提高利用率,而且保湿、保温好,容易管理,产量高而稳定。

①床架的搭设

草菇栽培床架与蘑菇栽培床架相同。床架与菇房要垂直排列,即东西走向的菇房,床架南北排列,菇床四周不要靠墙,靠墙的走道50 cm,床架与床架之间的走道宽67 cm,床架每层距离67 cm,底层离地17 cm以上。床架层数视菇房高低而定,一般为4～6层,床架宽1.3～1.5 m。床架可用竹、木搭成,钢筋水泥床架更好。每条走道的两端墙上各开上、下窗一对。窗户的大小以40 cm宽、50 cm高为好,床架之间的走道中间的屋顶上装拔风筒一只,高1.5 m,直径40 cm左右。

②培养料二次发酵

将经过堆制发酵的培养料抖松、拌匀,趁热搬进菇房床架上。这时培养料的含水量最好是70%左右,pH值为9左右。不同栽培原料的培养料铺料厚度也不相同,废棉渣或棉籽壳培养料,一般铺料厚7～10 cm,切碎的稻草培养料铺料12～15 cm,长稻草铺料20 cm。夏天气温高时,培养料适当铺薄一些。冬季气温低时培养料适当铺厚一些。

铺料后,立即向菇房内通入蒸汽或放煤炉加温,使培养温度达到65 ℃左右,维持4～8 h,然后自然降温。降至45 ℃左右时打开门窗,二次发酵能杀死菇房及培养料中的害虫及有害杂菌,有利于高温放线菌等有益的微生物的大量繁殖,更有利于草菇生长,容易获得高产。

③播种及播种后的管理

当培养料的温度降至38 ℃以下时,将培养料抖松、拌匀,床面整平,压实,然后进行播种,将菌种从菌种瓶挖出,袋装种可将塑料撕掉,把菌种放在清洁的盆子里,将菌种块轻轻弄碎,采用点播加撒播的办法为好,一般100 m²栽培面积需播菌种150～200瓶(750 mL)。

播种后,床面盖上塑料薄膜,每天揭膜通风1～2次,注意控制料内温度。培养料内的温度是由低到高,由高到低的变化过程。播种后料内温度逐渐上升,一般3～4 d可以达到最高温度,料内最高温度应尽量控制在42 ℃以下,否则温度过高,料内水分大量蒸发,草菇菌丝受到严重的抑制或死亡。如料内温度过高,应及时分析原因,采取措施解决。料内水分不够,培养料过干,应进行淋水补湿降温;若培养料过厚,应加强室内通风,掀开料面塑料,并在料内打洞,散发料内温度。

播种后4 d左右,拿掉料面覆盖的塑料,最好盖上薄薄的一层事先预湿的长稻草,或预湿的谷壳或盖上1 cm左右厚颗粒状的土,并喷1%的石灰水,也可提高草菇的产量。

④出菇期管理

一般播种后5～6 d,草菇菌丝开始扭结时,要及时增加料面湿度,打好"出菇水"增加室内光照,促使草菇子实体的形成。当大量小白点的菌蕾形成时,以保湿为主,空气相对湿度

维持在 90% 以上,床面暂停喷水。当子实体有纽扣大小时,应逐渐增加喷水用量。

(2)草菇畦式栽培技术

草菇的畦式栽培是室外露地常用的一种栽培方式。其特点是投资少、成本低、灵活性大、操作简单,管理得好可获得较高产量。

室外栽培草菇的场地以疏松肥沃,排水良好的砂质壤土最好。这种土壤的保温、保湿、贮存养分及通气性能均好,有利于草菇菌丝体和子实体的生长发育。稻田、菜地、果园、林地以及房前房后的空坪隙地均可以作为栽培草菇的场地。稻田蚯蚓和杂菌较少,有利于草菇的生长发育。气温低时,应选避风、向阳的地方,气温高时,应在阴凉通风的荫棚、瓜棚、树林下种植,这样可获得较理想的产量。

选好栽培场地以后,先把土地翻锄一次,一般深为 15~20 cm,太阳暴晒 2~3 d,然后整地做畦,畦高 15~20 cm,畦宽 1 m 左右,一般长 5~6 m,畦与畦之间的走道宽 50 cm。畦的周围和畦的中间做成宽、高各 10 cm 左右的土埂,以便多出地菇。若地势低,应在田的周围开深沟排水。对于地势高且干燥的地方,应做成低畦,走道高于畦 20 cm 左右,以便保湿。

畦面整理好以后,因床面泥土较干,应在进料前一天在畦面上灌水或淋水使土壤湿透,或直接在畦面上浇茶枯饼水或氨水或漂白粉水,消灭害虫和杂菌。然后在畦面上撒一层石灰粉,喷杀虫剂以消灭土中害虫和杂菌。

栽培畦消毒以后,把事先堆制发酵好的培养料搬进畦面,将料直接铺在泥土上,比室内床式栽培的料要厚一些,废棉渣或棉籽壳培养料铺料厚 10 cm 左右,切碎的稻草培养基则需铺 15~18 cm,长稻草的则需铺料 20 cm 左右,播种后特别是稻草培养基的,最好在料面上盖上一层细土,厚约 2 cm。其上再盖塑料,每天揭膜 1~2 次。

播种后,畦面上用竹片和篙竹搭成环形拱棚架,棚架中央离畦面高 50 cm。棚架盖塑料,塑料上再盖遮阳网或稻草帘,这样既可防止阳光直射畦面,又可保温、保湿。播种方法及播种后的管理与室内床式栽培相同。

(3)草菇袋式栽培技术

草菇袋式栽培是一种较新的栽培方式,是一种草菇高产栽培方法,单产较传统的堆草栽培增产 1 倍左右,生物效率可达到 30%~40%。

①浸草

将稻草切成 2~3 段,有条件的可切成 5 cm 左右,用 5% 的石灰水浸泡 6~8 h。浸稻草的水可重复使用 2 次,每次必须加石灰。

②拌料

将稻草捞起放在有小坡度的水泥地面上,摊开沥掉多余水分,或用人工拧干,手握抓紧稻草有一两滴水滴下,即为合适水分,含水量在 70% 左右。然后加辅料拌和均匀,做到各种辅料在稻草中分布均匀和黏着。拌料时常用的配方有以下几种:

配方①:干稻草约 87% + 麸皮 10% + 花生饼粉或黄豆粉 3% + 磷酸二氢钾 0.1%。

配方②:干稻草约 85% + 米糠 10% + 玉米粉 3% + 石膏粉 2% + 磷酸二氢钾 0.2%。

配方③:干稻草 83.5% + 米糠 10% + 花生饼粉 3% + 石膏粉 2% + 复合肥 1.5%。

配方④:干稻草 56.5% + 肥泥土 30% + 米糠 10% + 石膏粉 2% + 复合肥 1.5%。

③装袋

经充分拌匀的料,选用 24 cm×50 cm 的聚乙烯塑料袋,把袋的一端用粗棉线活结扎紧,扎在离袋口 2 cm 处。把拌和好的培养料装入袋中,边装料边压紧,每袋装料湿重 2～2.5 kg,然后用棉线将袋口活结扎紧。

④灭菌

采用常压灭菌,装好锅后猛火加热,使锅内温度尽快达到 100 ℃,保持 100 ℃ 6 h 左右,然后停火出锅,搬入接种室。

⑤接种

采用无菌或接种箱接种。无菌室或接种箱的消毒处理与其他食用菌相同。接种时,解开料袋一端的扎绳,接入草菇菌种,重新扎好绳子。解开另一端的扎绳,同样接入菌种,再扎好绳子。一瓶(或一袋)菌种可接种 12 袋左右。

⑥发菌管理

将接种好的菌袋搬入培养室,排放在培养架上或堆放在地面上。菌袋堆放的高度应根据季节而定,温度高的堆,层数要少;温度低则堆放的层数可以适当增加。一般堆放 3～4 层为宜。培养室的温度最好控制为 32～35 ℃,接种后 4 天,当菌袋菌丝吃料 2～3 cm 时,将袋口扎绳松开一些,增加袋内氧气,促进菌丝生长。在适宜条件下,通常 10～13 d 菌丝就可以长满全袋。

⑦出菇管理

长满菌丝的菌袋搬入栽培室,卷起袋口,排放于床架上或按墙式堆叠 3～5 层,覆盖塑料薄膜,增加栽培室的空气相对湿度至 95% 左右。经过 2～3 d 的管理,菇蕾开始形成,这时可掀开薄膜。当菇蕾长至小纽扣时,才能向菌袋上喷水,菇蕾长至蛋形期就到可采收。一般可采收 2～3 批菇。

3.5.5　草菇栽培中常出现的问题

1)发生鬼伞

墨汁鬼伞、膜鬼伞是草菇栽培过程中最常见的竞争性杂菌,它喜高温、高湿,一般在播种后一周或出菇后出现,一旦发生,会污染料面并大量消耗培养料中的养分和水分,从而影响草菇菌丝的正常生长和发育,致使草菇减产。

(1)产生原因

①栽培原料质量不好。在栽培草菇时利用陈旧、霉变的原料作栽培料,容易发生病虫害。

②培养料的配方不合理。栽培料的配方及处理与鬼伞的发生也有很大关系。鬼伞类杂菌对氮源的需要量高于草菇氮源的需要量,所以在配制培养料时,如添加牛粪、尿素过多,使 C/N 降低,培养料堆制中氨量增加,可导致鬼伞的大量发生。

③培养料的 pH 值太小。培养料的 pH 值大小也是引起杂菌发生的重要原因之一。

④培养料发酵不彻底。培养料含水量过高,堆制过程中通气不够,堆制时发酵温度低,

培养料进房后没有抖松,料内氨气多,均可引起鬼伞的发生。

⑤菌种带杂菌、栽培室温度过高,通气不良,病虫害也容易发生。

(2)防治措施

①栽培时,必须选用无霉变的原料,使用前应先在太阳下翻晒 2~3 d,利用太阳光中的紫外线杀死杂菌孢子。

②培养料中添加尿素、牛粪等作为补充氮源时,尿素应控制在 1% 左右,牛粪 10% 左右,且充分发酵腐熟后方可使用。

③草菇喜欢碱性环境,而杂菌喜欢酸性环境。在培养料配制时,适当增加石灰,一般为料的 5% 左右。提高 pH 值,使培养料的 pH 值达到 8~9。另外在草菇播种后随即在料表面撒一层薄薄的草木灰或在采菇后喷石灰水,以调整培养料的 pH 值,也可抑制鬼伞及其他杂菌的发生。

④培养料进行二次发酵,可使培养料发酵彻底,是防止发生病虫害的重要措施。

⑤一旦菇床上发生鬼伞,应及时摘除,防止鬼伞孢子扩散。

2)菌丝萎缩

在正常情况下,草菇播种后 12 h 左右,可见草菇菌丝萌发并向料内生长。如播种 24 h 后,仍不见菌丝萌发或不向料内生长,或栽培过程中出现菌丝萎缩。

(1)产生原因

①栽培菌种的菌龄过长。草菇菌丝生长快,衰老也快,如果播种后菌丝不萌发,菌种块菌丝萎缩,往往是菌龄过长或过低的温度条件下存放的缘故。

②培养料温度过高。如培养料铺得过厚,床温就会自发升高,如培养料内温度超过 45 ℃,就会致使菌丝萎缩或死亡。

③培养料含水量过高。播种时,培养料含水量过高,超过 75%,这样料内不透气,播种后塑料薄膜覆盖得过严且长时间不掀,加上菇房通风不好,使草菇菌丝因缺氧窒息而萎缩。

④料内氨气危害。在培养料内添加尿素过多,加上播种后覆盖塑料薄膜,料内氨气挥发不出去,对草菇菌丝造成危害。

(2)防治措施

①选用菌龄适当的菌种,一般选用栽培种的菌丝发到瓶底一周左右进行播种为最好。

②播种后,要密切注意室内温度及料温,如温度过高时,应及时采取措施降温,如加强室内通风,拿掉料面覆盖的塑料薄膜,空间喷雾,料内撬松,地面倒水等。

③培养料含水量控制在 70% 左右,并且播种后塑料薄膜不能长时间盖得过严,注意通风。

3)幼菇大量死亡

在草菇生产过程中,常可见到成片的小菇萎蔫而死亡,给草菇产量带来严重的损失。

(1)产生原因

①培养料偏酸。草菇喜欢碱性环境,pH 值小于 6 时,虽可结菇,但难于长大,酸性环境更适合绿霉、黄霉等杂菌的生长,其争夺营养引起草菇的死亡。

②料温偏低或温度骤变。草菇生长对温度非常敏感,一般料温低于 28 ℃时,草菇生长受到影响,甚至死亡。温度变化过大,如遇寒潮或台风袭击,造成气温急剧下降,则会导致

幼菇死亡,严重时大菇也会死亡。

③用水不当。草菇对水温有一定的要求,一般要求水的温度与室温差不多。如在炎热的夏天喷 20 ℃左右的深井水,会导致幼菇大量死亡。

④采菇损伤。草菇菌丝比较稀疏,极易损伤,若采摘时动作过大,会触动周围的培养料,造成菌丝断裂,周围幼菇菌丝断裂而使水分、营养供应不上。

(2)防治措施

①培养料配制时,适当增加料内 pH 值。采完头潮菇可喷 1% 石灰水或 5% 草木灰水,以保持料内酸碱度在 pH 为 8 左右。

②控制好温度。

③喷水要在早晚进行,水温以 30 ℃左右为好。并且根据草菇子实体生长发育的不同时期,正确掌握喷水。若子实体过小,喷水过重会导致幼菇死亡。在子实体针头期和小纽扣期,料面必须停止喷水,如料面较干,也只能在栽培室的走道里喷雾,地面倒水,以增加空气相对湿度。

④采菇时动作要尽可能轻。采摘草菇时,一手按住菇的生长基部,保护好其他幼菇,另一手将成熟菇拧转摘起。如有密集簇生菇,则可一起摘下,以免由于个别菇的撞动造成多数未成熟菇死亡。

4)塌料

(1)产生原因

堆铺过松的培养料,易出现塌陷现象,造成菌丝断裂,培养料变薄和减少出菇量等。

(2)防治措施

铺料播种时,一定要将培养料压实。

5)现群菇

(1)产生原因

播种量过大或不均匀,易出现群菇。

(2)防治措施

应将播种量控制在 15% 左右,每平方米的料面用 0.2~0.3 kg 菌种。此外,不同菌株的草菇菌种绝不能混播在一起,否则会因不同菌株间产生的顽抗作用而导致出菇甚少或颗粒不收。

思考练习题)))

1. 草菇生长所需要的生活条件有何特点?
2. 提高草菇的产量应从哪些方面考虑?
3. 废棉发酵料栽培技术的要点是什么?
4. 简述草菇的各种栽培方法。
5. 草菇栽培过程中常见的问题有哪些?如何防治?

任务3.6 鸡腿菇栽培技术

工作任务单

项目3 栽培技术	姓名：	第　组
任务3.6 鸡腿菇栽培技术	班级：	

工作任务描述：
　　了解鸡腿菇的生产概况，熟悉鸡腿菇菌丝体及子实体的特征，理解鸡腿菇对温度、光照、湿度、空气、pH值的需求特性，掌握培养料配制及发酵料栽培和熟料栽培技术，解决生产中的常见问题。

任务资讯：
　　1.鸡腿菇形态学特性。
　　2.鸡腿菇生活条件。
　　3.鸡腿菇栽培季节确定。
　　4.鸡腿菇发酵料栽培技术。
　　5.鸡腿菇熟料栽培技术。
　　6.鸡腿菇生产中的常见问题。

具体任务内容：
　　1.根据任务资讯获取学习资料，并获得相关知识。
　　2.鸡腿菇生产概况。
　　3.鸡腿菇形态特征。
　　4.鸡腿菇对营养及环境条件的需求特性。
　　5.鸡腿菇发酵料的制备。
　　6.鸡腿菇发酵料栽培和畦式栽培管理技巧。
　　7.根据学习资料制订工作计划，完成工作任务。

考核方式及手段：
　　1.考核方式：
　　教师对小组的评价、教师对个人的评价、学生自评相结合，将过程考核与结果考核相结合。
　　2.考核手段：
　　笔试、口试、技能鉴定等方式。

3.6.1　概　述

鸡腿菇，又名毛头鬼伞、鸡腿蘑、刺蘑菇，属于担子菌纲，伞菌目，鬼伞科，鬼伞属。系美味食用菌，形似鸡腿，故称"鸡腿蘑"。

20世纪60年代起，英国、德国及捷克斯洛伐克（现捷克和斯洛伐克）等国家开始鸡腿菇的驯化工作，采用发酵堆肥法，获得成功。目前，美、德、法、日、意大利、荷兰等国家已进行大规模商业化栽培。我国鸡腿菇的驯化栽培研究始于20世纪80年代，栽培生产从90年代初期开始逐渐推广，目前，现已在山东、江苏、浙江、上海等地形成一定生产规模。

鸡腿菇营养丰富，味道鲜美，口感似鸡肉，是一种色香味俱佳的食用菌。据分析，鸡腿菇干品蛋白质含量达25.4%，氨基酸含量高达18.8%，其中有人体必需的8种氨基酸，赖氨酸和亮氨酸很丰富，灰分含量12.5%，含钙、磷、铁、钾等多种矿质元素。其营养价值高于蘑菇、平菇等。

鸡腿菇性平、味甘，具有益脾健胃、清神益智、助消化、增食欲和治痔疮、糖尿病的医疗效果。还有降血糖、降血压、降血脂之功效，常食用对治疗痔疮、降低血糖有明显疗效。

鸡腿菇适应性强，易人工栽培，能够利用多种原料进行栽培，栽培原料来源广泛，栽培方法简单易行，成本低、生长周期短、产量高，经济效益好。

鸡腿菇除鲜食外，还可加工，制成盐渍品、罐头等，消费市场广阔，是我国食用菌产业中的一支新秀，有广阔的发展前途。

3.6.2　生物学特性

1）形态特征

根据鸡腿菇的发育进程，可将其形态分为菌丝体及子实体两个阶段。

（1）菌丝体

鸡腿菇的菌丝是由孢子萌发而来的，很多菌丝聚集在一起形成了菌丝体，呈白色绒毛状。菌丝体在适宜的培养条件下，不断生长、繁殖、形成粗细不均匀的分枝，这些菌丝体具有吸收、输送和积累营养物质的作用，是鸡腿菇的营养器官。鸡腿菇的气生菌丝不发达，前期呈白色绒毛状、整齐、生长较快，后期菌丝致密，呈匍匐状，生长良好的母种常在斜面培养基内分泌黑色素沉积。菌丝体生长到一定时期后，如果遇到适宜的温湿条件，就发育成子实体。

（2）子实体

鸡腿菇的子实体，一般单生或丛生，呈钟形或橄榄球形，是鸡腿菇的繁殖体。一个成熟的子实体是由菌盖、菌柄、菌褶和菌环4部分组成。整个子实体为白色，子实体长9~20 cm，最长可达25 cm，宽4~6 cm，个体重20~350 g。

①菌盖

幼期呈椭圆形,顶端较光滑,洁白色,菌蕾期呈圆柱形,菌盖直径4~6 cm,有近似环状排列的鳞片,成熟期鳞片增大反卷,后期菌盖平展,边缘具细的条纹,颜色开始逐渐转为淡褐色或呈淡土黄色,菌肉由白色变为粉红色至黑色,并弹射黑色的、粉状的孢子。子实体成熟后,菌盖边缘开始逐渐由浅粉红色变为黑色,向顶部蔓延,自溶呈墨汁状。

②菌柄

菌柄呈圆柱状,白色,上细下粗,基部膨大,形似长柄手榴弹或棒槌状。长5~40 cm,粗1~3 cm,表面光滑,生长前期为实心,后期逐渐变松,呈中空状,质脆、嫩、滑。

③菌环

菌环为白色,位于菌柄中上部,子实体前期菌环黏附在菌盖下缘,随着菌体的生长,菌盖展开,菌环与菌盖边缘脱离,在菌柄上上下移动,最后脱离。

④菌褶

着生于菌盖下面,呈刀片状,较厚而且稠密,等长。菌褶初期为白色,随着子实体的生长,逐渐变成粉红色,成熟后变为黑色。其繁殖后代的椭圆形孢子及较稀疏的囊状体均着生在菌褶上。菌褶与菌柄离生。

2)生活条件

（1）营养

鸡腿菇是一种适应能力极强的土生菌、草腐菌、粪生菌。对营养要求不严格,能利用很广泛的碳源与氮源。各种农作物下脚料、杂草、玉米芯、棉籽壳、菌糠、麸皮、畜粪是常用的栽培原料。

（2）温度

鸡腿菇是一种中温偏高型菌类。孢子萌发适宜温度为22~26 ℃,以24 ℃左右萌发最快。菌丝耐低温能力强,-10 ℃不会冻死。其生长温度为3~35 ℃,最适温度为24~28 ℃,过高或过低菌丝生长速度均减缓。35 ℃以上菌丝停止生长,并迅速老化,自溶变黑,40 ℃时菌丝变枯死亡。子实体形成需要温差刺激,温差为5~10 ℃。子实体生长温度为10~30 ℃,最适温度为16~24 ℃,在这个温度区间内子实体发生数量多,质量好,产量高。温度低于8 ℃或高于30 ℃,子实体均不易形成。在适温范围内,温度低,子实体生长慢,但菇体粗壮肥大,结实,质量好,贮存期长;温度高,子实体生长加快,菌柄伸长,菌盖小而薄,菇质较差,极易开伞自溶。

（3）湿度

鸡腿菇培养料的适宜含水量为60%~70%,最适为65%左右。水分低,菌丝体生长慢,稀疏无力;水分过高,菌丝体生长因供氧不足而受阻。床栽时含水量可以略高,袋栽时含水量不宜过高。经过发酵的培养料含水量为70%左右进行床栽时菌丝生长旺盛。发菌期间,空气相对湿度宜控制在80%左右。子实体生长阶段对环境湿度要求较高,空气相对湿度85%~90%最为适宜。湿度不足,子实体瘦小,生长缓慢;湿度过高且通风差,菌盖易得斑点病。

（4）光照

菌丝生长不需要光照,在黑暗条件下菌丝生长旺盛新鲜,强光对菌丝生长有抑制作用,并加速菌丝体的老化。子实体形成及生长阶段需适量散射光,较弱散射光线可使子实体生长嫩白、肥胖,强光能抑制子实体生长,且使质地变差。在适宜的光照下,鸡腿菇出菇快,品质好,产量高,不易感染杂菌,商业价值高。

(5)空气

鸡腿菇属于好氧型菌类,其生长过程中需要大量氧气。生产实践证明,鸡腿菇的不同生长阶段需氧量有较大的差异。菌丝体生长阶段需氧量略少,此阶段和平菇的需氧量基本一致。而在子实体生长阶段则需要大量氧气。在空气中适宜的氧气含量能显著提高鸡腿菇菌丝的生长力,从而增加产量,改善品质。若通气不良,氧气供应不足时,幼菇发育迟缓,菌柄伸长,菌盖变小变薄,形成品质差的畸形菇。

(6)酸碱度

鸡腿菇菌丝在 pH 值为 2~10 的培养基中均能生长,但最适 pH 值为 6.5~7.5。在菌丝生长阶段,由于呼吸作用及代谢产物积累使培养基 pH 下降,故在拌制培养基时,应将 pH 值调至 7.5~8。一般加入 2%~3% 的石灰粉进行调节。

(7)覆土

鸡腿菇为土生菌类,子实体的发生及生长均离不开土壤。若无覆土刺激,菌丝发育再好,也不会形成子实体。因此,覆土是出菇管理中的重要环节。覆土用的泥土要求土质疏松,干湿适宜,pH 值中性偏碱,无虫卵。然后用 1‰ 的敌敌畏和 2‰ 的高锰酸钾溶液喷洒后闷堆 3~4 d,以杀死土壤中的部分害虫和杂菌。覆土的含水量以握之成团,放手即散为度。覆土厚度一般为 2~5 cm,土粒大小以直径 0.5~2 cm 为宜。

3.6.3　主栽品种

目前我国鸡腿菇栽培的品种较多,大多是自然发生的鸡腿菇子实体经过组织分离和进一步选育而获得的,也有从国外引进的优良品种,有单生种和丛生种之分。单生种个体肥大,但总产量略低,单株菇重一般为 30~150 g,大的可达 200 g。丛生种个体较小,但总产量较高,一般丛重 0.5~1.5 kg。市场鲜销一般采用丛生品种。常栽品种有:

①Cc100:丛生,单丛 50~100 个菇,菌柄粗短,子实体肥大,不易开伞,优质高产。

②Cc173:丛生,菌柄脆嫩可口,高产优质,适于鲜销。

③低温 H38:丛生,菇体肥大,色泽艳丽。耐低温,不易死菇。

④特白 33:单生或丛生,子实体较大,表面光滑,鳞片少,不易开伞,抗病力强。

⑤特大型 EC05:从丛重 1 200 g 的野生鸡腿菇选育驯化而来的优良菌株。菇体洁白硕大,像手榴弹,味道鲜美胜过草菇,产量与平菇相近,售价比平菇高 1~5 倍。

3.6.4　栽培技术

1)发酵料袋栽技术

(1)鸡腿菇发酵料袋栽流程

栽培期选择→配制培养基→装袋、播种→发菌→覆土→出菇期管理→采收→间歇期

管理。

（2）栽培期选择

鸡腿菇属中温偏高型食用菌，子实体生长发育的最适温度为 16～24 ℃。人工栽培时，在没有增温、降温条件，纯粹利用自然气温的情况下，栽培时间的安排，以 40 d 以后，正遇 16～24 ℃ 的子实体生长适宜温度为根据，可春秋两季栽培，一般安排在 3—6 月份，9—10 月份出菇。以秋栽为主。但秋栽不宜太早，因前期温度高易污染杂菌，导致栽培失败。一般安排在 8—10 月。

（3）培养料配制

①配方

A. 棉籽壳 30%，豆秸 30%，麦秸或麦糠 20%，麸皮 10%，玉米面 5%，石膏粉 1.5%，复合肥 1.4%，灭菌剂 0.1%，石灰 2%，水 60%～65%。

B. 稻草 85%，牛马粪 10%，磷肥 1%，石灰 4%，灭菌剂 0.1%。

C. 玉米芯 95%，磷肥 2%，石灰粉 2%，尿素 1%。

D. 菌糠 46%，棉籽壳 44%，麦麸 8%，糖 1%，泥土 1%。

E. 棉籽壳 96%，尿素 0.5%，磷肥 1.5%，石灰 2%。

F. 棉籽壳 70%，稻草 15%，米糠 10%，石膏 1%，过磷酸钙 2%，石灰 2%。

G. 玉米秆 70%，稻草 13%，麦麸 12%，石灰 3%，磷肥 1.5%，尿素 0.5%。

②配制培养料

A. 原料处理

a. 选料：为降低成本，选料应注意因地制宜，选择当地廉价、来源广、取材方便的材料。

b. 粉碎：将所选秸秆类原料切断成 3～5 cm 短段，或粉碎成 1～2 cm 的粒状物。

B. 拌料

先将主料提前预湿，按照培养料配方把选定的原料组合到一起。使含水量达到 70%～75%，pH 为 9.0～10.0。

C. 建堆

选择地势高燥、水源方便的地方建堆。料堆呈南北走向，使得光照均匀，料温均衡。将混合均匀的培养料铺一层 20 cm 厚的草，草上铺一层 5～10 cm 厚粪。制成宽 1.5～2 m，高 1～1.5 m，四壁陡直，顶部馒头状，长度不限的料堆（孔径 3～5 cm），四周用薄膜、顶部用草被围盖料堆。

D. 翻堆

当堆温上升到 60 ℃ 左右时，维持此温度 1 d 后进行翻堆。翻堆时要求上部与外部的料翻至新堆的底部和中间。重新复建的料堆每隔 50 cm 打料孔，一般需翻堆 2～3 次，最后一次翻堆时喷入 0.1% 多菌灵，若加入无病虫害的土壤及草木灰，可在发酵结束后加入。高温持续时间不要太长，否则，培养料失水太多，营养消耗太大，出菇后劲不足，将会严重影响产量和效益。

优质发酵料应呈咖啡色，有酱香味而无酸臭味，含水量在 65% 左右（指缝有水泌出），pH8.0 左右（偏碱）。

③装袋、播种

鸡腿菇袋栽常选择低压或高压聚乙烯袋，规格一般为（22～26）cm×（45～50）cm×0.025 cm。栽培袋在距袋口6 cm处用缝纫机大针码间隔0.5 cm跑两趟微孔，中间部分两等分，同样跑两趟微孔。

当培养料发酵好，将堆散开，使温度降至30 ℃以下，就可准备装袋播种了。播种采用层播法进行装袋播种。首先将菌种袋表面用多菌灵水擦洗一遍，剥去塑料袋，把菌种掰成枣样大小备用，装袋时先扎好一头，装1 cm厚料，均匀播一层菌种，继续装料，边装边压料，装至一半高时靠外圈撒一层菌种，再装料至袋口时撒一层菌种，盖1 cm厚的料，压实、扎口越紧越好。播种量通常控制在培养料干重的10%～15%。

（4）管理

①发菌期管理

将装好的菌袋及时放在消毒的菇房内培养，越暗越好，通风干燥，空气新鲜，袋内温度掌握为24～26 ℃，最高不超过28 ℃，每3～4天翻堆1次，中间的翻边上，边上的翻中间，使之受热均匀生长一致，空气湿度约70%，30 d左右菌丝可发满袋。湿度不要太大，随菌丝生长不断加强通气量是发菌成功的关键。

②覆土

A. 覆土的选择与处理

a. 土壤选择：选用含有一定腐殖质，透气性蓄水力强的土壤，为覆土材料。取大田耕作层以下或林地地表20 cm以下土质，暴晒2～3 d，拍碎过粗筛。在土中加入1.5%生石灰粉、1%碳酸钙。

b. 土壤消毒：100 m²需土3.5 m³，用敌敌畏0.5 kg配成0.5%溶液，均匀喷雾杀菌。把土堆积成长堆用薄膜覆盖24～28 h，闷堆杀虫、杀菌备用。将处理过的土粒调水至手握成团落地即散。

B. 覆土

把发满菌或接近发满菌的菌袋用石灰水（或多菌灵水）擦洗菌袋外表，再剥去塑料袋。将脱袋的菌筒从中间截成两段，截面朝下竖排在畦中，菌棒间隙2～3 cm，用挖出的土填满袋缝，浇透水后的菌棒表面覆盖已处理好的消毒土3～4 cm厚，整平料面，覆膜保温、保湿。一般10～15 d后，菌丝可长至土层表面，露出白色绒毛状菌丝，大部分土壤出现裂纹，局部有菇蕾出现，此时进行二次覆土。覆土层以2 cm厚为宜，并以喷壶浇水至土壤湿透。

③出菇期管理

覆土后要保持土层湿润，适当通风，棚内温度控制在20 ℃左右，一般覆土后10～15 d菌丝基本发满，这时用竹片撑起弓棚，以便控制温度、湿度、空气、光线。

A. 温度管理

出菇期子实体分化温度以10～20 ℃最适宜，生长温度控制为16～22 ℃最适宜。给一定的温差（5～10 ℃）刺激和散射光。

B. 湿度管理

湿度始终保持为85%～95%，湿度偏低时可喷雾水。待长出菌蕾时，要加强调节湿度，每天向空中喷雾2～3次,使空气湿度保持在90%左右。勿向菇体直接喷水(易变色),为防喷水不当而易致菇体变黄,最好用较细的水管浇注于菇丛缝隙中。喷水后要注意通风,勿形成闷湿环境。适宜的喷水通风应根据天气及菇的生长情况而灵活掌握。

C. 通风管理

覆土后20 d左右,床面出现原基,管理要以增湿、通风为主,特别是子实体生长阶段,要常喷雾水、常通风,保持较高的湿度和充足的氧气,以满足其生长的需要。

(5)采收

一般现蕾7～10 d,菌柄伸长,菌盖有少许鳞片,菌盖包菌柄,菌环刚松动时采收(约七分成熟)。否则因其成熟快而开伞,放出黑色孢子并很快自溶,彻底失去商品价值。采收前约4 h之内不要喷水,以免手接触处的菇体变红或产生色斑。采收时,手握菌柄下部轻轻旋转后再拔起。采收后用小刀削去基部泥土和杂质。

(6)间歇期管理

采收头潮菇后,清理料面,补水喷水、养菌,促现蕾出菇,一般每潮菇间隔10～15 d,可连续采收5～6潮菇,管理得好,50 kg干料可收鲜菇100 kg左右。选床面无菇和转潮期间,喷洒0.5%石灰澄清液和肥水,以补足培养料养分,控制培养料的酸化。

2)熟料栽培技术

(1)熟料栽培工艺流程

备料(备种)→培养料发酵→灭菌→接种→发菌期管理→覆土→出菇期管理→采收。

(2)原料配方

①木屑20%、玉米芯55%、稻草(豆秸、玉米秸)10%、麦麸(玉米粉)10%、尿素1%、石灰2.5%、磷肥1.5%。

②菇类废弃料66%、稻草(豆秸)30%、磷肥0.5%、尿素0.3%、多菌灵0.2%、石灰3%。

(3)操作过程

①备料(备种):稻草、玉米秸、玉米芯、豆秸等粉碎,加入其他原料充分混合,调整水分为60%～65%。

②培养料发酵:将配制好的培养料建堆进行发酵,发酵温度为45～60 ℃,发酵时间为3 d。

③灭菌:将发酵好的培养料调整含水量为60%～65%,然后装袋,选用(22～26)cm×(45～50)cm聚乙烯塑料袋,装料后,稍压实,两头扎口后灭菌,常压100 ℃保持12 h。

④接种:灭菌后将袋取出,放入接种室后,冷却,无菌条件下,进行两头接种。

⑤发菌:接种后,培养袋放入18～30 ℃温度范围内培养,最适温度为24～26 ℃,注意遮光,30 d左右即可发满,准备脱袋覆土。

⑥覆土:地面作畦床,宽1 m,长度不限,深度视栽培袋而定,将脱袋后的菌棒摆于畦上,棒间留有一定空隙,畦床铺少量发酵料,菌棒间填入发酵料,压实。排放完毕,覆3～5 cm肥沃沙质土壤,覆土水分以握之成团,弃之则散为宜,如土壤太干,可喷少量水,然后盖塑料薄膜保持土壤湿润。覆土材料见发酵料土处理。

（4）出菇期管理

温度控制为 22～26 ℃，十几天后菌丝可布满畦床，洒以冷水，空间湿度提高到 85%～90%，温度调节到 15～22 ℃，每天揭膜通风增加氧气，菇蕾破土后，要加强通风，勤喷水，并给予适当散射光。

（5）采收

经过 7～10 d，子实体七八分成熟，即可采收。

（6）间歇期管理

采收后，消除料面杂物，喷一次 pH 值 9～12 石灰水继续覆盖薄膜，进入下茬菇管理阶段。

3.6.5 鸡腿菇栽培中常见问题

1）培养料呈棉絮状，不出菇

（1）产生原因

料内严重缺水。

（2）防治措施

除去覆土，用锹在料面划线，灌大水一次，通风 2 d 后再覆土。

2）头潮菇太密转潮困难

头潮菇多，个体小，甚至成丛的菇蕾将覆土掀起，造成大批小菇因脱离料面而死，难出二潮菇。

（1）产生原因

菌棒过密或菌棒太长，料层过厚所致。

（2）防治措施

将菌棒间距拉大 2～3 cm，菌棒间隙用土填实，菌棒太长的要把菌棒切成两段立放出菇或菌棒卧放出菇。

3）出菇远离料面，菇体弱、产量低

（1）产生原因

菌块埋地太深，覆土太厚，干而板结，或较潮湿、透气性差。

（2）防治措施

菌块覆土不超过 3～4 cm，铺料厚度以 15 cm 为宜，土层少喷、勤喷水，做到不干、不涝。

4）菌丝冒出床面甚至形成菌被

（1）产生原因

菌丝徒长所造成的。

（2）防治措施

当菌丝快长出床面时，加强通风，使床土表面干燥，促进菌丝向生殖生长转换。轻微冒菌丝时，加强通风，床面撒草木灰即可。若菌丝形成菌被，可用刀划掉，挑掉菌块，打重水，

增透风,床面被换细土。

5)红头菇大量发生

(1)产生原因

红头菇菌盖鳞片呈铁锈色,但不深入菌肉,不影响生长发育。这是由于床料和空气湿度大,光线不适宜造成的。

(2)防治措施

在子实体出土后喷水必须结合通风,不喷关门水,一定保持菇体表面无水,并保持适宜的光照强度。

6)子实体不发生,长出鸡爪菌

(1)产生原因

料污染;遇高温;环境不卫生;昆虫传播等。

(2)防治措施

①栽培方法。栽培时最好选用袋栽法,可有效防止鸡爪菌大面积侵染或孢子扩散。发现感染袋要及时清除。棚内畦栽时可设置小拱棚,既可防止杂菌污染,又可保湿,同时积蓄一定浓度的 CO_2,相对抑制鸡爪菌的滋生。

②环境消毒。棚内、畦床用 5% 甲醛喷雾或高锰酸钾与甲醛混合液熏蒸后焖 1 ~ 2 d。

③浇水要清洁。畦床补水时要保证水质清洁无污染。可用 2% 石灰水喷雾。

④搞好覆土处理。

a. 覆土的选择。尽量选用未被侵染过或远离发生过鸡爪菌栽培场所的沃土作覆土。

b. 覆土处理。覆土先经阳光暴晒 2 ~ 3 d,再用 2% 生石灰拌匀,用以杀菌和调节 pH 值。每立方米覆土用 5% 甲醛 2.5 kg 并混合 50% 的敌敌畏 200 倍液喷洒,再用薄膜密封 1 ~ 2 d,摊开晾干后待用。

⑤栽培季节要避高温。鸡爪菌孢子萌发及生长需 25 ℃以上高温。栽培季节一般应避免选在春末夏初或夏秋高温季节。一般选在 9—10 月种植为好。

⑥防治昆虫。昆虫是鸡爪菌传播侵染的重要媒介。菇房门窗及通气口要安装纱窗,定期用 50% 敌敌畏 200 倍液喷洒菇房四周或在菇房附近安装黑光灯诱杀昆虫。

7)菇体呈瘤状

(1)产生原因

菇体呈瘤状,其是受环境及土壤内霉菌侵染而形成的瘤状菇体。

(2)防治措施

搞好环境卫生并进行消毒灭菌,对土壤也要进行消毒灭菌。

思考练习题)))

1. 鸡腿菇主要有哪些形态特征?

2. 鸡腿菇有哪些特殊生活条件?

3. 覆土的时机是什么?

4. 间歇期是怎样管理的?

5. 子实体瘦小,菌柄硬,菌盖表面鳞片反卷是什么原因导致的?

6. 若使发好菌丝的培养料推迟出菇,应采取哪些措施?

7. 鸡腿菇常见栽培问题有哪些? 怎样防治?

任务 3.7　灵芝栽培技术

工作任务单

项目 3　栽培技术	姓名:	第　　组
任务 3.7　灵芝栽培技术	班级:	

工作任务描述:

　　了解灵芝的生产概况,熟悉灵芝菌丝体及子实体的特征,理解灵芝对温度、光照、湿度、空气、pH 值的需求特性,掌握培养料配制及袋料和段木栽培特点,发菌期、育菇期的管理技术,掌握灵芝生产期的常见问题。

任务资讯:

　　1.灵芝形态学特性。

　　2.灵芝生活条件。

　　3.灵芝栽培季节确定。

　　4.灵芝袋料栽培技术。

　　5.灵芝段木栽培技术。

　　6.灵芝栽培过程中的常见问题。

具体任务内容:

　　1.根据任务资讯获取学习资料,并获得相关知识。

　　2.灵芝生产概况。

　　3.灵芝形态特征。

　　4.灵芝对营养及环境条件的需求特性。

　　5.灵芝培养料的制备。

　　6.灵芝袋式和段木栽培技术。

　　7.灵芝常见栽培问题。

　　8.根据学习资料制订工作计划,完成工作任务。

考核方式及手段:

　　1.考核方式:

教师对小组的评价、教师对个人的评价、学生自评相结合,将过程考核与结果考核相结合。

　　2.考核手段:

笔试、口试、技能鉴定等方式。

任务相关知识点

3.7.1 概述

灵芝又名灵芝草、木灵芝、红芝、赤芝、万年蕈和灵芝仙草等。属担子菌亚门、层菌纲、多孔菌科、灵芝属(*Ganderma*)。

野生灵芝多产于我国四川、云南、贵州、湖南、湖北、河南、河北等省共41种。比较常见而著名的除红灵芝外,还有紫灵芝、松杉灵芝、黑灵、紫光灵芝等。

自古以来,我国就把灵芝视为"长生不老""起死回生"的灵丹妙药,流传着许多美丽而动人的故事。灵芝是一种名贵的中药,明朝李时珍在《本草纲目》中记载灵芝有"益心气""入心生血""助心充脉""安神""益肺气""补肝气""利关节"等功效。东汉的《神农本草经》也记载着灵芝气味"苦干无毒"、主治"胸中结、益心气……"我国历代医药学家都认为灵芝具有滋补强壮、扶正固本的作用。近代医药临床上,灵芝在治疗慢性支气管炎、消化不良、神经衰弱、冠心病、肝炎、高脂血症、高血压、白细胞减少症等疾病中均有效果。灵芝菌丝体和孢子粉制成的注射液,用于弥漫性或局限性硬皮病、红斑狼疮、斑秃、银屑病等疑难病症,都获得了一定疗效。药理实验证明,灵芝具有免疫调节作用、抗过敏作用、抗肿瘤作用、抗衰老作用、提高肌体耐缺氧作用、降血糖和降血压作用。现代科学家对灵芝药用价值的研究发现,灵芝子实体最珍贵的成分之一是有机锗,为人参的4~6倍,即800~1 000 mg/kg。锗能使血液循环畅通,增强红细胞运送氧气的能力,促进新陈代谢,延缓衰老,并能与体内污染物、重金属相结合而成为锗的有机物排出体外。二是灵芝含有高分子多糖。它能强化人的免疫能力,提高人体对疾病的抵抗能力,在防癌治病中发挥良好的作用。其他有益成分如甘露醇、麦角甾醇、三萜等。

灵芝虽然不是长生不老的药,但确实能治疗多种疾病,是滋补强身,抑制身体异常,以恢复正常功能的食用药或健康食品。目前灵芝又被制成灵芝保健品,灵芝保健食品以及灵芝猴头膏、灵芝片、灵芝酒、灵芝精等药物,在国内外均有供应。在国外还有"锗泉源""广效""特效"等灵芝产品。

3.7.2 生物学特性

1)形态特征

(1)菌丝体

灵芝的菌丝体呈白色绒毛状,纤细,整齐,有分枝,多弯曲,直径1.5~6 μm,壁厚无隔膜,匍匐生长,生长速度快;菌落表面逐渐形成具有韧性的菌膜,分泌色素;在显微镜下可见其表面分泌一层白色结晶物,为草酸钙结晶,有锁状联合。

(2)子实体

菌盖木质或木栓质,有柄。菌盖形状为肾形、半圆形或近圆形伞状体,菌盖大小为

12 cm×20 cm,厚度可达 2 cm,菌盖表面颜色有红、紫、黑色等,表面有时向外变淡,盖缘为淡黄褐色,有同心环带和环沟,并有纵皱纹,表面有油漆状光泽;菌肉为白色,近菌管部分常呈淡褐色或近褐色,木栓质,厚约 1 cm。菌管淡白色、淡褐色、褐色。菌管长约 1 cm;管口面初期呈白色,渐变为淡褐色、灰褐色至褐色,有时也呈淡黄色或淡黄褐色,每 mm 间有 4 ~ 5 个菌管。菌柄侧生或偏生,少有中生,菌柄为近圆柱形或扁圆柱形,粗 2 ~ 4 cm,长 10 ~ 16 cm,表面与盖面同色,或呈紫红色至紫褐色,有油漆状光泽。孢子粉褐色或灰褐色;孢子呈淡褐色至黄褐色,内有油滴,(5 ~ 11)μm×(7 ~ 9)μm,卵形,顶端常平截,双层壁、内胞壁淡褐色至黄褐色,有突起的小刺,外孢壁平滑,无色。

2)生活条件

（1）营养

灵芝属于木腐菌,也属于兼性寄生菌,需要碳、氮、矿物元素、生长因子(维生素 B_1)等营养,其中以碳水化合物和含氮化合物为基础,碳氮比为 22∶1。在生产中常用阔叶树及木屑、树叶、甘蔗渣、稻草粉及其他农作物茎秆,加适量的麦麸来给灵芝提供所需营养。

（2）温度

灵芝为高温型的恒温结实性的食用菌类。温度适应范围较广,菌丝体最适温度为 26 ~ 28 ℃;子实体分化最适温度为 22 ~ 28 ℃;子实体生长最适温度为 25 ~ 28 ℃。若温度低于 18 ℃,原基就会变黄僵化,不能正常分化。若长期处于 30 ℃培养,虽然子实体生长较快,发育周期短,但质地不紧密,皮壳的光泽也较差;超过 33 ℃子实体会死亡。

（3）水分和湿度

灵芝是喜湿性菌,在生长时需要较高的湿度,在菌丝生长期,培养料含水量为 60% ~ 65%;空气相对湿度为 70% 左右;子实体生长阶段,培养料的湿度保持为 60% ~ 65%,空气相对湿度为 85% ~ 95%。

（4）光照

灵芝是喜光性菌,对光照很敏感。菌丝生长期不需要光照,需在黑暗条件下生长,强光明显抑制菌丝生长;子实体分化和生长期需要一定的散射光。光线不足:子实体小,盖薄,且无光泽;光线过暗会造成鹿角状分枝的畸形灵芝。灵芝具有明显的趋光性。其菌盖向透光面或强光面展开。因此,在菌盖生长期间,不能任意调动瓶子(菌袋)位置,否则会造成畸形灵芝。在生产上也可利用这一特点,用光诱导法,使灵芝定向生长,成为千姿百态的观赏盆景。

（5）空气

灵芝是好气性真菌。菌丝体阶段需少量的氧气,但子实体分化和生长发育阶段则需要大量氧气。生长环境通气好,子实体易开片,柄短,盖厚,圆整。氧气不足时,对菌柄生长有明显的促进作用,而对菌盖生长有抑制作用,导致灵芝畸形,如脑状或鹿角状,或甚至不长菌盖。因此,在栽培灵芝时,一定要加强通风换气,但要注意处理好通风与保湿的矛盾。

（6）酸碱度

灵芝喜在弱酸环境中生长,适其生长的 pH 值为 4.5 ~ 6。

3.7.3　主栽品种

人工栽培的品种主要有红芝、紫芝、泰山赤芝、晋灵 1 号、甜芝、GA-3、京大、信州 2 号、韩国圆芝、台芝 1 号、黑芝、日本红芝和慧州 1 号等。

3.7.4　栽培技术

灵芝生产,以前多以野生为主,随着技术的发展,人工栽培已不是难题,推广速度也很快。其栽培方式主要有采集野生产品、代料栽培和段木栽培。段木栽培法特点为生产周期长(从接种到长芝需要 2~3 年),产量较低,但质地坚厚光泽度好,售价较高。代料栽培法则生产效益高。

1) 灵芝代料栽培

灵芝代料栽培法生产效益高,应用广泛。灵芝代料栽培可分为瓶栽、袋栽和室外大床栽培。瓶栽和袋栽,两者生产工序基本相同,不同的只是容器的改变。瓶栽灵芝出菇早,污染少,成功率高,缺点是子实体较小;而袋栽灵芝产量高、品质好、个体大。现以袋栽灵芝为例,讲解其代料栽培技术。

(1)袋栽灵芝生产工艺流程

确定栽培季节→备料→原料配制→装袋→灭菌→接种→发菌→出菇管理→采收。

(2)栽培季节选择

生产季节安排对灵芝的生产产量、质量有着密切的关系。安排恰当,灵芝能良好生长,子实体个体大、质坚、品质好、产量高;反之,子实体发育不良。灵芝袋(瓶)栽可根据当地实际情况来定,人工栽培可以 5—10 月份利用自然温度栽培为宜,如有设施条件,能人工控制温度、湿度、光照等条件,可全年进行灵芝栽培。一般在夏季、秋初均可。

(3)培养料的配制

①配方

配方一:木屑78%,麸皮20%,蔗糖1%,石膏1%。

配方二:木屑78%,甘蔗渣20%,黄豆粉1%,石膏1%。

配方三:木屑36%,棉籽壳36%,麸皮或米糠26%,蔗糖1%,石膏1%。

配方四:木屑78%,玉米粉10%,麸皮10%,蔗糖1%,石膏1%。

根据当地原料实际情况,选择合适的培养配方,在生产上,用得比较好的配方是木屑和棉籽壳的混合配方,孢子粉产量高,生产效果好。

②培养料的处理(以配方三为例)

根据生产时间、数量及培养料配方,准备好所需栽培用料。主要有木屑、甘蔗渣、棉籽壳、麦麸、玉米粉、蔗糖、石膏等,根据需要准备充足的数量。在备料时,要选择阔叶树、不霉变的木屑,最好将原料在太阳下暴晒 2~3 d,并将杂物挑选干净。

将准备好的阔叶树用粉碎机进行粉碎成木屑状,过筛,清除木块等杂物;将棉籽壳在太阳下暴晒 2 ~ 3 d,去除霉变的和杂物,保持干净。

③拌料

将出料好的木屑和棉籽壳按比例先把木屑、棉籽壳和麸皮等拌匀,把蔗糖、石膏溶于水中,再拌入到料中,料、水比例为 1:1.5 左右,料的含水量在 65%。配料时,按照配方比例,可在培养料中适当加大麸皮的用量,子实体释放孢子时对养分的消耗很大。

④装袋

塑料袋应选择采用聚乙烯原料另加 20% 高压料吹制而成的塑料袋。厚度为 0.03 ~ 0.045 mm,宽度为 16 ~ 17 cm,长度为 34 ~ 36 cm。此袋适合于常压灭菌。若用高压灭菌,可选择聚氯乙烯塑料袋。

将塑料袋按规格裁好,先将一头用绳子扎紧,然后将拌好的培养料装入袋中。装袋时,注意防止料内混有尖硬杂物而刺破菌袋。料要装实,上下松紧一致,装好后用手指轻压袋料,也可用装袋机装料。装袋时要将袋口处的黏着物清理干净,否则引起杂菌滋生,造成污染,当料装到离袋口 8 cm 处时,将袋口内空气挤压出后用绳扎紧。

(4)灭菌

灭菌多采用常压蒸汽灭菌灶,常压灭菌锅内温度可达 105 ℃,灭菌时间为 8 ~ 10 h。灭菌时需要注意以下问题:

①装锅时,袋与袋留有 1 cm 左右间距,不要太紧。

②采用常压蒸汽灭菌时,100 ℃ 以上的温度要维持 8 ~ 12 h,停火后再焖一夜。

③若采用高压蒸汽灭菌,要注意排净空气,在 1.5 kg/cm² 压力下,维持 1 ~ 2 h。停火后菌袋冷却到 25 ℃ 左右时即可出锅接种。

(5)接种

①选菌种

选择优良菌种、足够量的菌种、好的菌种。菌种的好坏对子实体形成的迟早和产量高低关系密切。因此,生产上必须选择和制备优良的菌种。

②接种

在无菌条件下进行接种工作。接种前,用 75% 酒精擦拭种瓶外表,把瓶口内老化菌丝部分去除掉。一般每瓶菌种可接 20 袋左右,适当增大接种量,有利于发菌和减少杂菌侵入。接种时,菌种一定要和培养料接触紧实,并及时扎好袋口。

(6)发菌

①培养室消毒

对培养室进行消毒处理,减少杂菌污染。首先将培养室打扫干净,再将培养室通风口关闭,用烟熏剂和杀菌剂喷洒的方式进行消毒处理 8 ~ 10 h 后,把接种后的菌袋,放入培养室或塑料大棚内,并放在培养架上。

②发菌期管理

A. 检查:菌袋在放入培养室的前 7 d 不宜翻动,7 d 后,可以开始检查菌袋污染情况和菌丝生长状况,及时清除污染的菌袋。

B. 培养环境控制:培养温度控制为 24 ~ 30 ℃,以 25 ~ 28 ℃ 为最佳。室内相对湿度维

持在70%左右。菌丝生长阶段不需要光照,因此保持黑暗状态。为防止室温过高而烧死菌丝,要注意通风降温,菌丝生长后期要加强通风。

(7)出菇管理

当培养料中有子实体原基或长满菌丝时剪开袋口,袋口不要太大;或打孔出菇。每袋1~2个菌蕾。此期要创造适合灵芝生长的温度、湿度、光照、通风等良好的环境条件。室内温度控制为25~28 ℃。空气相对湿度维持为90%~95%。通过每天喷水来增加空气湿度,注意不要直接往菇体上喷水,喷水时应该向空中喷雾状水4~5次,始终保持地面的湿润状态。直接往菇体上喷水会造成杂菌污染,菌体霉烂。子实体形成期间需要大量的散射光。灵芝是好氧性的真菌,在栽培过程中,要保持空气新鲜,加强通风,每天早晚开窗1~2 h。在整个出菇期间要注意,温差不要过大,勤喷水、少喷水、轻喷水。

(8)采收

当灵芝子实体边缘生长圈消失,即边缘颜色变成红褐色,菌盖开始木栓质时,就可采收。采收前5 d不要喷水,采收时,用手轻轻向上一提,或用剪刀剪下。

2)灵芝段木栽培

灵芝段木栽培工艺流程为:选择栽培季节→栽培场所设置→树种选择与砍伐→切段、装袋→灭菌→接种→菌丝培养→埋土→出菇管理→采收。

(1)栽培季节的选择

灵芝属于高温结实性菌类。灵芝子实体柄原基分化的最低温度为18 ℃,气温稳定10~12 ℃时为栽培筒制作期。短段木接种后要培养60~75 d,才能达到生理成熟,随后入畦覆土,再经历30~45 d,芝体才会露土。所以短段木栽培制筒时期应再向前倒推90~105 d,则为栽培筒制作期。

(2)栽培场所设置

室外栽培场最好选择宅地附近,选择土质疏松、地势开阔、有水源、交通方便的场所作为栽培场,栽培场需搭盖2~2.2 m高,宽4 m的荫棚,棚内分左右两畦,畦面宽1.5 m。畦边留排水沟。若条件许可用黑色遮阳网覆盖棚顶(遮光率为65%),使棚内能形成较强的散射光,使用年限长达3年以上。

(3)树种选择与砍伐

大多数阔叶树都可以做灵芝段木栽培,在栽培灵芝时,用得比较好的树种有壳斗科、金缕梅科、桦木科等树种。一般段木选择树皮较厚、不易脱离,材质较硬,心材少、髓射线发达,导管丰富,树胸径以8~13 cm为宜,一般在树木储存营养较丰富的冬季(落叶初期)砍伐。

(4)切断、装袋

树木砍伐后运输到灭菌接种地附近,用锯子将树木切断,用于横埋栽培方式的段木长度为30 cm、竖埋的段木长度为15 cm,断面要平。新砍伐的树木含水量较高,应先进行晾晒2~3 d,使段木的含水量为35%~42%为宜。先将短段木用铁丝捆扎成捆,每捆直径由塑料袋大小决定,一般生产上用的塑料袋为(15~24) cm×55 cm×30 cm。注意捆扎时,断面要平,并用小段木或劈开的段木打紧。每袋装入捆扎好的段木,扎紧袋口,进行灭菌。

（5）灭菌

灭菌可采用常压蒸汽灭菌和高压蒸汽灭菌,进行常规常压灭菌是在 97 ~ 103 ℃的温度下,灭菌 10 ~ 12 h,采用高压蒸汽灭菌是在 1.5 kg/cm² 压力下,维持 1 ~ 2 h。停火后菌袋冷却到 25 ℃左右时即可出锅接种。

（6）接种

①选菌种

菌种的好坏对子实体形成的迟早和产量高低有密切关系。因此,生产上应选择适销对路、质量好、产量高的品种为生产菌株。接种前对各级菌种需经严格的检查,确保无杂菌感染。采用木屑棉籽壳菌种较好。培养基表面会出现"疙瘩状的突起",浅黄色,是灵芝特有的性状。

②接种

在无菌条件下进行接种工作。将灭菌冷却后的段木塑料袋及预先选择、消过毒的菌种袋和接种工具一起搬入接种室,用气雾消毒盒熏蒸消毒,消毒 30 min 后进行操作。先将塑料袋表层的菌种皮弃之,采用双头接种法。两人配合,一人将塑料扎口绳解开,另一人在酒精火焰口附近,将捣成花生仁大小的菌种撒入,并立即封口,扎紧。接种过程应尽可能缩短开袋时间。适当增大接种量,有利于发菌和减少杂菌侵入。并使菌丝沿着短段木的木射线,迅速蔓延。

（7）培养

将接种后的短段木菌袋搬入通风干燥的培养室内,分层放在架子上,菌袋依"品"字形摆放。冬天气温较低,应人工加温至 22 ~ 25 ℃,培养 15 ~ 20 d 后,稍解松线绳,并注意通风、降湿、防霉菌。除此之外,还要定期进行检查,发现污染的,要及时清除干净。灵芝菌丝在段木上定植后,会逐渐形成红褐色菌被。短段木培养 45 ~ 55 d 满段,满段后还经过 15 ~ 20 d 才进入生理成熟阶段。

（8）埋土

在设置好的栽培场所中,将生理成熟的短段木横卧埋入畦面,段木横向间距为 3 ~ 5 cm。最后全面覆土,厚度为 2 ~ 3 cm。埋土的土壤湿度 20% ~ 22%,空气相对湿度 90%。埋土完毕后,应再喷水 1 ~ 2 次。

（9）出芝管理

子实体发育温度为 22 ~ 35 ℃,因此埋土后,保持气温在 25 ℃以上,通常 10 d 左右即可出现子实体。在出芝期间,要重点注意水分、通气、光照、温度等的管理。

①湿度管理:根据土质、气温、荫棚保湿程度、子实体生长势等情况,判断喷水量。在幼芝陆续破土露面时,菌盖出现前,保持棚内相对湿度为 80% ~ 90%,此期的水分管理以干湿交替。若土质松、子实体发生多时要多喷水,气温低、阴雨天、土质较黏时,少喷水或不喷水。在出芝期间,要注意观察将要展开芝盖外缘白边（生长圈）的色泽变化,防止因空气湿度过低（<75%）造成灵芝菌盖端缘变成灰色。若棚内有小棚,在夜间要关闭畦上小棚两端薄膜以便增湿。在子实体近成熟阶段湿度略降低,始终保持空气清新。

②通气:灵芝是好气性真菌,通风是保证灵芝菌盖正常展开的关键。气温正常情况下,

应打开通风口,全天通风。若芝体过密可进行疏芝,移植,使幼芝得到氧气供应。白天打开通气口进行通风换气,以防畦面二氧化碳过高(超过0.1%)而产生"鹿角芝"(不分化菌盖,只长柄)。

③光照:子实体形成期需要一定的光照,要避免阳光直射。

(10)采收与干制

当菌盖不再增大、白边消失、盖缘有多层增厚、柄盖色泽一致、孢子飞散时采收。采收后的子实体剪弃带泥沙的菌柄,在40～60 ℃下烘烤至含水量达12%以下,用塑料袋密封贮藏。

3.7.5　灵芝栽培中常见问题

1)灵芝畸形

(1)产生原因

①鹿角状畸形。在菌柄上长出许多呈鹿角状的分枝,不能形成正常子实体。是因为出芝棚(室)内通风不良,二氧化碳浓度过大造成的,可通过加强通风换气解决。

②菌柄细长而弯曲。光线不足造成菌柄细长,并向有光一侧生长因而弯曲。所以要增加光线并保持各处光线均匀,在光线不足之处应加设灯光。

③子实体呈不规则脑状畸形。原因是温度、湿度变化大;通气和光线均不足。应按灵芝的要求进行出芝管理。

④畸形芝伴杂菌污染。由于灵芝生长条件不适宜,子实体发育成脑状,而长成脑状的子实体易染杂菌。另外,子实体发育停滞或病态,杂菌也易乘虚而入;温度过高和湿度过小,子实体幼嫩部分菌丝死亡,杂菌也容易侵入。

(2)防治措施

加强通风换气工作,调节好温度、湿度及光照问题。

2)灵芝褐腐病

子实体染病后生长停止,菌柄与菌盖发生褐变,不久就会腐烂,散发出恶臭味。

(1)产生原因

该病由繁殖在子实体组织间隙的荧光假单孢菌和细胞内部的未知杆状细菌引起。

(2)防治措施

①抓好产芝期芝房与芝床的通风和保湿管理,避免高温高湿。

②严禁向畦床、子实体喷洒不清洁的水。

③芝体采收后菌床表面及出芝房要及时清理干净。

④发生病害的芝体要及时摘除,减少病害的危害。

3)储藏期间霉菌污染

(1)产生原因

在储藏过程中,灵芝子实体可能受绿霉、曲霉、木霉等各种霉菌的感染,主要是因为芝体没晒干、水分过多、存放环境缺氧、存放温度太高等因素引起。

（2）防治措施

①芝体采收后，尽量晒干或烘干，减小芝体表面湿度。

②包装用的塑料袋要薄，透气性要好，避免子实体缺氧，影响呼吸代谢，造成芝体抵抗力降低。

③降低存放环境的温度。存放温度太高，病原物繁殖速度加快，芝体易受害腐烂。

④尽快进行销售。

思考练习题)))

1.灵芝主要有哪些形态特征？

2.灵芝的生长发育需要哪些环境条件？

3.代料栽培灵芝的生产工艺流程如何？

4.灵芝段木栽培技术要点有哪些？

5.灵芝段木栽培时出现污染怎么办？

6.查阅资料，简述灵芝的采收方法及干制技术。

任务3.8 黑木耳栽培技术

工作任务单

项目3 栽培技术	姓名：	第 组
任务3.8 黑木耳栽培技术	班级：	

工作任务描述：

　　了解黑木耳的生产概况，熟悉黑木耳菌丝体及子实体的特征，理解黑木耳对温度、光照、湿度、空气、pH值的需求特性，掌握黑木耳发菌期、催耳期、出耳期的管理技术，掌握黑木耳生产期的常见问题。

任务资讯：

　　1.黑木耳形态学特性。

　　2.黑木耳生活条件。

　　3.黑木耳栽培季节确定。

　　4.黑木耳袋料栽培技术。

　　5.黑木耳栽培过程中的常见问题。

具体任务内容：

    1. 根据任务资讯获取学习资料,并获得相关知识。

    2. 黑木耳生产概况。

    3. 黑木耳形态特征。

    4. 黑木耳对营养及环境条件的需求特性。

    5. 黑木耳培养料的制备。

    6. 黑木耳发菌期、催耳期、出耳期的管理技术。

    7. 黑木耳常见栽培问题。

    8. 根据学习资料制订工作计划,完成工作任务。

考核方式及手段：

    1. 考核方式：

教师对小组的评价、教师对个人的评价、学生自评相结合,将过程考核与结果考核相结合。

    2. 考核手段：

笔试、口试、技能鉴定等方式。

任务相关知识点

3.8.1 概述

    黑木耳俗称木耳、光木耳、黑菜、云耳、细木耳等,在分类上隶属于真菌门、层菌纲、木耳目、木耳科、木耳属。

    黑木耳广泛分布在温带和亚热带,在我国分布很广,主要产区有湖北、四川、贵州、河南、吉林、黑龙江、陕西、广西、云南等地。

    黑木耳质地细嫩、滑脆爽口、味美清新,深受消费者喜爱,被称之为"素中之荤、菜中之肉",历来是餐桌上的佳肴。黑木耳营养丰富,是胶质菌类食品,据研究分析,每 100 g 干品中含蛋白质 10.62 g,含有 18 种氨基酸,其中含有人体必需的 8 种氨基酸,并含有多种维生素、核酸,碳水化合物 65.5 g,脂肪 0.2 g,粗纤维 7 g,灰分 5.8 g,钙 357 mg,磷 201 mg,铁 185 mg,胡萝卜素 0.03 mg 等,其中维生素 B_2 和灰分的含量高于米、面和大白菜的 10 倍,高于肉类 3~5 倍,钙的含量高于肉类 30~70 倍,铁的含量是肉类的 100 倍。

    黑木耳不仅营养价值高,药用价值也很高。自古有"益气不饥、润肺补脑、轻身强志、和血养颜"等功效,并能防治痔疮、痢疾、高血压、血管硬化、贫血、冠心病、产后虚弱等病症;还有清肺和洗涤胃肠的作用。科学研究发现,黑木耳中的多糖类对癌细胞有明显的抑制作用,并有降血脂和增强人体生理活性的医疗保健功能。

    我国黑木耳栽培的历史比较悠久,具有关历史资料记载,已有上千年的历史。黑木耳的生产经历了野生—原木砍花—段木接种—代料栽培 4 个阶段。我国栽培黑木耳古老的方法都是进行自然接种法生产,即砍伐树木,再将砍伐的树木堆放在潮湿的树林中,让木耳的孢子自然散落进行接种,让其自然生耳。20世纪70年代以后,由于科学技术的不断进步,黑木耳栽培进入代料栽培时代,黑木耳种植量迅速扩大。我国黑木耳不但产量高,而且片大、肉厚、色黑、品质好,因此产品远销日本、东南亚和欧美一些国家。

3.8.2　生物学特性

1) 形态特征

(1) 菌丝体

黑木耳的菌丝体由许多具有横隔和分枝的绒毛状菌丝所组成,单核菌丝只能在显微镜下观察到,菌丝是黑木耳分解和摄取养分的营养器官,生长在木棒、代料或斜面培养基上,如生长在木棒上则木材变得疏松呈白色;生长在斜面上,菌丝呈灰白色绒毛状贴生于表面;若用培养皿进行平板培养,则菌丝体以接种块为中心向四周生长,形成圆形菌落,菌落边缘整齐,菌丝体在强光下生长,分泌褐色素使培养基呈褐色,在菌丝的表面出现了黄色或浅褐色。另外,培养时间过长菌丝体逐渐衰老也会出现与强光下培养的相同特征。

(2) 子实体

子实体即食用部分,是由许多菌丝交织起来的胶质体。初生时呈颗粒状,幼小时子实体呈杯状,在生长过程中逐渐延展成扁平、圆形,成熟后边缘上卷中凹,即耳片。颜色为红褐色或棕褐色,干后颜色变深褐色或黑褐色,呈胶质片状,浅圆盘形、耳形或不规则形,大小0.6~1.2 cm,厚度为1~2 mm。耳片有背腹之分,腹面也称孕面,黑木耳的耳片朝上的一面,表面平滑,成熟时表面密集排列着整齐的担子。背面是黑木耳的耳片朝下的一面,表面粗糙,不能产生孢子。背面有毛,腹面光滑有子实层,在适宜的环境下会产生担孢子,子实体新鲜时有弹性,干时脆而硬,颜色变深。孢子无色。

2) 生活条件

(1) 营养

黑木耳是一种异养型真菌,其营养来源完全依靠菌丝从基质中吸取。菌丝体在生长过程中能不断地分泌各种酶。通过酶的作用把培养料中的复杂物质分解为黑木耳菌丝容易吸收的物质。黑木耳是一种腐生真菌,它的营养来源是依靠有机物质,即从死亡树木的韧皮部、木质部中分解和吸收,各种现成的碳水化合物,含氮物质和无机盐,从而得到生长发育所需的能量。黑木耳吸收的养分主要是碳水化合物和含氮化合物质。碳源来自于有机物,如葡萄糖、蔗糖、淀粉、纤维素、半纤维素、木质素等。氮源有蛋白质、氨基酸、尿素、氨、铵盐和硝酸盐等;黑木耳生长需要的矿质元素有磷、镁、硫、钙、钾、锌等;此外,黑木耳生长还需要铜、铁、锰等微量元素。黑木耳生长发育还需要一定数量的维生素,添加极微量的生长素和吡哆醇等能促进菌丝的生长。

(2) 温度

温度是影响黑木耳生长速度、子实体产量和质量的主要因素。黑木耳属于中温型真菌,对温度反应敏感,耐寒怕热。孢子萌发温度为22~23 ℃,在4 ℃以下和30 ℃以上不产生孢子。黑木耳菌丝生长对温度适应性很强,在5~35 ℃均可生长繁殖,最适温度为20~

28 ℃。在 -40 ℃的低温时菌丝仍能保持生命力。但难以忍受 36 ℃以上的高温。子实体发育对温度的要求范围为 15 ~ 32 ℃,最适的温度为 15 ~ 22 ℃。子实体的形成温度与地区有关,一般南方的品种比北方的要高 5 ℃左右。在黑木耳的生长温度范围内,昼夜温差大,菌丝生长健壮,子实体大,耳片厚,温度偏高时,菌丝虽然生长快,但生长力弱,子实体颜色较淡,质量较差。

（3）水分和湿度

黑木耳对空气相对湿度和基质中水分的含量有一定的要求。人工配制培养基水分含量以 60% ~ 65% 为宜,黑木耳的菌丝体在生长中要求木材的含水量约 40%。在菌丝生长阶段,培养室空气相对湿度应控制为 50% ~ 70%。在子实体形成期对空气的相对湿度比较敏感,要求达 90% 以上,如果低于 70%,子实体不易形成。子实体生长时需要吸收大量水分,需每天喷几次水。菌丝耐旱力很强,在段木栽培时,如百日不下雨,菌丝也不会死亡。在黑木耳人工栽培中,子实体生长阶段采用干湿交替,有利于黑木耳优质高产栽培。

（4）光照

黑木耳菌丝生长需要完全黑暗或微弱光线环境。子实体的形成和发育需要光照,在完全黑暗的条件下不能形成子实体。菌丝生长阶段如果光照太强,会造成子实体原基的提前形成,影响菌丝继续生长。菌丝长满袋后,在出耳前则应加强光照,以诱导子实体原基形成和分化。若光线不足,子实体发育不正常。子实体发育阶段,光照强度在 400 lx 以上。

（5）空气

黑木耳是好气性腐生菌,在代谢过程中吸收 O_2 而排出 CO_2。因此,在生长发育过程中,要求栽培场所空气流通清新,并不断排除过多的 CO_2 和其他有害气体。若通气不良,菌丝体代谢气体积累,CO_2 提高,会导致子实体畸形,呈珊瑚状,或不开耳。在黑木耳栽培中,注意通风换气。另外,空气流通清新还可以避免烂耳,减少病虫滋生。

（6）酸碱度

黑木耳喜偏酸环境。菌丝生长的 pH 最适范围为 5 ~ 6.5。pH 小于 3 或 pH 大于 8 时,不适合菌丝生长。可通过培养基添加 1% 的硫酸钙或碳酸钙以自动调节 pH 至微酸性。

3.8.3　主栽品种

我国各地栽培用的黑木耳菌种较多,新科 5、A97-2、A08、Au233、黑丰 5 号、916-1 这几个品种比较好。A97-2、A08、Au233、黑丰 5 号出耳早,属于早熟品种,产量较高,品质以 A08 最好,可以作为秋季接种较迟的品种;新科 5、916-1 出耳较迟,属于晚熟品种,产量高,抗烂棒能力强,是当前栽培的主流品种。

3.8.4　栽培技术

我国黑木耳栽培方法有两种,一种是段木栽培,另一种是代料栽培。由于加强林业建设、保护生态环境,所以目前木耳以代料栽培为主。代料栽培又有塑料袋栽和瓶栽两种方式。塑料袋栽培在生产上广泛应用,下面介绍其栽培技术。

1)栽培工艺流程

栽培期选择→培养料配制→装袋→灭菌→接菌→养菌→催耳→出耳管理→采收加工。

2)栽培季节选择

科学安排生产季节,是获得黑木耳高产优质的一个关键技术。黑木耳的栽培季节,应根据菌丝生长和子实体生长发育所需的最适环境条件进行合理安排。黑木耳生长的季节性较强,一年可以安排在春季和秋季进行两茬生产。黑木耳属于中温型菌类,春秋温度差异较大,因此在安排栽培季节时要特别注意黑木耳对温度的要求。代料栽培黑木耳,要先培养菌袋,需要40~60 d,转入出耳生长期需要50~60 d。安排栽培季节时,要考虑到菌袋培养时间内是否是黑木耳生长的最适温度,不能超出允许的温度范围。一定要避开伏天,避过高温期,防止高温和高湿造成杂菌污染。各地进行黑木耳栽培要把握住一点,即黑木耳子实体生长温度在15~25 ℃的月份,往前倒退40~60 d的时间进行菌袋接种,如果自己制种,可倒退70~80 d是菌种制作期。

3)培养料配制

(1)配方

配方一:木屑85%,麦麸或细稻糠10%,豆粉2%,石膏0.5%~1%,石灰0.5%~1%。

配方二:木屑45%,玉米芯40%,麦麸或细稻糠10%,玉米粉2%,豆粉1%,石膏1%,石灰0.5%~1%,蔗糖0.5%~1%。

配方三:木屑30%,棉籽壳30%,玉米芯30%,麦麸或细稻糠8%,蔗糖1%,石膏1%。

配方四:稻草70%,木屑20%,麦麸或细稻糠8%,石膏1%,石灰0.5%~1%。

配方五:豆秆粉90%,麦麸或细稻糠8%,石膏1%,石灰0.5%~1%。

配方六:木屑25%,甘蔗渣45%,棉籽壳18%,麦麸8%,石膏3%,过磷酸钙1%。

配方七:木屑58%,棉籽壳30%,麦麸10%,石膏1%,蔗糖0.5%,复合肥料0.5%。

(2)培养料配制(以配方三为例)

在我国北方地区适合于栽培黑木耳的材料很多,主要有棉子壳、木屑、玉米芯、豆秸粉及稻草粉等。根据选择的培养料配方,准备适量的原材料。木屑以阔叶树的木屑,自然堆积6个月以上的针叶树种的木屑也可以,但不能使用桉、樟、槐等含有害物质的树种。棉籽壳、稻草、玉米芯等农作物下脚料要求新鲜、干燥、无虫、无霉、无异味。

先将准备好的阔叶树、玉米芯用粉碎机进行粉碎成木屑状,过筛,清除木块等杂物;将棉籽壳、麦麸等在太阳下暴晒2~3 d,去除霉变的和杂物,保持干净。

将处理好的木屑、棉籽壳、玉米芯、麦麸等按比例拌匀,把蔗糖、石膏溶于水中,再拌入到料中,料、水比例大约为1:1.3,料的含水量为60%~63%。调节pH值为5~6,生产上,为防止培养料内pH的降低,用适量石灰粉或石膏粉进行调节。

4)装袋

生产上常用的塑料袋规格为(15~17)cm×(33~35)cm×0.045 cm的聚乙烯塑料袋或聚丙烯塑料袋,要求塑料袋厚薄均匀,无折痕、无漏洞、耐高温、耐拉力。

装袋流程是装料→打孔→清理袋口黏着物→封口(套颈圈加棉塞法或用橡皮筋扎口)。将配好的培养料装入选好的塑料袋中,要注意装袋时上下培养料松紧一致,装料不宜过满,装好的塑料袋中间打孔,松紧适度,清理袋口黏着物,防止杂菌污染。袋口用无棉盖体或橡皮筋封口。袋口要扎牢,不漏气,防止灭菌时出现受热胀袋的问题。在搬运过程中要轻拿轻放,防止料袋破裂。每天配好的料,当天要用完,并当日就地灭菌完,否则易发生料发酸的问题。

5)灭菌

灭菌可采用常压蒸汽灭菌和高压蒸汽灭菌。常压蒸汽灭菌的方法为先装锅,在锅里加水至8分满,把筐排放整齐,开始生火,排尽冷气后盖上排气孔,旺火快烧,迅速升温,袋内温度达到100 ℃开始计时,维持足火足气5~6 h,然后焖锅1~2 h,趁锅内温度在90 ℃左右,撤掉余火,慢慢打开锅门出锅。

高压蒸汽灭菌为1.5 kg/cm² 压力以下,维持1~2 h。

无论是高压蒸汽灭菌还是常压蒸汽灭菌一定要注意,加入足够的水,防止干锅;当天拌的料当天装袋,及时灭菌;灭菌时间不要延长,以免营养流失;灭菌后,将菌包放于空气清洁的室内,防止倒吸污染。

6)接种

春季栽培在料温降至30 ℃时,"抢温"接种;秋季栽培时,料温降至28 ℃,选择凉爽的清晨或夜晚接种。代料栽培黑木耳的接种工作应遵循无菌操作原则,应注意以下问题。

①无菌室或无菌箱熏蒸。

②接种工具和手表面消毒。

③灼烧消毒等。接种量为每袋10 g,一瓶500 mL 菌种可接种25~30袋。

7)管理

(1)养菌

①培养室设置:可利用空闲房屋或大棚、温室等,培养室要求保温、保湿、通风性能良好,周围环境洁净,无污染、空气清新。放菌袋前,要做好消毒工作。

②培养菌丝:菌袋培育期需50 d。黑木耳在培养菌丝期间,要求暗光和近似恒温。因此,接种后,应将菌袋移入培养室内,要注意菌袋摆放,长袋采用卧倒排放,或井字形交叉重叠排放;短袋采用立式排放。培养过程中,注意调节适宜的温度。菌丝萌发期保持温度为25~28 ℃,温度不宜超过30 ℃,应注意以下问题:

A. 接种后1~5 d,室温控制为28 ℃为宜(促进菌丝吃料,定殖,造成生长优势,形成表面菌层,减少杂菌入侵)。

B. 菌丝占领料面后,室温控制为25~26 ℃(促进菌丝健壮)。健壮期室内温度控制为23~24 ℃为宜,菌丝进入生理成熟期,温度应控制为18~20 ℃为宜。注意春季栽培时要进行人工增温;秋季栽培时注意通风降温,防止"烧菌"。菌丝生长阶段要求室内干燥,空气相对湿度控制为55%~65%,不能超过75%,湿度过大时要通风除湿。黑木耳是好氧性菌类,在整个菌丝生长过程中,都要保持空气新鲜,以保证足够的氧气维持正常的代谢,因此,每天通风换气 1~2 次,促进菌丝生长。气温高时,选择早、晚通风;气温低时,选择中午通风。空间定期消毒:每隔 7~10 d,进行空间消毒,喷洒 0.2% 多菌灵或 0.1% 甲醛溶液(降低杂菌密度);翻堆检查,处理杂菌,发菌期间要翻堆 3~4 次,第一次翻堆,接种 5~7 d 后;以后每 10 d 翻堆一次。

(2)催耳

菌丝生长阶段要保持室内黑暗环境,当菌丝长到袋的 85%~90% 时,就可开始诱引耳芽形成。

①划口开穴:当部分菌袋已有少量耳基出现时,进行划口开穴。具体方法为菌袋表面消毒(5% 石灰水、300~500 倍的克霉灵溶液或 0.2% 高锰酸钾),待药干后,用消毒刀片开"V"形耳穴,呈梅花状排列。

②诱导耳基:温度控制为 20~24 ℃;湿度为 80%~85%;增加光照;适当通风,诱导耳基形成。

(3)出耳管理

经过耳基的诱发管理后,就转入到了出耳期的管理。出耳期管理的好坏直接影响着黑木耳的产量和品质。因此,在出耳期要做好以下几个阶段的管理。

①幼耳期:保持空气相对湿度为 85%~90%,每天喷水 1 次,注意要清喷、微喷,形成雾状即可。湿度不宜过大,如湿度过大会造成黑木耳展耳较快,朵形不好,而且容易引起霉菌侵袭。

②成耳期:此期保持空气相对湿度为 90%~95%。如果湿度不够,会使正在发育成耳的耳芽僵化,影响耳片分化。根据各地菇农经验,喷水把握"五多五少":即耳芽多的多喷,耳芽少的少喷;耳萎枯多喷,耳湿少喷;晴天多喷,阴雨天少喷;气温高多喷,气温低少喷。结合喷水进行通风换气,避免高温、高湿出现烂耳的问题。气温高时,选择早、晚通风;气温低时,选择中午通风。当耳片伸展到 1 cm 时,撤去草帘,进行全光栽培,浇水与晒菌袋相结合,少喷勤喷,浇水 3 d,停水 2 d,干干湿湿,干湿交替。成耳期温度控制为 20~24 ℃。适时消毒杀虫:春季气温较高时,每隔 7~10 d,全面喷洒消毒液和杀虫药液。子实体进入成熟期,耳根收缩,耳片全展,起皱,光面粉白,此时就要停止喷水,转入采收。

8)采收

当耳片充分展开,耳片开始收缩,子实体腹凹面略见白色孢子粉时,应立即采收。采收前 1~2 d 应停止喷水。采收方法:用手指捏住耳蒂,旋转摘下。

9)后期管理

采收后,全面喷洒消毒液和杀虫药液一次;清理菌袋;菌丝恢复生长。

3.8.5 黑木耳栽培常见问题

1)菌丝生长缓慢、细弱、吐黄水

黑木耳菌丝发菌缓慢、纤弱,不能迅速占领培养料,最后会烂棒,导致栽培失败。

（1）产生原因

菌种生活力差,接种后吃料慢,生长纤弱;培养温度过低,造成菌丝萌发慢或不萌发;养菌期间受高温影响,当菌丝生长到全袋的 1/3 以上时,菌丝新陈代谢旺盛,袋内产生过多热量,袋温超过 30 ℃,菌丝内细胞质受高温影响,细胞壁涨破,细胞中营养液流出,吐黄水,菌袋颜色淡黄、灰暗,再持续高温,菌丝萎缩死亡,就是常说的"烧菌"。

（2）防治措施

应更换生命力强的优良菌种;适温养菌,将温度控制为 22～25 ℃,低于 22 ℃应加温养菌,但要严格控制养菌前期温度不超过 30 ℃,后期不超过 25 ℃,可通过打开门窗、疏袋等方式通风、降温、散热。

2）菌丝未发满,停止生长

（1）产生原因

一是由于栽培袋灭菌不彻底引起的细菌污染。如果是细菌污染,在菌丝前端会有明显的拮抗线,或打开袋口闻一闻,是否有酸臭等异味。另一原因就是使用的木屑栽培料中细锯末太多,含水量大,培养一段时间后,水沉积到菌袋的中、下部,由于含水量太大而影响透气性,所以菌丝不往下长。

（2）防治措施

栽培袋灭菌一定要彻底;培养料要粗细搭配,配料水分要适宜。

3）朵形难看,个体大

（1）产生原因

打孔措施不当引起。

（2）防治措施

改稀孔式开孔为密集式开孔,改大孔为小孔。采用 17 cm×33 cm 的塑料袋,制成重 1.1～1.2 kg 的菌袋,按行距 3 cm、孔距 2 cm 的距离,开孔径为 0.4～0.6 cm 的小孔 100～120 个。由于小孔木耳耳片小,成熟早,可提前 3～5 d 采收,晾晒易干,加工容易,而且长出的木耳 90% 是小耳、单片,所以非常受市场的欢迎,并且售价比传统大朵黑木耳要高。

4）发菌期间,霉菌污染严重

（1）产生原因

第一是忽视菌种质量,所用菌种隐性带杂菌;第二是配方不合理,过多添加含氮物质或一些化学元素;第三是错误选用新鲜木屑,而新鲜木屑含有能抑制黑木耳菌丝萌发的单宁酸成分;第四是操作失误,袋子破裂或扎口不牢,造成菌袋破漏,因霉菌的孢子仅 3～5 μm,很容易进入菌袋造成污染;第五是培养料灭菌不彻底,接种后头几天菌丝正常,十几天后菌丝生长缓慢,最后停止生长,开袋后有酸臭味。这些都是因灭菌不彻底而造成的,再者就是接种消毒不严格、操作不规范;养菌环境不洁净;料袋过紧过松;含水量过多过少;高温、高湿等均可以使霉菌繁殖过快,侵染菌袋,这些因素都会引起霉菌的污染。

（2）防治措施

选择生命力强、抗逆性强,菌丝浓白均匀、粗壮的优良菌种;配料时严格按配方碳氮比要求配料,不能随意增加多菌灵等化学物质;选用高密度、质量好的聚乙烯菌袋,装袋要轻,不留空隙,防止塑料袋破损,扎牢袋口不漏气;常压灭菌时当温度加热到100 ℃后维持16 ~ 20 h以上,自然冷却后再出锅;规范接种,做好接种仪器和双手的消毒工作,杜绝接种室周围污染源;养菌室要干净、干燥。科学管理,创造适宜的生长环境,都可以减少霉菌的危害。

5)出耳期间,霉菌污染

(1)产生原因

一是刚形成的原基,在高温、高湿、通风不良的条件下,很容易受到霉菌侵染;二是湿度过大,耳基吸水过多会引起细胞破裂,霉菌孢子借机繁殖;此外就是污染菌袋乱放,出耳场地不干净等,都可以引起子实体感染霉菌。

(2)防治措施

合理安排生产季节,避免越夏时基质失水、菌丝老化变软,出现死耳烂袋现象;避免高层堆积菌袋或上架排放过密造成的高温烧菌;在原基形成期,避免浇水过早,避免浇水流进或渗入划口内;当温度超过20 ℃时,应把塑料膜四周卷起,加强通风换气,特别是气温升高时,最好夜间将草帘和塑料膜去掉,白天再盖上,但应将塑料膜四周卷起,以避免高温、高湿环境,造成霉菌污染割口。耳场内外环境要清洁,彻底清除霉菌污染源。

6)"流耳"

(1)产生原因

出耳期间棚顶、棚周围覆盖物太厚或通风不及时,使棚内缺氧,菌丝生活力下降,子实体生长缓慢或停止生长,造成烂耳;天气炎热时喷水降温,原基或耳片上积水、子实体与空气隔绝,高温、高湿、不通风引起细菌感染也会造成烂耳;采收方法不当,耳芽或耳片未摘净或留有部分耳根芽,滋生杂菌发生流耳;采收不及时,耳体消耗大量营养,遇高温、高湿会发生流耳。

(2)防治措施

出耳棚尽量选在通风且地势较高的地方;做好出耳棚的通风换气工作,减少CO_2和其他有害气体的积聚;喷水后应立即通风,不能喷关门水;出耳期间避免高温、高湿,耳芽出齐后,揭去草帘、塑料膜,早、晚喷水,喷雾状水;白天晴天不喷水,阴天白天可喷水,雨天不喷水;天气炎热采用晚上喷水,早晨少喷水或不喷水,干湿交替,科学管理;另外应防止水分积在子实体上;及时摘除病耳或者是在病耳上撒些石灰;采收时要采用正确的采收方法,及时采收成熟的耳片,特别是在高温多雨季节,八九成熟时一起采收。

7)肉瘤状畸形耳

(1)产生原因

出耳期间耳场内空气不流通,通风差,CO_2浓度过高;光线过暗;空气相对湿度偏高,达到95%以上;另外药物中毒耳片不开片,也可以造成"肉瘤"状畸形。

(2)防治措施

在出耳期间要加强耳场通风管理,降低CO_2的含量;保持空气相对湿度为80% ~ 90%;切忌向划口部位喷水或者是洒水,只能向地面洒水或空间喷雾状水来增湿;另外要加

强耳场光线照射。

思考练习题)))

    1.水分和湿度条件对黑木耳的生长发育有何影响？

    2.如何安排黑木耳的栽培季节？

    3.代料栽培黑木耳的生产工艺流程如何？

    4.进行代料栽培时,如何进行养菌？

    5.如何检查培养料的灭菌效果？

    6.代料栽培黑木耳出耳管理的关键技术要求有哪些？

    7.黑木耳栽培中常见问题有哪些？如何防治？

任务3.9 滑菇栽培技术

工作任务单

项目3 栽培技术	姓名：	第 组
任务3.9 滑菇栽培技术	班级：	

工作任务描述：

    了解滑菇的生产概况,熟悉滑菇菌丝体及子实体的特征,理解滑菇对温度、光照、湿度、空气、pH 值的需求特性,掌握滑菇培养料配制、散料及包盘灭菌技术,掌握发菌期及出菇期的管理技术,掌握滑菇生产期常见问题。

任务资讯：

    1.滑菇形态学特性。

    2.滑菇生活条件。

    3.滑菇栽培季节确定。

    4.滑菇培养料配制。

    5.滑菇散料和包盘灭菌技术。

    6.滑菇发菌期管理。

    7.滑菇出菇期管理。

    8.滑菇栽培过程中常见问题。

具体任务内容：

　1.根据任务资讯获取学习资料,并获得相关知识。

　2.滑菇生产概况。

　3.滑菇形态特征。

　4.滑菇对营养及环境条件的需求特性。

　5.滑菇培养料的制备。

　6.滑菇灭菌技术。

　7.滑菇发菌期及出菇期的管理技术。

　8.滑菇常见栽培问题。

　9.根据学习资料制订工作计划,完成工作任务。

考核方式及手段：

　1.考核方式：

教师对小组的评价、教师对个人的评价、学生自评相结合,将过程考核与结果考核相结合。

　2.考核手段：

笔试、口试、技能鉴定等方式。

任务相关知识点

3.9.1　概述

滑菇又名滑子菇、滑子芸、光帽鳞伞、珍珠菇(或真珠菇),日本叫纳美菇。学名 *Pholiota namekio*。在植物学分类上属真菌门、担子菌亚门、担子菌纲、伞菌目、丝膜菌科、鳞伞属。滑菇属于珍稀品种,因其表面附有一层黏液,在食用时滑润可口而得名。日本在 1921 年开始栽培,1961 年发展用木屑生产,我国从 1978 年开始在辽宁沈阳进行人工栽培,现栽培区已扩展至河北、山西、吉林、黑龙江、北京、浙江、福建、河南、四川、甘肃、青海、新疆等地。滑菇含有粗蛋白、脂肪、碳水化合物、粗纤维、灰分、钙、磷、铁、维生素 B、维生素 C、烟酸和人体所必需的其他各种氨基酸,味道鲜美,营养丰富,是汤料的美好添加品,适合一般人群。而且附着在滑菇菌伞表面的黏性核酸物质,对保持人体的精力和脑力大有益处,并且还有抑制肿瘤的作用。据有关专家试验,其提取物对小白鼠皮下肉瘤 S-180,有强烈的抑制作用,抑制率均为 86.5% ,完全萎缩率为 30% ,对艾氏腹水癌抑制率为 70% 。常食滑菇,不仅可以预防视力减退、夜盲症、皮肤干燥,还可以增强对某些呼吸及消化道传染病的抵抗力。对高血压、椎基底动脉供血不足、植物神经功能紊乱等疾病引起的眩晕病人有较好治疗效果。此外,滑菇还有预防葡萄球菌、大肠杆菌、结核菌感染的作用。

滑菇丰富的营养、显著的药物功效、较高的经济价值受到人们的重视,加之滑菇体小、出菇多、产量高,使得滑菇栽培技术发展很快,成为广大农村脱贫致富的好项目。

3.9.2 生物学特性

1)形态学特性

(1)菌丝体

菌丝为绒毛状,稠密,有锁状联合,具有很强的爬壁现象。初期为白色,随着生长而逐渐变为淡黄色。菌丝在 24 ℃下生长速度快,一般 8～10 d 即可长满试管。在 15 ℃环境下会出现子实体扭结现象。

(2)子实体

滑菇多丛生,菌盖半圆形,红褐色,随着子实体的生长,中间凹陷,以后逐渐平展,成熟的子实体为淡黄褐色,表面光滑有很黏的胶质,直径 5～5.8 cm。菌褶直生、密集、初期黄色,后期变为深褐色。菌柄短粗,长 5～7 cm,直径 8～15 mm。菌环黄色,易消失,无囊状体。孢子呈肉桂色,大小为(4～6)×(2.5～3)μm。

2)生活条件

(1)营养

滑菇生长要有充足的碳源、氮源、矿物质元素及生长素。在自然界中,野生滑菇多在阔叶树上丛生,尤其是在壳斗科的伐根、倒木上,以木材中的纤维素、半纤维素、淀粉、果胶等作碳源;以木材质中的韧皮部氮素作为氮源;以材质中的可溶性无机盐类满足其代谢需要。

人工栽培滑菇时,常采用阔叶树木屑、秸秆等富含木质素、纤维素、半纤维素、蛋白质的农副产品作为培养料,添加米糠、麦麸等 10%～15%,也可用经粉碎后的农作物秸秆和木屑等混合栽培。滑菇对生长素的需求在常用的以米糠、麦麸为培养基的配方中不需另加。

(2)温度

滑菇菌丝 5 ℃可生长,15 ℃左右生长加速,菌丝在 22～28 ℃下生长最适宜,超过 28 ℃,生长幅度大,32 ℃左右停止生长,超过 35 ℃菌丝就死亡。一般情况下,菌丝生长速度比香菇慢,但耐受低温性特强,－25 ℃菌丝仍能生长。滑菇的子实体生长发育适温因品种而异,低温型为 5～12 ℃,中温型为 18～20 ℃。在温度 15 ℃以上时,菌盖小而菌柄细长。自然条件下的滑菇在春天和夏天时,在菇木内发育,在秋天冷凉时开始出菇。滑菇营养生长阶段为 3～5 个月,需积温 1 800 ℃。

(3)湿度

滑菇是喜湿性菌类。子实体发生时比菌丝在菇木中生长要求更多的水分。滑菇菌盖表面黏液的多少直接影响到商品的价值。为了产生更多的黏性物质,需要比其他菇类更多的水分。滑菇菌丝生长阶段要求培养料中含水量以 60%～65% 为宜,空气相对湿度要求为 60%～75%。子实体形成阶段培养料含水量以 75%～80% 为最好,空气相对湿度要求 85%～95%,低于 80% 菌盖黏液变少,色泽不鲜,边缘起皱,甚至菇体平缩。

(4)光照条件

滑菇菌丝生长发育不需要光线,但子实体形成和发育需要有足够的散射光。菌丝在黑暗环境中能正常生长,但光线对已生理成熟的滑菇菌丝有诱导出菇的作用。出菇阶段需给予一定的散射光。光线过暗,滑菇发生量少,菌盖色淡,菌柄细长,菌盖很小就开伞,容易形成畸形菇,产量较低,品质较差。因此,为了有利于诱导原基的形成和子实体发育,要求栽培滑菇的菇房明亮,适宜的光照强度为 700～800 lx。

(5)空气

滑菇也是好氧性菌类,对氧的需求量与呼吸强度有关。接种之初,气温低,菌丝生长缓慢,少量的氧即能满足需要;随着气温升高,菌丝体的生长,需氧量逐渐加大。出菇前后应注意菇房通风和料包内外换气,出菇阶段子实体新陈代谢十分旺盛,更需新鲜空气。在环境中如二氧化碳浓度超过 1%,影响到子实体的发育,子实体生长势弱,菌盖小、菌柄细、早开伞,且易形成畸形菇。

(6)酸碱度

培养料的酸碱度直接影响细胞酶的活性,进而影响到菌丝体及子实体的生长发育状况。但采用不同的培养基、不同的栽培条件与方式,pH 值也会变化。如在 PDA 培养基上,菌丝的最适 pH 值为 5～6,而在葡萄糖 3%,蛋白胨 0.6%,酵母膏 0.4% 的培养基中培养时,最适 pH 值为 5～7。

滑菇菌丝正常生长需要酸碱度 pH 值为 5～6。木屑、麦麸、米糠制成的培养料酸碱度 pH 值一般为 6～7,但经加温灭菌后 pH 值要下降,无须再调整 pH 值。

3.9.3　主栽品种

目前,滑菇的一些品种大多来自日本,生产者要根据当地气候、栽培方式和目的来选用优良品种。现根据生长期的不同将滑菇品种分为以下 4 种类型。

1)**极早生品种**

菌丝体培养温度为 23～28 ℃,发菌期为 60 d,子实体发生温度为 7～20 ℃,产菇期为 50～60 d。此品种特点是:出菇早,密度大,转潮快,产菇集中,如 CTE、西羽、C3-1、森 15 等。

2)**早生品种**

菌丝体培养温度为 20～26 ℃,发菌期为 60 d,子实体发生温度为 5～18 ℃。此品种特点同极早生品种相同,如澳羽 3 号、澳羽 3-2 号等。

3)**中生品种**

菌丝体培养温度为 15～24 ℃,发菌期为 80～90 d,子实体发生温度为 5～15 ℃。此品种特点是:菇体肥厚,菇质好,不宜开伞,转潮期较长,如澳羽 2 号、河村 67 等。

4)**晚生品种**

菌丝体培养温度为 5～15 ℃,发菌期为 100 多天,子实体发生温度为 5～15 ℃。此品种特点是:菌肉厚,品质好,不宜开伞,黏液多,转潮慢,产菇期长。晚生种目前应用不多。

3.9.4 栽培技术

1)栽培工艺流程

培养料配制→搅拌→填料→灭菌、冷却→接种→培养→出菇管理→采收。

2)栽培季节选择

滑菇属低温变温结实型菌类,我国北方一般采用春种秋出,国内、国际市场销量较大,是一种很有发展前途的食用菌。栽培时宜半熟料栽培,最好选择气温在8 ℃以下的早春季节,最佳播种期为2月中旬至3月中旬。

3)培养料配制

(1)配方

①木屑77%,麦麸(或米糠)20%,石膏2%,过磷酸钙1%,pH 值6.0~6.5,含水量60%~65%。

②棉籽壳76%,麸皮10%,玉米粉10%,糖1%,过磷酸钙1%,石膏粉1%,石灰1%,pH 值6.0~6.5,含水量60%~65%。

③推广的配方:木屑84%,麦麸或米糠12%,玉米粉2.5%,石膏1%,石灰0.5%,pH 值6.0~6.5,含水量60%~65%。

(2)培养料配制

首先将各种原料按比例称好,然后将主料堆放在干净的平地上,再把辅料撒在主料上,用铁锹反复搅拌均匀,慢慢加水,加水量可根据原料的干湿程度而定。边加水边搅拌,拌好的培养料焖半小时后,测定含水量。含水量测定方法是用手紧握培养料成团不松散,指缝间有水印而不下滴为宜,这时培养料的含水量为55%~60%。蒸料过程中培养料还可以从蒸汽中吸收部分水分,含水量可达60%~65%,正适合滑菇菌丝体生长对水分的要求。

4)灭菌

在滑菇的栽培中如何做到无菌操作是工作成败的关键问题,无菌操作包括两个方面:一是制种过程中使用的全部材料是无菌的;二是操作过程中必须采取无菌操作的方法(也包括培养条件),两者结合起来,以保证在制种的全过程中是无菌的,才能培养出纯的菌种来。蒸汽式(充气式锅炉)层层撒料灭菌法是生物灭菌技术措施中应用较广、效果较佳的湿热灭菌方法。

(1)散料灭菌技术

蒸汽式(充气式锅炉)层层撒料灭菌法是首先将锅屉上铺一层麻袋以免漏料,当蒸汽上来后再向锅屉上平铺厚为6~8 cm的培养料(不能用手或铁锹拍压)。当大气上来时,再用铁锹分层撒料,做到撒料均匀,要压住气,如此一层层装入,装8分满即可,也就是料面装到离上口20 cm。加盖、压实,大火猛攻达100 ℃保持2 h后,再焖30~40 min即可趁热出锅,灭菌一定要彻底,每锅适宜灭菌200~500盘。若采用粗木屑为主料的应延长灭菌时间。

(2)包盘技术

首先将模子放在托盘上,把事先裁好的薄膜放在800倍液的霸力溶液中浸泡或放在

0.1%的高锰酸钾的溶液中10 min后再放在模子上铺好,将灭好菌的培养料趁热装盘,培养料温度不可低于80 ℃,将菌盘内的培养料压紧、压实、包好。

5)接种

(1)接种室消毒及准备工作

首先应做好接种室的消毒,用浓度为5~8 g/m³福尔马林熏蒸剂熏蒸消毒,操作者应按操作要求做好接种前的准备工作,用5%来苏尔喷洒培养盘和一切搬运、接种工具,关闭门窗,使室内空气静止。

(2)接种方法

当料温降至25 ℃左右时,即可按无菌操作要求接种。每标准盘用200 g或250 g菌种。去掉老皮和原基,将菌种瓣成杏核大小的块,打开薄膜,将菌种撒于料面,用已消毒的压板适当压实,对折薄膜并将两端向上卷紧,以防水分蒸发。生产实践证明,接种量适当加大些,菌丝生长迅速,可以防止杂菌早期发生。

6)管理

(1)发菌期管理

①菌丝萌发定植期管理

此期除室内要保证适宜的温度外,还要用窗帘遮阳光,使培养室内光线暗一些或完全黑暗。室内要经常通风,定期在地面洒水,使室内空气相对湿度保持在60%~70%。

北方滑菇接种一般安排在2月中旬至3月中旬完成,此时日平均温度在-6~5 ℃,未达到菌丝生长所需的最低温度5 ℃以上,这时需人为提温,如在室外码盘发菌的,夜间应用玉米秸或稻草将菌垛周围围起。促进菌丝定植,并每隔3~4 d测料温一次,菌块温度高于12 ℃以上时,应将菌盘单盘上架摆放。

②菌丝扩展封面期管理

定植的菌丝体,逐渐变白,并向四周延伸。随着温度提高,菌丝生长加快并向料内生长,但随着温度的升高,杂菌也会蔓延,造成污染。这个阶段应以预防污染为中心,定期检查菌丝生长情况,如菌块表面光滑、呈橙黄色的菌膜,手按上去有弹性,说明菌丝体生长发育良好。若发现有青绿色、黑色或其他颜色,说明易感染杂菌,应及时处理。

③菌丝长满期管理

未上架的菌盘摆成"品"字形,离墙60 cm,离地面15 cm,垛高8层以下,棚内温度控制为8~12 ℃为宜,要求5~7 d翻盘倒垛一次,加大通风量。

进入4月中旬后,因气温升高,菌丝已长满整个盘,此时菌丝呼吸加强,需氧量加大,释放热量,需要控温在18 ℃左右,另外加大通风量。

④越夏管理

7、8月份高温季节来临,滑菇一般已形成一层黄褐色蜡质层,菌块富有弹性,对不良环境抵抗能力增强,但如温度超过30 ℃以上,菌块内菌丝会由于受高温及氧气供应不足而死亡。因此,此阶段应加强遮光,昼夜通风,棚顶上除打开天窗或通风筒外,更应安装双层遮阴网或喷水降温设施。并且在所有通风口处安装防虫网,防止成虫飞入或幼虫危害,必要时可喷洒低毒无残留的生物农药,如喷洒20%的溴氢菊脂或氯氢菊脂等。

（2）出菇期管理

8月中旬气温稳定在20℃左右，滑菇已达到生理成熟，可进行开盘出菇管理。

①划菌

菌块的菌膜太厚，不利于出菇，打开塑料膜，需用已消毒的竹刀、铁钉或刀片在菌块表面划线，划破菌块表面的蜡膜，纵横划成宽2 cm左右的格子。划透菌膜，深浅要适度，一般1～2 cm深即可，划线过深菌块易断裂。然后将划后的菌块平放或立放在架上，本着少喷勤喷的原则，向菌块上喷水，1日3次，增加空气湿度达85%～89%，调节室温到15℃左右。9月中旬，开始出现菇蕾，从现蕾至采收约15 d。

②温度管理

滑菇属低温型种类，在10～15℃条件下子实体生长较适宜，高于20℃子实体形成慢，菇盖小、柄细、肉薄、易开伞。子实体对低温抵抗力强，在5℃左右也能生长，但不旺盛。变温条件下子实体生长极好，产菇多、菇体大、肉质厚、质量好、健壮无杂菌。

9月以后深秋季节，自然温差大，应充分利用自然温差，加强管理，促进多产菇。夜间气温低，出菇室温度不低于10℃；中午气温高，应注意通风，使出菇室温度不高于20℃。

③湿度管理

水分是滑菇高产的重要条件之一，为保证滑菇子实体生长发育对水分的需要，应适当地喷水，施水量应根据室内湿度高低和子实体生长情况决定。空气湿度要保持为85%～95%，天气干燥，风流过大，可适当增加喷水次数，子实体发生越多，菇体生长越旺盛，代谢能力越大，越需加大施水量。

A. 滑菇开袋后的水分管理

此阶段水分管理分为4个阶段。第一阶段开袋后4～6 d为轻水阶段，通过向菌袋喷少量水，保持菌袋湿润，主要是向空间喷水，将菇棚环境湿度增大到85%～90%，每天喷水6～7次，每次5～10 min。第二阶段从开袋第6天开始，进入重水阶段，即加大喷水时间，向菌袋多喷水，每天6～7次，每次10～15 min，此期应增加一次夜间喷水，使菌袋在20 d左右含水率达到70%。第三阶段，在菌袋含水率、环境温湿度适宜时，开袋处开始出现米黄色的原基，标志着出菇开始，此阶段的水分管理应以保持空间湿度为主，使小菇蕾不干燥为宜。第四阶段，滑菇菌盖长到0.3～0.5 cm时，可适当向菇体和菌袋喷水，保证菇体正常生长，达到商品要求。采完一潮菇，将菌袋残菇清理干净，停止喷水3～4 d，让菌丝体恢复生长，积累营养，以利于转潮。

B. 喷水时应注意事项

菌盘喷水时要用喷雾器细喷、勤喷，使水缓慢通过表面划线渗入菌块，不许喷急水、大水。喷水时，喷雾器的头要高些，防止水冲击菇体。

冬季出菇室采用升温设备，不能在加温前喷水，应在室温上升后2 h喷水。

④通风的管理

出菇期菌丝体呼吸量增强，需氧量明显增加，因此，需保持室内空气清新。通风时，注意温、湿度变化，出菇期如自然温度较高，室内通风不好，会造成不出菇或畸形菇增多。此外，温度较高的季节出菇时必须日夜开启通风口和排气孔，使空气对流，保证室内足够的氧气供菇体需要。

⑤光照的管理

滑菇子实体生长时需要散射光,菌块不能摆得太密,室内不能太暗,如没有足够的散射光,菇体色浅,柄细长,子实体小而开伞早。

7)采收期管理

滑菇应在开伞前采收,开伞后采收不仅滑菇商品质量下降,而且开伞后孢子落在菌盘上会引起菌盘感染。一般情况下,每块可采鲜菇1~1.5 kg,采收标准根据收购商要求确定。采收下来的滑菇若不能及时鲜售,要将新鲜的滑菇根部剪掉,将其开水下锅,进行"杀青",旺火煮3~5 min,捞出后用冷水冲凉,控出多余水分进行盐渍。

采收完头潮菇后应停水2~3 d,使菇盘上的菌丝恢复,积累养分,使菇盘含水量达到70%,棚内空气湿度达85%,加强通风,拉大昼夜温差,促使二潮菇形成。

3.9.5　滑菇栽培中常见问题

滑菇生产要实现无公害、绿色、有机产品标准,在病虫害的防治上就必须严格按照"预防为主、综合防治"的原则。注重生态防治、生物防治、物理防治,尽量不用或少用化学药品。如果必须使用药时,也必须要严格遵守农业部 NY/T 393 — 2000《绿色食品农药使用标准》。

1)常见病害

(1)滑菇发菌阶段常见的杂菌、特征、杂菌污染的原因

滑菇发菌阶段常见的杂菌及特征见表3.1。

表3.1

霉菌名称	霉菌特征
曲霉	栽培袋中最常见的是曲霉,发病初期出现白色绒毛状菌丝体,扩展蔓延较慢,菌落较厚,很快转为黑色或黄绿色的颗粒性粉状霉层,抑制滑菇菌丝生长
青霉	滑菇生产过程中最易感染的是青霉属的霉菌,危害十分严重。青霉的菌丝生长不快,但很快长出绿色的分生孢子,形成一片蓝绿色粉状霉层,能明显抑制滑菇菌丝生长
绿霉	菌丝生长很快,产生绿色的分生孢子斑,严重时造成栽培袋大量报废
链孢霉	链孢霉也称红色面包霉,这种霉生长特快。发病初期呈白色黏糊状。在条件适宜时5~10 d形成橘黄色面包状物。严重时由接种点或栽培袋破损处长到袋外,形成巨大的橘黄色菌落,碰触后孢子很容易散发到空气中
毛霉	毛霉俗称长毛菌,菌丝稀疏,生长迅速。表面形成很厚的白色棉絮状菌丝团,逐渐出现细小黑色的球状分生孢子囊

(2)杂菌污染的原因

接种时间过晚:2月中旬至3月中旬为最佳的接种时间,进入4月份因天气已转暖易感

染杂菌。

培养基灭菌不彻底：灭菌时间或压力不够；灭菌时袋量过多、过紧不透气或摆放不合理都易感染杂菌。菌种带杂菌，主要表现在菌种块上或周围感染杂菌。

接种操作造成感染：主要是由于接菌场所消毒不彻底或接种时无菌操作不严格。

培养过程中感染：培养室环境不卫生，高温高湿等均是造成污染的原因。

破损出现污染：灭菌操作或运输过程中不小心，造成栽培袋出现微孔。

培养基混入针叶树种木屑：因松树木屑含有杀菌物质，可抑制滑菇菌丝生长，菌丝"不吃料"（是指所接的一级菌种或二级菌种菌丝块在培养料中不生长或最初菌丝虽然能生长，但不往培养料内部生长，菌丝逐渐萎缩变黄）。

阳光直射菌袋（盘）：发菌棚有散射光即可，如阳光直射栽培袋（盘），菌丝生长会受抑制。

通风有死角：在菌丝生长的过程中需要氧气，发菌期通风良好，可促进菌丝生长。

2）常见虫害

在滑菇栽培过程中，常有虫害发生，危害滑菇的主要有：菇蝇类、蚊类、螨类、蓟马、跳虫、甲虫、蛾类、蛞蝓、线虫等。

3）综合防治措施

为确保滑菇正常生长，达到高产的目的。应坚持"预防为主，综合防治"的方针，保持接种场所、工具、接种人员的清洁卫生，以防传递感染。

（1）场地

选择地势较高、通风良好、水源清洁、远离畜禽舍等污染源的场所做栽培场。在菇床覆土后，土地及周围空间喷千分之一甲醛水溶液或多菌灵液可有效防治多种病害发生。

（2）把好培养基和生产程序关

选择新鲜、干燥、无霉变的培养料，培养料含水要适宜，拌料要均匀，当天配料当天分装灭菌。每隔一月在菇房喷一次千分之一甲醛水溶液或多菌灵液。

（3）培养基灭菌要彻底

保证灭菌的压力和时间，高压灭菌时排放冷气要完全。

（4）接种要严格无菌操作

灭完菌的培养基应直接进入洁净的冷却室或接种室，接种动作要迅速准确，防止杂菌侵染。

（5）注意环境卫生

培养室和出菇场事先要严格消毒，培养过程中要加强通风换气，严防高温、高湿。

（6）定期检查

发现污染要及时处理，如果杂菌发生严重，将其深埋或烧毁，切忌到处乱扔或未经处理就脱袋摊晒。

（7）科学用药

①对已经污染的菌袋或菌盘要及时用食用菌专用灭菌剂治疗，切忌用非食用菌灭菌剂，同时使用合适的用药量及用药时间，以避免防治无效、造成滑菇污染或人畜中毒等不良

后果。

②对发生的虫害进行防治时,尽量采取光源诱杀、人工防治、阻隔防治、生物防治方法,若必须用化学方法防治时,应注意以下几点:一是严禁使用剧毒农药。二是长菇时,不使用农药,要待采收后才能施用。三是掌握适当药液浓度,以免造成药害,影响滑菇生长。四是使用高效低毒、残留期短、对人畜和滑菇无害的农药。五是根据害虫发生情况,尽量采取局部施用,防止农药污染扩大。六是使用农药时,要考虑到滑菇对某些农药的敏感性。

③发现鼠害及时药除或捕捉。

思考练习题)))

1. 在滑菇栽培中,选择菌种的标准是什么?
2. 在对菌盘喷水时,应该注意哪些事项?
3. 简述杂菌污染的原因。

任务 3.10 秀珍菇栽培技术

工作任务单

项目3 栽培技术	姓名:	第 组
任务 3.10 秀珍菇栽培技术	班级:	

工作任务描述:
　　了解秀珍菇的生产概况,熟悉秀珍菇菌丝体及子实体的特征,理解秀珍菇对温度、光照、湿度、空气、pH 值的需求特性,掌握秀珍菇培养料配制、发菌期及出菇期的管理技术,掌握秀珍菇生产期的常见问题。

任务资讯:
　　1. 秀珍菇形态学特性。
　　2. 秀珍菇的生活条件。
　　3. 秀珍菇栽培季节的确定。
　　4. 秀珍菇培养料配制。
　　5. 秀珍菇发菌期管理。
　　6. 秀珍菇出菇期管理。
　　7. 秀珍菇栽培过程中的常见问题。

具体任务内容:

　　1.根据任务资讯获取学习资料,并获得相关知识。

　　2.秀珍菇生产概况。

　　3.秀珍菇形态特征。

　　4.秀珍菇对营养及环境条件的需求特性。

　　5.秀珍菇培养料的制备。

　　6.秀珍菇发菌期及出菇期的管理技术。

　　7.秀珍菇的常见栽培问题。

　　8.根据学习资料制订工作计划,完成工作任务。

考核方式及手段:

　　1.考核方式:

教师对小组的评价、教师对个人的评价、学生自评相结合,将过程考核与结果考核相结合。

　　2.考核手段:

笔试、口试、技能鉴定等方式。

　　　　任务相关知识点

3.10.1　概述

　　秀珍菇(*Pleurotus geesteranus*)又称环柄侧耳、白环柄侧耳,原产于印度詹务,生长于罗氏大戟(*Euphoribiaroyleana*)的树桩上,故又称为印度鲍鱼菇。隶属于真菌门(Eumycota),担子菌纲(Basidiomycetes),伞菌目(Agaricals),侧耳科(Pleurotaceae),侧耳属(*Pleurotus*)。

　　秀珍菇的名称来源于台湾,它不同于普通的凤尾菇是因为其较小,柄为 5 ~ 6 cm,盖直径小于 3 cm。秀珍菇不仅营养丰富,而且味道鲜美,蛋白质含量比双孢蘑菇、香菇、草菇更高,质地细嫩,纤维含量少。据测定,秀珍菇鲜菇中含蛋白质 3.65% ~ 3.88%,粗脂肪 1.13%,还原糖 0.87% ~ 1.80%,糖分 23.94 ~ 34.87%,木质素 2.64%,纤维素 12.85%,果胶 0.14%,还含有矿物质素等。其蛋白质含量接近于肉类,比一般蔬菜高 3 ~ 6 倍,秀珍菇含有 17 种以上氨基酸,更为可贵的是,它含有人体自身不能制造,而饮食中通常又缺乏的苏氨酸、赖氨酸、亮氨酸等。可见,秀珍菇是一种高蛋白、低脂肪的营养食品,它鲜美可口,具有独特的风味,美其名曰"味精菇",颇受消费者青睐。

3.10.2　生物学特性

1)形态特征

(1)菌丝体

菌丝白色,粗壮,在 24 ℃下菌丝生长速度快。一般 10 d 就可以长满试管斜面。15 ℃

下,生理成熟的试管斜面培养基转为淡黄色,常有子实体扭结的现象出现。菌丝具有很强的"爬壁"现象。

（2）子实体

子实体单生或丛生,由菌盖、菌柄和菌褶组成。菌盖又称伞菌,呈漏斗形或扇形,直径为 8 ~ 15 cm,最大可达 20 cm,菌盖的颜色与环境条件有密切相关,在散射的阳光下比在灯光下色深;空气相对湿度小时比湿度大时色深。因此,不能完全从菌盖的深浅来评价鲜菇质量的好坏。菌褶着生菌盖的下方,呈片状,菌褶稀疏而至柄端密集,不等长,长者直抵菌柄顶端,短者只着生在菌盖边缘,形似扇骨,白色而质脆,易断裂成碎片。菌褶的两侧着生无数担子和担孢子。菌柄多为偏生或是侧生,偶尔有中生,等粗或是向下渐细,长 4 ~ 6 cm,粗 1.5 ~ 2 cm,白色,表面光滑,圆柱形,内侧充实无实心,有较强的弹性。

2）生活条件

（1）营养

秀珍菇生长发育需要碳素、氮素和各种矿物质养分等,属于腐生性菌类,同其他真菌一样,不含叶绿素,不能自己进行光合作用以制造养分,完全从具有碳素、氮素、矿物质及生长素的栽培料内获取营养。人工栽培秀珍菇原料来源广泛,栽培工艺易操作,木屑、棉籽壳、稻麦秆、玉米芯,以及其他农作物茎秆可栽培,每百 kg 干料可产鲜菇 80 ~ 100 kg。从栽培接种到出菇结束周期 4 ~ 5 个月,一年可种 2 季。

（2）温度

秀珍菇的菌丝体生长发育阶段对温度要求不高,一般为 15 ~ 30 ℃ 都能够生长,最适的温度为 24 ~ 27 ℃。温度低于 10 ℃,菌丝基本停止生长;低于 20 ℃,菌丝生长缓慢。温度高于 30 ℃,菌丝生长、稀疏、色泽变黄,绒毛状菌丝较多,易于老化;温度高于 37 ℃,菌丝停止生长。子实体生长的温度范围较广,在 10 ~ 32 ℃ 条件下都能出菇,这是与其他平菇不同的地方。原基形成和菇蕾生长最适宜温度为 15 ~ 20 ℃,温度低于 10 ℃,很少再产生原基。低于 15 ℃,子实体生长缓慢。温度高于 25 ℃,菇蕾生长快,成熟早,菌盖成熟时多呈漏斗状。出菇阶段,如果有较大的昼夜温差刺激,原基容易产生。

栽培时,除了应注意环境温度外,还应注意料内的温度。因为培养料上床后,由于微生物的发酵,释放出大量的热,致料温升高,一般比室温高出 2 ~ 3 ℃,棉籽壳、落地棉等培养料内部温度可高达 35 ℃ 以上,但一般以 25 ~ 27 ℃ 为合适。

（3）湿度

秀珍菇菌丝体生长最适宜的培养基含水量应为 60% ~ 70%,含水量低于 60% 时,菌丝体生长缓慢;当培养物料的含水量超过 70% 时,会导致氧气不足,影响菌丝呼吸,容易产生厌氧杂菌。若温度过高,培养料往往会变酸发臭,抑制菌丝正常生长。菌丝生长的空气相对湿度为 65% ~ 75% 最适宜。

从原基形成至子实体成熟,要求空气相对湿度为 80% ~ 90%。空气相对湿度低于80% 时,原基产生少,菇朵易干萎,子实体生长缓慢,菇柄细,菌盖小,菌盖脱水,边缘出现裂缝,甚至出现干菇;相对湿度高于 95% 时,在通风不良、气温较高的环境条件下,子实体易发生病害和变软腐烂。

（4）空气

秀珍菇是一种好气性真菌,可进行有氧呼吸。菌丝体阶段,需要的氧气少,子实体阶段,则消耗大量的氧气,需要有良好的通气条件。氧气不足时,会抑制子实体的形成和生长,造成畸形或死亡。菇房中要杜绝冒烟现象,秀珍菇怕煤气,不能见明火,要用暖气或是火墙取暖保温。如果空气中 CO_2 浓度高于 0.1%,极易形成菌盖小,菌柄长的畸形菇。

（5）光照

秀珍菇菌丝体生长发育阶段,不需要光照,菌丝体在黑暗的条件下能正常生长。在子实体发育阶段,对光照十分敏感,必须有一定的散射光来诱导原基形成和分化。此阶段若没有光照,子实体就不能产生。子实体在 200 ~ 2 000 lx 光照环境下,生长正常,光线过暗,易形成畸形菇,过强,特别是直射光易造成子实体干枯。

（6）酸碱度

秀珍菇适宜偏碱的环境生长,因此生产上常用 3% ~ 5% 的生石灰水调节培养料的 pH 值,一般调整为 7.2 ~ 7.5。这样不仅能促进菌丝生长,而且还能抑制夏季高温霉菌的影响。

3.10.3 主栽品种

秀珍菇虽是一种比较新的栽培品种,但商用秀珍菇菌株编号不少。例如,成都绿亨科技发展有限公司的川秀 1 号;江苏省高邮食用菌研究所的秀珍菇 18、秀珍菇 12;福建省食用菌协会的日本秀珍菇、台湾秀珍菇;华中农业大学食用菌研究所的秀珍菇 5 号;武汉新宇食用菌研究所的夏秀、秀丽 1 号;浙江省农业科学研究院的农秀 1 号;浙江省淳安微生物研究所的秀珍菇 2 号等都是国内生产中常用的菌株。栽培者在引种时一定要充分了解所选菌株的生物学特性及其商品性状,并进行栽培试验后再扩大生产规模。

3.10.4 栽培技术

秀珍菇作为近几年国际市场上新开发的一种营养价值高的珍稀食用菌,具有原料来源丰富、产量高、技术操作简单、生产成本低、经济效果显著等特点,栽培的适应性范围很广,是一种很有发展前景的食用菌。现将其高产栽培技术介绍如下。

1）栽培工艺流程

栽培料准备→培养料配制→打包→灭菌、冷却→接种、培养→低温刺激→出菇管理→采收。

2）栽培季节的选择

适时选择秀珍菇栽培季节,是其播种成败的首要问题。根据秀珍菇出菇温度,春栽安排在 2—3 月,秋栽安排在 5—8 月,高海拔地区可提前安排时间。秀珍菇属中偏高温型食用菌,一般菌袋接种阶段在当地气温不超过 28 ℃进行,进入出菇阶段在当地气温不低于 12 ℃进行。

3）培养料配制

秀珍菇适应性广,抗逆性强,原料来源广,但不能采用被雨淋过的、霉烂的和发酵的原料。根据秀珍菇的生物学特性,培养基碳氮比为(20～30):1、含水量为60%～65%、pH值为6～6.5。

（1）配方

①杂木屑50%,玉米芯26%,麸皮15%,玉米粉5%,蔗糖1%,石膏粉1%,石灰2%,磷酸二氢钾100 g,硫酸镁25 g。

②粉碎的玉米芯50%,豆秸28%,麸皮17%,碳酸钙2%,石膏粉2%,蔗糖1%。

③棉籽壳90%,谷壳4%,葡萄糖1%,蛋白胨0.5%,谷氨酸0.5%,麸皮4%,石灰少量。

④稻草80%,麸皮18%,蔗糖1%,石膏粉1%。

⑤甘蔗渣50%,木屑32%,麸皮15%,石膏粉1%,石灰2%,尿素100 g。

⑥玉米60%,豆秸11%,麸皮10%,玉米面2%,过磷酸钙1.05%,石灰5%,蔗糖0.45%,尿素0.5 g。

⑦稻草粉50%,棉籽壳48%,碳酸钙2%。

（2）培养料配制

根据不同的材料进行预处理,如木屑先用2～3目的筛或铁丝筛过筛,剔除小木片及有棱角的硬物,以防装袋时刺破菌袋,减少污染。稻草、玉米芯等农作物秸秆要进行粉碎。各种主料、辅料准备好后,按选定的配方比例称取主料、辅料。棉籽壳、木屑、稻草、玉米芯等主料,加水翻拌后用薄膜覆盖堆沤24～48 h,然后加入辅料,充分拌匀,糖加水融化后加入。拌料可人工拌料,也可用搅拌机拌料。无论何种拌料,都必须将培养料充分拌匀,要求主料与辅料混合均匀、干湿均匀、酸碱度均匀。加水量视培养料的种类、料干湿度、天气等情况灵活掌握。

4）装袋灭菌

装袋灭菌是秀珍菇栽培技术中的关键环节,通过袋料灭菌能使培养基的木质素、纤维素结构发生物理变化,有利于菌丝分解吸收利用,可缩短转潮期。装料前按料水比1:1充分将料拌匀,糖、尿素先用水溶解后分批兑入清水中。采用规格为17 cm×38 cm×0.05 cm的聚丙烯塑料袋装料,每袋装湿料1.1～1.15 kg(约用干料0.5 kg),装袋要松紧适度,袋口采用塑料套环棉塞。当天装袋当天消毒,灭菌要彻底,常压灭菌要求在蒸汽温度为100 ℃的条件下保持12～14 h,高压灭菌要求蒸汽温度为125 ℃,在196 kPa压力下维持1.5 h后排气回零,然后开锅取出冷却。

5）接种发菌

接种一定要在无菌条件下操作,并将双手和菌袋外表面消毒,以免将杂菌带入。同时要认真检查,尤其是棉塞和培养基的前端,发现有杂菌的情况立即弃之销毁不用。具体操作过程是:待袋内料温降至28 ℃时,将培养袋移入接种室(箱)内,按无菌操作规程接种。接种时将棉塞拔出,接入菌种后回塞袋口。接种后的菌袋移入培养室内发菌培养,前3天培养室内温度控制为 24 ~ 26 ℃,进入第 4 d 以后,因菌袋内菌丝新陈代谢加快而致袋内温度上升,此时应将培养室温度调到 22 ~ 23 ℃。菌丝发育阶段不需要光线照射,室内空气要保持流通,室内湿度以控制在 60% ~ 70% 为宜,一般接种后 35 d 左右菌丝长满袋。发菌阶段主要是注意调控温度,以促进菌丝生长,尽早形成菇蕾。

6) 出菇管理

出菇管理阶段是指在秀珍菇生长到采收之前的这一时期。菇房应选在通风良好且环境清洁的地方,出菇前应对菇房进行预处理,即用硫酸铜和石灰水喷洒墙壁、床架、地面,做好菇房的杀菌工作,并对菇房进行出菇前预湿处理,对菇房墙壁、通道喷水,使菇房内的相对湿度达到 85% ~ 90%。然后将菌丝已长满袋、菌丝洁白均匀健壮、已达生理成熟且无杂菌感染的菌袋搬进菇房,进行上架排袋或平地式重叠,并把菌袋一端的塑料袋沿颈圈割去,然后白天罩膜,午夜揭膜,人为地创造 8 ~ 12 ℃ 的温差刺激,以促进原基分化。出菇阶段菇房要勤喷、细喷催菇水,方法是:向地面浇水和空中喷雾,避免向菌袋口喷水,以防止床面积水引起菌丝腐烂或出现重水伤菇现象。保持菇房的空间相对湿度在 85% ~ 95%,低于 70%,不利子实体的生长,高于 95%,则会引起杂菌滋生而烂菇。子实体生长期间,温度最好控制为 18 ℃ ~ 22 ℃,若温度低于 15 ℃,则菇蕾难以形成;高于 25 ℃ 时,要在菇棚上方加盖遮阳物降温。菇房通风才有利于子实体的生长。菇房内 CO_2 的浓度应以无胸闷感为宜。同时,出菇期间若遇高温,应在晚上和清晨打开门窗和地窗通风,中午关闭门窗防止空气进入室内,并在通风时向地面喷水降温,注意避免在中午高温时喷水。幼菇生长阶段若遇到低温,应在室内升温,以促进菇体正常生长。

7) 采收、转潮与贮藏加工

采收要做到适时采收,一般情况下,原基分化 5 ~ 7 d,菌柄不再生长,菌盖已开张到最大,颜色由青灰色变为淡豆沙色,菌盖边缘开始向上反卷并显波状曲折,孢子尚未弹射前为采收适期。对丛生菇应一次采摘,采时保持子实体完整,最好是用剪刀从蘑菇基部剪断,轻拿轻放,以防损伤菇体,不要用手拔,以免带起培养料,影响下潮的产量。

采后应及时整理,并清理好菇房,主要是刮去袋口料面的老菌根和一些没有分化的原基和死菇蕾,捡净残根,清理菇房工作要在采菇后当天完成。处理完后暂停向料面直接喷水,只喷菇房道路和空间,保持菇房空间相对湿度为 70% ~ 80%。在此条件下要进行养菌,以利下潮菇的生长,转潮出菇。养菌时间视气温而定,一般情况下为 3 ~ 7 d。以后照此环节进行精心管理,等待下潮萌发。

秀珍菇组织比较脆嫩,不宜长途运输,保管不当会腐烂变质。近年来,秀珍菇的加工贮藏方法已由过去的干燥罐藏、盐渍贮藏向多种方法发展。常见的加工方法有:高盐浸渍防腐法、负离子保鲜法、自然和机械烘干法、化学保鲜法;常见的贮藏方法有:低温贮藏法、薄膜袋气调贮藏法、辐射贮藏、固体保鲜剂贮藏法等。

3.10.5　秀珍菇栽培中常见问题

生产中,危害秀珍菇的病虫害有多种,应秉承"预防为主、防治结合"的方针政策。常见的病虫害主要分为:生理性病害、竞争性病害、虫害等。

1)生理性病害

其产生原因主要是在栽培过程中,环境条件及管理方法不妥,造成的反常生理活动。具体病害表现及防治方法见表3.2。

表3.2

病害名称	病害表现	防治方法
菌丝疯长	菌丝浓密,影响出菇	秀珍菇菌丝长满料层后,应加强通风换气,相应地降低温湿度;若秀珍菇床面结成菌块和菌束块,用刀划破,浇水、通风,促进子实体形成
不现菇蕾	菌丝长满后长期不出菇	增大通风量,人为加大温差;若气生菌较旺,划破菌膜,促使原基形成
菌丝生长缓慢	菌丝生长缓慢或被烧死	创造适宜的水分、温度、酸碱度等环境条件,并合理使用农药
菌丝萎缩	菌丝萎缩,无生长势	加强通风换气,及时浇水调节培养料内含水量,保持菇房内适宜的温湿度
菇蕾枯萎	菇蕾或子实体生长停滞,逐步萎缩、边干枯死、腐烂	栽培前,菇房内喷40%福美双1 000倍水的稀释液;栽培料按50 kg拌50 g 40%福美双控制;出菇前再喷40%福美双1 000倍水的稀释液
子实体畸形	子实体不规则,表现为菌盖、菌柄发育畸形	加强菇房通风、透光,降低菇房内CO_2浓度,增加新鲜空气,合理使用农药,恰当选用诱变剂,选用秀珍菇优良品种
软腐病	病菌沿菌柄向上蔓延,子实体发暗、变软、腐烂	菇房、覆土材料严格消毒;发病期间使用合适药剂预防,并挖出感染的培养料及覆土,停止浇水并加大通风,降低室内温度
子实体的药害	菌盖停止生长,边缘黑色翻卷	禁止使用如敌敌畏类的有害农药
子实体的锈斑	菌盖与菌柄上着生有褐色锈斑	加强通风,减低湿度

2)竞争性杂菌

竞争性杂菌,主要是指培养基质被污染后生长出来的杂菌,与食用菌菌丝竞争生长,相互争夺养料、水分和生存空间,有的还分泌出有碍秀珍菇生长的物质抑制菌丝生长,导致菌种制作失败和减产,甚至绝收。培养基质被污染产生的竞争性杂菌的主要原因是:料袋制作不当、破口污染、菌种带杂菌、培养基质灭菌不够彻底、接种操作中污染、培养过程中受污染、菇房内高温、高湿、通气不良等原因。

竞争性杂菌种类主要有:细菌、酵母菌、放线菌、鬼伞菌、霉菌(如绿霉菌、青霉菌、木霉菌、黑根霉菌、毛霉菌、曲菌、链孢菌、黄霉菌、红霉菌、石膏状霉菌)等,具体病害表现及防治方法见表3.3。

表 3.3

杂菌名称		危害表现	防治方法
细菌		菌落明显呈脓状,白色、微黄色,物料黏湿、色深并伴有腐臭味	母种培养基、接种工具、接种室要彻底灭菌;工作服、接种瓶、培养料严格消毒;用加新洁尔灭的水拖地
酵母菌		菌落有黏稠性,多数乳白色,少数粉红色,从培养基中部开始发酵变质,发出似酒精的气味	菌种的培养料不要装得过多过紧,要保证母种纯正和操作过程中的无菌要求;栽培中按干料质量的 0.2% 用 25% 的多菌灵或 0.1% 的甲基托布津拌料;保持培养料适宜的含水量及温度;用干净的水喷洒;控制培养料适宜的含水量和温度;菌种生产用水要求清洁干净;发病时用 5% 的石灰水浇灌培养料来控制酵母菌的繁殖
放线菌		菌丝体成团、成束,分布稀疏,浅灰或灰白色;污染部位有时会出现溶菌现象;有的会形成干燥发亮的膜状组织;具有独特的农药臭味或土腥味	在使用菌种培养室前,要进行严格的消毒处理;菌种袋上锅灭菌时,要以最快的速度并稳定上升到 100 ℃,维持 2 h 左右;防止菌种棉塞受潮,用"菌种防湿盖",而且棉塞不要太松;接种要严格执行无菌操作,防止菌袋污染;出现放线菌污染的菌袋,及时处理
鬼伞菌		从子实体形成到溶解成黑色黏汁,只需 24 ~ 28 h,子实体在菇床上腐烂,产生恶臭	控制培养料合理的碳、氮比例和 pH 值;菇床上一旦发生,则在开伞前及时人工拔除,防止孢子传播
霉菌	绿霉	分生孢子多为球形,孢壁具明显的小疣状突起,菌落外观呈深绿色或蓝绿色	降低温湿度,加大通风;使用克霉灵等药剂防治
	青霉	初期为白色后为浅绿色,小而独立淡蓝色或绿色粉末状菌落	冷却室、接种室要彻底消毒;在杂菌部位上洒多菌灵原粉或是生石灰;5% ~ 10% 的石灰水;纯酒精烧法;灼烧铁片灼烫法。70% 甲基托布津 800 倍液
	木霉	培养基表面、接种孔、瓶袋侧面变成深绿色	用 50% 多菌灵 500 倍液或克霉灵 100 倍液洗刷处理,把各种设施进行彻底消毒
	链孢菌	培养基表面、瓶的四周、棉花塞上发生橙红色、橙黄色霉菌,从瓶口散出孢子粉块	菌种生产要避免在闷热和潮湿的梅雨季节进行,要防止棉塞受潮;旧米糠、废培养基彻底消毒;作业室、菇房要用 800 倍液多菌灵的水溶液喷洒消毒
	毛霉	培养基中菌丝稀疏,参差不齐,菇蕾生长不良,产量剧减	早期检查,彻底消毒作业场所、冷却室、接种室

3) 虫害防治

危害秀珍菇的虫类很多,主要是幼虫啃食菌丝体和子实体。在高温季节栽培秀珍菇,会有以下几方面因素导致虫害的发生:一方面,栽培原料已被虫子产卵,而没有被发现;二是原料进行发酵,周围虫子大多并已在料面产卵,并在装袋后在袋内孵化成幼虫,啃食菌丝,造成经济损失。常见的害虫种类有:菌蛆、菌螨、跳虫、线虫、菌蚊、菇蝇、绒虫、蛞蝓、蜗牛、白蚁、蟑螂、蝼蛄等,具体防治方法见表 3.4。

表 3.4

序号\项目	害虫名称	防治方法
1	菌蛆	菇房装纱门与纱窗;消除周围垃圾;喷洒 1.8% 爱福丁 2 000～3 000 倍稀释液;利用诱光灯诱杀
2	菌螨	用 25% 的十二烷基苯磺酸钠(洗衣粉)400 倍液喷雾,连续喷洒 2～3 d
3	跳虫	黑光灯诱杀;用频振式杀虫灯诱杀,喷洒 0.1% 鱼藤精或除虫菊酯 150～200 倍药液;敌敌畏 1 000 倍液的稀释液加少量蜜糖诱杀
4	线虫	对培养料进行高温发酵或高温灭菌,杀死休眠的线虫
5	菌蚊	人工捕捉幼虫和蛹;喷洒 500～1 000 倍液敌百虫液杀虫;用布条蘸药剂,挂在菇房内驱赶虫子;用频振式杀虫灯诱杀
6	菇蝇	黑光灯诱杀;用频振式杀虫灯诱杀
7	绒虫	清理菇房,用 800 倍液敌百虫或敌敌畏进行灭虫;菇房门、窗、通风口安装 60 目细纱,防治成虫进入;利用黑光灯或日光灯诱杀
8	蛞蝓	用毒诱饵或用 3% 密达颗粒剂防治
9	蜗牛	用 3% 密达颗粒剂防治,也可用砒酸钙毒诱饵或用砒酸钙伴切碎的菜叶,制成毒饵分点放在菇床周围进行诱杀
10	白蚁	将灭蚁膏涂抹在蚁路上灭白蚁或采用白蚁药诱杀
11	蟑螂	喷洒 500 倍液敌百虫,出菇期发生虫害时,先将菇全部采收后再喷洒上述农药杀虫;地面洒生石灰
12	蝼蛄	同上

思考练习题 》》》

1. 秀珍菇栽培的特点是什么?

2. 秀珍菇采收的标准是什么? 如何采收?

3. 哪几方面因素导致虫害的发生?

4. 秀珍菇栽培的关键技术是什么?

任务 3.11　杏鲍菇栽培技术

工作任务单

项目 3　栽培技术	姓名：	第　　组
任务 3.11　杏鲍菇栽培技术	班级：	

工作任务描述：

　　了解杏鲍菇的生产概况，熟悉杏鲍菇菌丝体及子实体的特征，理解杏鲍菇对温度、光照、湿度、空气、pH 值的需求特性，掌握杏鲍菇袋栽管理技术及覆土地栽技术，掌握杏鲍菇生产期的常见问题

任务资讯：

　　1. 杏鲍菇形态学特性。

　　2. 杏鲍菇生活条件。

　　3. 杏鲍菇栽培季节确定。

　　4. 杏鲍菇培养料配制。

　　5. 杏鲍菇发菌期管理。

　　6. 杏鲍菇出菇期管理。

　　7. 杏鲍菇地栽技术。

　　8. 杏鲍菇栽培过程中的常见问题。

具体任务内容：

　　1. 根据任务资讯获取学习资料，并获得相关知识。

　　2. 杏鲍菇生产概况。

　　3. 杏鲍菇形态特征。

　　4. 杏鲍菇对营养及环境条件的需求特性。

　　5. 杏鲍菇培养料的制备。

　　6. 杏鲍菇发菌期及出菇期的管理技术。

　　7. 杏鲍菇地栽技术。

　　8. 杏鲍菇的常见栽培问题。

　　9. 根据学习资料制订工作计划，完成工作任务。

考核方式及手段：

　　1. 考核方式：

　　教师对小组的评价、教师对个人的评价、学生自评相结合，将过程考核与结果考核相结合。

　　2. 考核手段：

　　笔试、口试、技能鉴定等方式。

任务相关知识点

3.11.1 概述

杏鲍菇是一种大型的肉质伞菌,属担子菌纲、伞菌目、侧耳属,学名刺芹侧耳、雪芹、雪茸。因该菇有杏仁香味,故福建和台湾省称之为杏仁鲍鱼菇,简称杏鲍菇。它是平菇类中的珍品,被誉为"平菇王"。

杏鲍菇分布在欧洲南部,非洲北部及中亚地区。我国主要分布在新疆、四川西部,青海也有分布。野生杏鲍菇常在春末夏初腐生或兼性寄生于大型伞形花科植物如刺芹、阿魏、拉瑟草等根上及四周泥土中。人工驯化栽培采用锯末、棉子皮、豆秸、玉米芯等材料取得较好的效果。目前我国北从黑龙江南至福建广东均可栽培出品质优良的杏鲍菇。

杏鲍菇菌肉肥厚,质地脆嫩,味道鲜美,其营养丰富均衡,是一种高蛋白、低脂肪的营养保健品,蛋白质含量高达40%。杏鲍菇子实体内含有18种氨基酸,其中8种氨基酸是人体所必需的。矿质元素每百 g 杏鲍菇干菇含量分别为钙 142.4 μg,镁 1 214.3 μg,铜 11.5 μg,锌 79.6 μg,锰 13.4 μg,铁 101.8 μg 等。

中医学认为,杏鲍菇有益气、杀虫和美容的作用,可促进人体对脂类物质的消化吸收和胆固醇的溶解,对肿瘤也有一定的预防和抑制作用,经常食用可降血压,对胃溃疡、肝炎、糖尿病有一定的预防和治疗作用,并能提高人体免疫能力,是老年人和心血管与肥胖症患者理想的保健品。

杏鲍菇栽培具有投资省、出菇快、生产周期短、产量高、效益好等特点。加之杏鲍菇口感极佳,形态优美,有较高的耐贮藏性、耐运输性,使其保鲜性能及货架寿命大大延长,深受消费者欢迎,因此大力开发杏鲍菇商品具有广阔的前景。

3.11.2 生物学特性

1)形态特征

(1)菌丝体

杏鲍菇的菌丝为白色、浓密、粗壮,生长快,具有很强的爬壁能力。

(2)子实体

杏鲍菇子实体单生或群生,菌盖幼小时略呈弓形,后渐平展,成熟时,其中央凹陷呈漏斗状,直径 2~12 cm 不等。一般单生个体较大,群生时偏小。菌盖幼小时呈灰黑色,随着菇龄增加渐变浅,成熟后变为土黄、浅黄白色,中央周围有辐射状褐色条纹,并具丝状光泽。菌肉纯白色,杏仁味明显,菌褶延生不齐,白色,与平菇相同。菌柄长 5~20 cm,直径 3~10 cm 不等粗,光滑,白色,中实,基部膨大,菌柄呈棒状或保龄球状。

2)生活条件

(1)营养

杏鲍菇是一种木腐菌,具有较强的分解木质素、纤维素能力。菌丝生长最适宜的碳源

为葡萄糖、蔗糖等,适宜生长的氮源为蛋白胨、酵母粉。栽培时需要丰富的氮源和碳源,在一定的范围内,氮越丰富,菌丝生长越好,产量越高。生产上常以棉籽壳、木屑、玉米芯、蔗渣、豆秸和农作物秸秆等作为碳源,麸皮、玉米粉和米糠等作为优质氮源。

（2）温度

杏鲍菇属中温偏低型品种。菌丝生长温度为 6 ~ 32 ℃,最适生长温度为 23 ~ 26 ℃,温度是子实体形成和生长发育的重要条件。子实体原基形成的温度为 10 ~ 20 ℃,最适温度为 12 ~ 15 ℃,子实体生长发育的温度为 10 ~ 22 ℃,子实体生长发育的最适温度为 12 ~ 16 ℃,温度超过 20 ℃时子实体生长快,瘦长,菇体组织松软,品质差,在 10 ℃以下子实体生长非常缓慢,子实体颜色加深,呈灰黑色。

杏鲍菇子实体生长的温度范围较窄,对温度较敏感,如错过原基形成适宜的温度,就不再出菇。

（3）水分和湿度

杏鲍菇既耐干旱,又需一定水分,在菌丝生长阶段,培养基含水量以 60% ~ 65% 为宜,空气湿度保持为 60% ~ 70%。子实体形成阶段相对湿度要求达到 90% ~ 95%;生长阶段需要适当降低湿度,以 85% ~ 90% 为宜,不能向菇体直接喷水,水分主要靠培养基供给,否则菇体易发黄甚至死亡。

（4）光照

菌丝生长在黑暗状态下生长良好。子实体分化需要一定的散射光,有利于子实体发生。在子实体生长发育阶段,要求有一定量的散射光,一般为 500 ~ 1 000 lx。杏鲍菇具有明显的趋光性。

（5）空气

在菌丝生长阶段,培养后期应适当增加 CO_2 浓度,有利于菌丝生长速度加快。子实体原基形成和生长阶段需要充足的氧气,否则菇蕾形成慢、畸形多,菌盖表面形成瘤状物。

（6）酸碱度

杏鲍菇适宜在中性偏酸环境中生长发育,菌丝生长 pH 值为 3.5 ~ 8,最适 pH 值为 6.5 ~ 7.5,出菇时的最适 pH 值为 5.5 ~ 6.5。在生产时,总是将 pH 值调高为 7.5 ~ 8.0。

3.11.3　主栽品种

目前用于生产的杏鲍菇菌株从形态上可分为棍棒形和保龄球形两种类型。生产中常见的栽培品种如下所示。

1）杏鲍菇 2 号

该品种最新选育,子实体、粗大、棒形,工厂化栽培专用品种。其质地脆嫩,肉质肥厚,味道鲜美。具有独特的杏仁味,菌丝在培养皿内以半贴生型同心圆生长,在显微镜下具有显明锁状联合。在 25 ℃ 条件下生长蔓延迅速、密集,栽培生产时,菌丝培养适温 22 ~ 26 ℃。菌丝培养阶段如温度超过 26 ℃（指菌包中心温度）,就会显著影响质量和产量,该品种子实体最适温度为 14 ~ 15 ℃。此温度下生长的子实体,壮、洁白、硬实、光亮且产量高,栽培环境控制在16 ℃以下,否则子实体变软,甚至中空,产量较低。温度、湿度、CO_2 的浓度是该品种工厂生产的必备条件。

2)菌中珍品——SX42 杏鲍菇

该品种菇体高 10～30 cm,呈粗壮如肥大的水葫芦,洁白清香,脆嫩味美。抗杂性强、抗衰老,耐 CO_2,耐粗放栽培。菌丝 8～28 ℃生长正常,10～25 ℃自然出菇,生育期基本无病虫害。可用多种农作物下脚料栽培,尤其适宜棉籽壳、杂木屑、谷壳等混合料袋畦两段浅层覆土仿野生栽培,每 kg 干料可出菇 2～3 kg,产值 20～30 元。是一种具有商业开发潜力的高产型食用菌珍品。

3)杏鲍菇新品种"日引 1 号"

该品种子实体棍棒状,单生或群生,朵形大,菌盖初期内卷呈半球形,成熟后平展,后期盖缘上翘,中央浅凹,呈浅盘状至漏斗形,菌肉白色,菌褶延生、密集、白色、不等长。菌盖直径 3～6.5 cm,平均 4.9 cm,菌柄长度 15～24 cm,平均 18.8 cm。子实体(鲜品)蛋白质含量 2.16%,粗纤维含量 1.4%,粗脂肪含量 0.1%,氨基酸总量 1.39%。木霉、链孢霉、细菌感染等病害发病轻。

4)杏鲍菇 8 号

该品种出菇温度为 8～21 ℃,菇体棍棒形,个体大,形态美,抗杂性强,易栽培,产量高。适合多种培养料栽培。

5)杏鲍菇 90

该品种出菇温度 8～20 ℃,菇柄洁白,保龄球状,出菇整齐,特丰产,外形美,易栽培,味美特鲜可口,市场好销,产量高,单菇体质量大,质体致密,深受商家青睐。

3.11.4　栽培技术

1)杏鲍菇代料栽培

(1)杏鲍菇袋栽流程

栽培期确定→制作培养基→制袋接种与菌丝培养→菇蕾培育→出菇期管理→采收→间歇期管理。

(2)栽培季节选择

杏鲍菇栽培适宜生长温度为 12～18 ℃,从制袋接种到出菇需 40～50 d,一般在 9 月中下旬制袋较为适宜,杏鲍菇生长对温度敏感,当温度持续高于 20 ℃以上,菇体易萎缩,发黄腐烂,因此,不同海拔地区应根据出菇适宜温度来安排适合当地的栽培季节。

(3)培养料配制

①常用培养料配方

杏鲍菇适宜的生长基质较多,各种农林副产品的下脚料,如阔叶树木屑、棉籽壳、蔗渣、麦秆、废棉、稻草、草粉等均可作栽培主原料,麸皮、米糠、玉米粉、糖、碳酸钙、石膏粉等是栽培杏鲍菇的辅助材料。常用培养料配方有:

A. 棉籽壳 40%,杂木屑 35%,麸皮 20%,玉米粉 3%,糖 1%,轻质碳酸钙 1%,含水量 60% ~65%,pH 值为 6.0 ~6.5。

B. 棉籽壳 68%,杂木屑 20%,麸皮 10%,糖 1%,石膏粉 1%。

C. 杂木屑 36%,棉籽壳 36%,麸皮 20%,豆秆粉 6%,过磷酸钙 1%,石膏粉 1%。

D. 杂木屑 30%,棉籽壳 25%,玉米芯 18%,麸皮 15%,玉米粉 5%,豆秆粉 5%,过磷酸钙 1%,石膏粉 1%。

E. 杂木屑 22%,棉籽壳 22%,麸皮 20%,玉米粉 5%,豆秆粉 29%,过磷酸钙 1%,石膏粉 1%。

F. 杂木屑 73%,麸皮 25%,过磷酸钙 1%,石膏粉 1%。

G. 棉籽壳 78%,麸皮 20%,过磷酸钙 1%,石膏粉 1%。

以上配方任选 1 种,含水量 65% 左右,配制时 pH 值以 8.5 ~9.0 为宜。

②配制培养料

利用农副产品如玉米芯、麦秆、棉籽壳等作为主要原料栽培杏鲍菇,都要对原材料进行预处理。一是粉碎,如玉米芯,应粉碎成直径为 1 ~2 cm 的颗粒,麦秆类切成长 2 ~3 cm 长的小段。二是进行软化处理,因麦秆等原料表面的蜡质层较厚且坚硬,吸水速度比木屑慢,易刺破塑料袋。一般栽培时都应将原料用清水或 2% 的石灰水浸泡 12 ~24 h,捞出后堆制发酵 1 ~2 d 即可。将配方中其他原料与主料混合均匀,即可装袋接种。

(4)制袋接种与菌丝培养

袋栽杏鲍菇多采用 17 cm × (31 ~33) cm × 0.005 cm 的聚丙烯袋。准确称取各种原料,搅拌均匀,含水量适当,用手工或装袋机分装,一般为 17 cm × 33 cm 料袋装干料 0.5 kg 左右,按常规灭菌,冷却后接种。接种后,将菌袋置 25 ℃左右、空气相对湿度 70% 以下、光线较暗的培养室中培养。经 30 ~40 d 菌丝即可长满全袋。

(5)菇蕾培育

杏鲍菇第一潮菇蕾能否正常形成,直接影响到第二潮正常出菇及总产量。杏鲍菇原基形成必须满足两个条件:一是充分的营养积累,这是杏鲍菇原基形成的物质基础;二是适宜的环境条件,特别是较低的温度刺激和较高的相对湿度。生产上常依据两个原则:一是菌丝长满袋后,因积累的营养较少,须继续培养 10 ~20 d 后才开袋出菇,并掌握宁迟勿早的原则。不同的栽培料,略有差别,以木屑、棉籽壳为主料栽培时,可延长至 15 ~20 d;以农作物秸秆为主料栽培时,以 10 ~15 d 为宜。二是当时与当地环境条件是否利于原基分化和形成。当气温高于 20 ℃以上时不宜开袋,气温稳定在 10 ~18 ℃时,把塑料袋口反卷至靠近培养基表面。温度控制为 10 ~18 ℃,空气相对湿度保持为 85% ~90%,并增加适当的漫射光。每天通风 2 ~3 次,每次 20 ~30 min,保持空气新鲜,经过 8 ~15 d 就可形成原基并分化成幼蕾。

(6)出菇管理

当菇蕾形成至米粒大小,淡灰色即可进行出菇管理。出菇阶段温度可略高于原基分化温度,气温保持为 8 ~20 ℃,忌超过 22 ℃,以防幼小菇蕾萎缩死亡。不同生态型的菌株,造成幼菇死亡的临界温度有所不同,造成的损失也有差别。温度较高,子实体生长快,菇体小,开伞快,产品质量差。因此,在室外自然条件下,大棚栽培时,应在中午前后气温高、光照强烈时结合喷水、通风进行降温处理。早春或秋冬季,气温较低时,适当关闭门窗,中午增加强光,晚上加厚覆盖,以提高栽培棚内温度,有条件的可采用地热或人工加温措施。

初期空气相对湿度要保持在90%左右,当子实体菌盖直径长至2~3 cm后,湿度可控制在85%左右,以减少病虫害发生和延长子实体货架寿命。当气温升高、空气湿度低于80%时应进行适当喷水增湿,但忌重水和把水喷于菇体上,以免引起子实体黄化萎缩,严重时还会感染细菌,引起腐烂死亡,降低子实体产量和质量。生产上常用细喷常喷方法补湿,也可喷水前,用报纸或地膜盖住子实体,喷水结束后,拿掉覆盖物,可减少喷水造成的不良影响。

(7)采收

当子实体基本长大,基部隆起但不松软、菌盖基本平展并中央下凹、边缘稍有下内卷、但尚未弹射孢子时,即可及时采收,此时大约八成熟。如生产批量较大时,可掌握七分熟时采收。采收的子实体应随即切除基部所带基料等杂物,码放整齐以防菌盖破碎,并及时送往保温库进行分级、整理及包装,或及时送往加工厂进行加工处理,不得久置于常温下,以防菌盖裂口、基部切割处变色而影响商品质量;更不得浸泡于水中,使其充分吸水以增加质量,否则,商品质量将大打折扣。

(8)间歇期管理

将出菇面清理干净,并清洁菇棚,春栽时喷洒一遍菊脂类杀虫药及多菌灵等杀菌剂后,密闭遮光,使菌袋休养生息,秋栽时只喷一遍杀菌剂即可。待见料面再现原基后,可重复出菇管理。当1~2潮菇采收结束,菌袋失水较多,宜以注水法和浸水法补水。也可在2~3潮菇后进行覆土栽培,以减少补水的烦琐。

2)杏鲍菇覆土地栽技术

杏鲍菇覆土地栽工艺流程:备料(备种)→拌料装袋→灭菌、接种→选场搭棚和整畦处理→下田覆土→出菇期管理→采收。

(1)备料(备种)

按配方准备充足的原料;选择朵形圆整,菌柄上下均匀、色白、组织较密,口感好的,适合于覆土地栽的杏鲍菇品种。

(2)拌料装袋

拌料时可按常规方法根据配方比例进行操作,先将辅料充分拌匀,然后再拌入主料,含水量控制为65%~70%,pH调至7.5。搅拌均匀后装袋,改常规17 cm×34 cm规格的聚乙烯短袋菌包式栽培为12 cm×55 cm×0.004 cm规格的低压聚乙烯塑料长袋栽培。

(3)灭菌接种

将装好料的菌袋及时放在生产香菇用的常压灶内杀菌,力求4~5 h灶温达到100 ℃。维持10~12 h,一般一灶可生产6 000~8 000袋,冷却后在接种箱或无菌室内接种。用直径2 cm的打孔器在袋单面打4个穴,用接种器摄取成块菌种接入穴内,套上15 cm×55 cm×0.002 cm规格塑料袋,采用双袋法可以有效地降低污染率。接种后置23~25 ℃下遮光培养,一般40~50 d可长满袋。

（4）选场搭棚和整畦处理

菇场应选择在地势平坦,环境卫生,排灌方便,水质优良,交通便利的田地,有蚂蚁的场地不宜使用。外棚高 2.5 m,用芦苇、茅草或芒萁等放在支架上,四周用稻草、芦苇等圈围,创造一个光照少,阴凉通气性好的生态环境。内棚畦田 1.1~1.3 m,长不限,留宽 0.5 m 的走道,深 0.3 m,每两畦用弓竹插上,高 1.8 m,盖严塑料膜,用硫黄熏蒸或生石灰喷撒,防止地面害虫和杂菌侵害,消毒后备用。

（5）下田覆土

菌丝长满袋后,再培养 10 d 左右,即可将菌袋搬至预先准备好的菇棚里,即时脱袋,接种穴朝上,一袋紧靠一袋平卧于畦面,覆上一层 1~1.5 cm 厚土,要求土质应疏松,不易板结,保温性好的泥炭土。菌袋畦边,用烂泥封严,防止底面出菇。

（6）出菇管理

杏鲍菇的出菇温度因菌株而异,一般为中温型,利用自然温度进行室内栽培,可在气温稳定为 10 ℃,但最高温度不超过 30 ℃时安排出菇;利用塑料大棚安排出菇时,宜在气温 8~25 ℃时进行,这样,经升温保温,棚温可保持在 13 ℃左右;或经加厚覆盖、喷水降温,降至 20 ℃以下,在该温度范围内,一般可满足杏鲍菇子实体生长需求。

催蕾阶段:调控棚湿度至 95% 左右,光照强度 1 000 lx,并有少量通风,约经 15 d,袋口料表面即有白点状原基形成,秋栽时采取措施适当降低棚温,春栽时则应设法予以提高,并稍加大通风量,保持原有棚温,原基数量不断增加,继之连片,随之原基分化,幼蕾现出。该阶段棚温应严格控制在 20 ℃以下,否则,不能现蕾。

幼蕾阶段:幼蕾体微性弱,需要较严格、稳定的环境条件,该阶段可将棚温稳定为 15~20 ℃、棚湿 90%~95%、光照度 500~700 lx,以及少量通风,保持棚内较凉爽、高湿度、弱光照及清新的空气,3~5 d,幼蕾分化为幼菇,即可见子实体基本形状。

幼菇阶段:子实体幼时尽管较蕾期个体大,但其抵抗外界不利因素的能力仍然较弱,该阶段仍需保持较稳定的温、水、气等条件,为促其加快生长速度及其健壮程度,可适当增加光照度至 800 lx,但随着光照的提高,子实体色泽将趋深,故需掌握适度。经 3 d 左右,即转入成菇期。

幼蕾及幼菇阶段,是发生萎缩死亡的主要阶段,其主要原因是温度偏高,尤其是秋栽的第一潮菇和春栽的第二潮菇,处于温度较高的大气环境中,管理中稍有疏忽或措施不当、管理不及时等,将会令棚温急骤上升,一旦达到或超过 22 ℃,幼蕾即大批发黄、萎缩、继之死亡,幼菇阶段亦如此。因此,严格控制棚温,将是杏鲍菇菇期管理的重要任务,所以,根据其生物学特性,严格、有效地调控各项条件,正确处理温、气、水、光之间的矛盾,使子实体各阶段均处于较适宜的环境中,最大限度地降低死亡率,已成为菇期管理工作优劣的评判标准。

成菇阶段:为获得高质量的子实体,该阶段应创造条件进一步降低棚温至 15 ℃左右,控制棚湿度为 90% 左右,光照度减弱至 500 lx,尽量加大通风,但勿使强风尤其温差较大的风吹拂子实体;风力较强时,可在门窗及通风孔处挂棉纱布并喷湿,或缩小进风口等,以控制热风、干风、强风的进入,既保证棚内空气清新,又可协调气、温、水之间的平衡、稳定的关系,将使子实体处于较适宜的条件下,从而健康、正常地生长。

（7）采收与加工

当菇盖边缘微内卷，颜色变浅，孢子未弹射时采收，适当提早采收，菇体风味好，货架期长。出口菇要求菌盖直径 2.5～4 cm，柄长 6～10 cm，柄粗 2～4 cm，采收时应手戴手套，将菇体拧下，用小刀削去基部杂质。第一批采收后，清理料面，及时补充菌袋水分和营养剂，调节好菇棚的温、湿度，经 10 d 左右又可长出第二潮菇，一般可长 2～3 潮；但产量主要集中在第一潮杏鲍菇，杏鲍菇采收后可在 2～4 ℃低温冷藏保鲜后出售，比一般菇类保存时间要长，也可切片烘干或加工成盐渍品和制罐。

3.11.5 杏鲍菇生产中的常见问题

杏鲍菇是我国近几年发展起来的食用菌种类之一，其生产周期短，见效快，经济效益相对较高，故种植面积不断扩较大。但在杏鲍菇生产中常常会出现一些问题给菇农造成巨大的损失，因此必须要给予重视。

1）畸形菇

子实体长成块状、或球形，菌盖小或无菌盖，失去商品价值。

（1）产生原因

①出菇袋接种时使用了不合格或已经老化的菌种。

②出菇期遇到 18 ℃以上高温，抑制了菌盖形成和发育。

③催蕾期和幼蕾期管理不当，抑制菇体正常分化发育。

（2）防治措施

①选择健壮的菌种接种。杏鲍菇应采用三级制种，避免四级制种或多级制种，甚至将出菇袋当栽培种使用。

②如果误选了老化菌种，在出菇催蕾阶段要及时进行料面搔菌，使其重新养菌扭结出菇。

2）袋内出菇

子实体不从袋口长出，而是在中部形成，长成扁平状子实体，成为畸形菇，降低商品质量。

（1）产生原因

①装袋过松。

②菌丝成熟后诱导出菇不及时。

③空气相对湿度低于 80%。

④运输或摆袋时菌袋振动过大。

（2）防治方法

①制袋装料时不宜过松，防止料与袋壁之间形成空腔。

②菌丝成熟后要及时增湿，并给予散射光照诱导出菇。

③搬运过程中轻拿轻放，防止菌袋受到较大振动。

④在袋中形成原基后，及时剔除或开口出菇。

食用菌生产技术
SHIYONGJUN SHENGCHAN JISHU

3）菇上长菇

（1）产生原因

①菌皮老化，形成畸形菇。

②局部空气相对湿度较大，子实体组织受伤坏死。

（2）防治措施

①加强通风，降低空气相对湿度，避免长期高于95%。

②喷水时多在墙面或地面，严禁直接把水喷在子实体上，或喷雾状水。

③菌盖上菌蕾要及时割除。

④进行疏蕾管理。

4）菌盖上长疙瘩

一般发生在冬季，菌盖边缘或整个菌盖长满疙瘩。

（1）产生原因

①培养室生火增温，导致有害气体聚集。

②杏鲍菇对剧烈温差变化较为敏感，冷热空气刺激（风口冷风）引起菌盖内外细胞生长失调。

（2）防治措施

①棚内生火加温时要用密封严密的拔风筒或火墙把烟和有害气体排出室外。

②冬天通风换气时要在中午气温较高时进行，防止棚内温差过大。

5）个体小，长不大

商品性状好的杏鲍菇一般个体较大（如杏鲍2号为100 g左右），且大小均匀。

（1）产生原因

①培养料配比不合理，营养成分不够，生长没有后劲。

②出菇过密，营养分散。

（2）防治措施

①科学配制营养料，碳氮比合理，尽量不使用秸秆类原料。

②注意疏蕾管理。对于两头出菇的菌袋，每头最多应保留2~3个菇蕾。

6）子实体枯萎

幼菇生长停止，萎缩，变黄变软、腐烂，基部变海绵状，有许多孔道，可见白色幼虫。

（1）产生原因

菌蚊幼虫取食菌丝体和子实体基部组织，养分和水分供应中断，子实体死亡后感染细菌变黄腐烂。

（2）防治措施

①培养室和菇房在使用前，喷洒2 500~3 000倍"菇喜A+B"杀灭害虫。

②发菌期间菌袋密封要严，不留害虫进入的通道。

③出菇期间，出现害虫要及时诱杀，去掉死菇，防止菇体腐烂。

④用药杀灭害虫后，向料面喷洒或滴注"菇大夫"修复菌丝，使受害的菌丝恢复活力，

提高抗病能力和结实能力。

7）杏鲍菇菇柄中空

杏鲍菇菇柄中空产生的原因为：

①菌种退化。统计调查发现，凡使用连续传代 3 次以上，未经提纯复壮菌种的菇农，有 70% 出现了菇柄中空的现象。

②长速过快。子实体在发育过程中，温度持续 2 d 以上超过 18 ℃，子实体生长迅速，养分供给跟不上。

③料棒缺水。2、3 潮菇后，料袋含水量小于 40%，而空气相对湿度超过 90%，子实体生长较快，料袋缺水因而养分供应不上。

④通气不良。子实体过密造成养分供给不足。

⑤培养料养分不足。

8）菌袋污染

（1）产生原因

①拌料时培养料没有吸透水，料内有生心，尤其是木屑、玉米芯等质地较硬的培养料易发生这种情况。

②在灭菌过程中没有排尽冷空气，灭菌锅中始终被冷空气占据一部分，导致热循环不良。

③灭菌时间不足，或在灭菌过程中出现停火，或灭菌锅内菌袋摆放过多过紧，均会出现灭菌不彻底的问题。

（2）防治措施

彻底灭菌。

思考练习题 >>>

1. 杏鲍菇主要有哪些形态特征？

2. 杏鲍菇有哪些特殊生活条件？

3. 袋栽杏鲍菇，采收 2～3 潮后，应通过哪些方法提高产量？

4. 如何让杏鲍菇春季多出菇？

5. 如何提高杏鲍菇的品质？

6. 如何控制杏鲍菇栽培中的菌袋污染问题？

7. 杏鲍菇栽培过程中常出现什么问题？怎样防治？

实训指导7 平菇发酵料栽培技术

一、目的要求

了解平菇栽培的环境条件,能制作优质发酵料,快速正确地进行装袋接种。正确处理发菌过程中的异常现象。

二、实验准备

（一）材料用品

棉籽壳、石灰粉、过磷酸钙、栽培种、高锰酸钾等。

（二）仪器用具

低压聚乙烯栽培袋、线绳、铁锨、水桶、大盆、脸盆、喷雾器、大镊子等。

三、实验内容

（一）制作发酵料

（二）袋栽

（三）排袋发菌

（四）利用课余时间进行观察和管理

四、方法步骤

（一）发酵料的制作

1. 培养料配方。籽壳96%,石灰2%,过磷酸钙1%,石膏1%。

2. 拌料。按照配方比例称料,提前一天将棉籽壳摊薄、撒石灰粉、洒水预湿。然后拌入石灰及石膏粉,过磷酸钙溶解少量水后拌入。最后加清水将培养料拌到含水量（挤出1~2滴水）,调pH为8.0~9.0。

3. 发酵。建长形堆,纵横打料孔,顶部盖草被,四周围薄膜。料温升至65℃时保持一天翻堆,共翻2~3次堆。气温高时可在最后一次翻堆时喷0.1%多菌灵。发好的料呈咖啡色、有香味、pH7.0~7.5、含水量以指缝泌水而不下滴为宜。

（二）装袋

可选用(25~28)cm×50 cm聚乙烯塑料筒膜袋,事先扎3道微孔线（中间及距两端6~7 cm处各一道线）,用线绳把袋的一端扎活结,层播法装袋（微孔线处放菌种）,上端再扎活结。

栽培种放于0.1%高锰酸钾溶液中浸泡1 min,取出,将栽培种掰成枣大,进行播种,两端用种量各占总用种量的2/5,中层1/5,多撒于四周。接种量为12%~15%。菌袋要装得外紧内松、光滑、饱满、充实。

（三）排袋发菌

根据气温决定菌袋放置的场所及袋层高度。管理要点是：

防杂菌、害虫,料温 20～25 ℃,光线暗,空气新(1 周后逐渐加强通风),空气湿度为 60%～70%。7～10 d 倒换一次菌袋位置。直至白色菌丝长满菌袋,吃透培养料。

（四）分化

经 30～40 d,菌丝即可长满袋。加大温差(8～10 ℃),提高空气湿度(80%～85%),加强通气及光照条件,促进原基分化。

（五）育菇

现原基时解口或划口,保持散射光照,85%～90% 空气湿度,随菇体的长大加强通气条件。

喷水时,勿强水喷、硬风吹;勿喷珊瑚期以前的菇;勿喷水后闷湿。通风时,勿通对流风与干热风,有风天气开背风窗。

（六）采收

在适宜条件下,从子实体原基开始生长,经 5～7 d 平菇长至八成熟时即可采收。采收时成丛扭收或割收。

五、作业

(1)将自己装的菌袋进行管理,记录各期的生长情况,并对异常现象进行原因分析。

(2)培养料在发酵中出现变黑、发黏、发臭现象,是哪些原因导致的?

(3)子实体生长期,若喷水过多及通风太强易出现哪些问题?

六、考核办法与标准

（一）考核内容

1.平菇发酵料制作。

2.平菇装袋播种。

3.平菇发菌期管理。

4.平菇生长期管理。

（二）考核标准

序号	考核项目	评价标准	分值	备　注
1	学习态度	遵守纪律和时间,不迟到,不早退,工作态度积极、发言积极、团队意识强,团队协作	10	以个人考核为主
2	技能操作	会按照配方比例调配培养料,并建堆、打孔、覆盖,正确监测温度并进行翻堆,会判断优良发酵料;会处理栽培种,并进行正确播种及装袋,判断装袋质量;会根据平菇栽培发育的环境条件进行育菇	70	
3	提问	根据现场情况提问,回答问题熟练、正确,并给出相应成绩	10	
4	完成任务的质量及速度	按时按标准完成任务	10	

项目4 食用菌病虫害识别及防治

项目教学设计

学习项目名称	生产设计
任务名称 4.1 菌丝体阶段病害识别及防治 4.2 子实体阶段病害识别及防治 4.3 食用菌虫害识别及防治	教学方法和建议： 1.通过任务教学法实施教学,实施场所为实验实训室、实训基地等 2.将生产设计分成3个工作任务单元,每个工作任务单元按照"资讯—决策—计划—实施—检查—评价"六步法来组织教学,学生在教师指导下制订方案、实施方案、最终评价学生 3.教学过程中体现以学生为主体,教师进行适当的讲解,并进行引导、监督、评价 4.教师提前准备好各种媒体学习资料、任务工单、教学课件、并准备好教学场地
学习目标	识别菌丝体阶段的侵染性病害及生理性病害特征,并能正确防治 识别子实体阶段的侵染性病害及生理性病害特征,并能正确防治 识别食用菌害虫特征,并能正确防治
教师所需的执教能力	能识别食用菌病害、虫害,并且做到提前预防。能根据教学法设计教学情境;能够按照设计的教学情境实施教学

任务4.1　菌丝体阶段病害识别及防治

工作任务单

项目4　食用菌病虫害识别及防治	姓名：	第　组
任务4.1　菌丝体阶段病害识别及防治	班级：	

工作任务描述：

　　掌握菌丝体阶段侵染性病害的特征,并能正确防治;掌握菌丝体阶段生理性病害的特征,并能正确防治。

任务资讯：

　　1.菌丝体阶段侵染性病害。

　　2.菌丝体阶段侵染性病害防治方法。

　　3.菌丝体阶段生理性病害。

　　4.菌丝体阶段生理性病害防治方法。

具体任务内容：

　　1.根据任务资讯获取学习资料,并获得相关知识。

　　2.菌丝体阶段侵染性病害种类及特征。

　　3.菌丝体阶段侵染性病害防治方法。

　　4.菌丝体阶段生理性病害种类及特征。

　　5.菌丝体阶段生理性病害防治方法。

　　6.根据学习资料制订工作计划,完成工作任务。

考核方式及手段：

　　1.考核方式：

教师对小组的评价、教师对个人的评价、学生自评相结合,将过程考核与结果考核相结合。

　　2.考核手段：

笔试、口试、技能鉴定等方式。

任务相关知识点

4.1.1　菌丝体阶段侵染性病害识别与防治

1)木霉

(1)发生特点

各类食用菌制种及栽培中普遍发生木霉的污染,受污染后料面上产生霉层,初为白色,菌丝纤细,致密,由菌落中心向边缘逐渐变成浅绿色,最后变成深绿色,粉状物(图4.1)。如不及时处理,几天便会在整个料面上层形成一层绿色的霉层。高温高湿而偏酸性的条件有利于此病的发生。

（2）原因

培养料预湿不够;使用陈旧的棉花塞;高压灭菌锅预热不足;国内冷空气没有排干净;灭菌压力、时间不够。棉花塞没有塞紧,会出现培养后期绿色木霉感染。木屑没有过筛,刺破塑料袋,造成污染。绿色木霉是食用菌生产的劲敌。

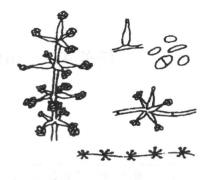

图 4.1　木霉

（刘波,食用菌病害及其防治,1991）

（3）防治

①培养室要密封熏蒸,保持清洁卫生。

②菌种生产中,要灭菌彻底,严格遵守无菌操作规程,操作人员技术熟练。

③栽培平菇时可用培养料干重的0.1%多菌灵或克霉灵拌料。

④菌种发现污染立刻弃除,在生产中,栽培料出现污染要挖去污染部分,并喷洒40%多菌灵200倍的药液。

⑤注射甲醛或绿霉净消毒液。

⑥培养料中的麦麸及米糠比例不要超过10%,因氮素营养的增加,会增加木霉污染率。

2）青霉

（1）发生特点

各类食用菌制种及栽培中普遍发生青霉的污染。受染初期,发现白色绒状菌(图4.2),1～2 d后,菌落变成粉粒状蓝绿霉,菌落近圆形,时常具有一圈新生长的白边。空气中的孢子随处散落,很容易造成培养料的污染,高温高湿条件有利于此病菌的发生。此菌在一定的条件下,具有寄生能力,能使子实体致病。

（2）原因

同木霉。

（3）防治

同木霉。

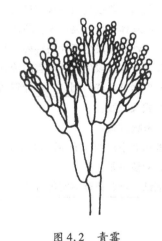

图 4.2　青霉

（刘波,食用菌病害及其防治,1991）

3）链孢霉

（1）发生特点

链孢霉又称脉孢霉和红色面包霉(图4.3)。是食用菌生产中的恶性杂菌,它和木霉、青霉、曲霉不同,虽然不分泌霉素,但生命力强,生长迅速,并有很强传播能力,一旦出现,易对生产造成很大威胁。链孢霉常生于煮熟的玉米芯、培养料、受潮的面包和其他淀粉质有机物上,生料上很少发生。能污染各种菌种,盛于高温高湿条件下。在25～30 ℃条件下,孢子萌发成菌丝仅需6 h,以迅速的生长速度长满培养料,约48 h后产生大量橘红色分生孢子,有时分生孢子能撑破袋膜,向四周扩散。链孢霉菌丝侵染子实体后,能在短期内覆盖子实体,致其腐烂。

（2）原因

常压灭菌后在潮湿的棉花塞上生长,南方梅雨季节更易出现。接种时,应将湿棉塞弃之,换上灭菌过的干棉花塞,不可存有侥幸心理。

（3）防治方法

①养菌室加强通风,室内空气湿度65%左右,地面撒石灰粉进行防潮。

②配制培养料时,加入0.1%~0.2%多菌灵。但多菌灵对木耳、银耳、猴头菌的菌丝具有强烈的抑制作用,不能在拌料时添加。

③塑料袋内出现链孢霉局部污染时,可注射0.2%托布津或500倍甲醛。床面出现污染时,用石灰粉覆盖染菌部位,并覆盖经0.1%高锰酸钾浸湿的报纸,以防孢子扩散。

④重度污染的袋、瓶,应轻移到远处深埋或烧毁。

图4.3　链孢霉(刘波,食用菌病害及其防治,1991)

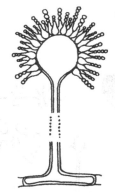

图4.4　曲霉(刘波,食用菌病害及其防治,1991)

4）曲霉

（1）发生特点

在各类食用菌制种及栽培中,温度高时最常发生污染的有黑曲霉和黄曲霉(图4.4)。在受污染的培养料上,初期出现白色绒状菌丝,菌丝较厚,扩展性差,但很快转为黑色或黄色颗粒状霉层。

（2）原因

同木霉。

（3）防治

同木霉。

5）毛霉

（1）发生特点

在各类食用菌的制种及栽培中均可发生此菌污染(图4.5)。初为白色棉絮状,生长速度快,不久变为灰色,然后各处均成黑色,初次侵染由空气传播,接种所用器具及接种箱(室)等灭菌不彻底,无菌操作不严格,棉塞受潮,培养

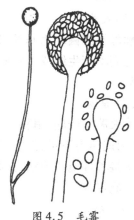

图4.5　毛霉

(刘波,食用菌病害及其防治,1991)

环境湿度大易造成此菌污染。

（2）原因

同木霉。

（3）防治

同木霉。

6）根霉

（1）发生特点

各类食用菌制种及栽培中均可发生污染，发生普遍，为害较重，常造成菌种报废，产量下降（图4.6）。受污染的培养料，表面有匍匐生长的菌丝，灰白色，菌丝生长不像毛霉那么快。后期在培养料表面形成一层黑色颗粒状霉层。高温高湿条件有利于此病菌的生长繁殖。

（2）原因

同木霉。

（3）防治

同木霉。

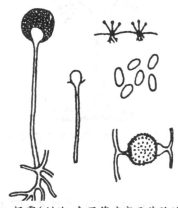

图4.6　根霉（刘波，食用菌病害及其防治，1991）

图4.7　酵母菌（刘波，食用菌病害及其防治，1991）

7）细菌和酵母

（1）发生特点

酵母及细菌均为非丝状体的单细胞微生物，酵母比细菌大10多倍，图4.7所示为酵母菌。它们不产生绒或絮状的菌丝，只产生糊糊或胶质状的菌落，使污染的培养料发黏、变臭或变酸。

（2）原因

①灭菌不彻底，填料过松，灭菌锅内菌瓶排放过紧，冷空气放气不足或升温过快造成假压，灭菌锅压力不足，控温时间过短，开门时气流倒吸等引起细菌性污染。

②接种环境不清洁，接种过程没有严格按照无菌操作要求进行，杂菌随着操作过程产生的气流带入。

（3）防治

用0.1%~0.2%多菌灵或托布津等抑菌剂拌料，防止培养料含水量和培养温度过高，提高料的 pH 值;加强通风换气,有酸臭味时,喷洒 600 倍漂白粉。

8)鬼伞

(1)发生特点

鬼伞菌常生长于栽培蘑菇和草菇的培养料上(图
4.8)。常见的鬼伞有墨汁鬼伞、毛头鬼伞、粪污鬼伞、
长根鬼伞、膜鬼伞等,除膜鬼伞外,皆为大型肉质担子
菌,均无毒,成熟后菌盖潮解,形成"浓墨汁"滴下;膜
鬼伞菌盖薄而透明,成熟后菌盖向上反卷,不潮解。

(2)原因

鬼伞易发生于高温高湿、腐熟不均、呈酸性、有氨
味、氮肥多的培养料中。

图 4.8　鬼伞

(刘波,食用菌病害及其防治,1991)

(3)防治

培养料在烈日下暴晒 1 ~ 2 d;用 1% ~ 2% 石灰水浸泡;增加菌种接种量,发挥群体效
应;及时摘除,以防孢子散发;用明矾水中和培养料中的氨,也可减少鬼伞的发生。

9)白色石膏霉

(1)发生特点

白色石膏霉又称臭霉菌、面粉菌,其病原菌是粪生帚霉,主要侵害蘑菇。发病初期,由
短而密的白色菌丝形成大小不同的圆形病斑,类似一层石灰,老熟时菌丝呈粉红色,以后便
产生黄色粉状孢子。菌丝自溶后,使培养料变黑、发黏、产生恶臭。病菌发生时,能抑制蘑
菇菌丝生长,当其衰亡后,蘑菇菌丝仍能正常生长。

(2)原因

与培养料腐熟不够,pH 值过高,播种后通风不良,过分湿热有关。

(3)防治

发病时,可加强通风,喷 500 倍多菌灵、1:7醋酸溶液、5% 石炭酸等。堆制培养料时,要
提高堆温,增加过磷酸钙和石膏的用量,降低培养料的 pH 值,防止过碱。

10)金孢霉

(1)发生特点

金孢霉主要发生在蘑菇床架上,播种后 15 ~ 20 d 发生。金黄色粉状物密布于培养料
中,可闻到铜绿色或电石气味。金孢霉的代谢产物使蘑菇菌丝消失,引起减产。

(2)防治

正确进行二次发酵,防止顶层培养料过湿、过熟。可在床架上戳洞,加强通风。目前,
尚无控制金孢霉的药品,以预防为主。

11)小菌核

(1)发生特点

小菌核是草菇栽培中最常见的竞争性杂菌,其菌丝洁白,有光泽,呈绒毛或羽毛状,比
草菇菌丝粗壮,用肉眼即可识别。以后会在菌丝上形成大量小菌核,初期为乳白色,随着体

积增大逐渐变为米黄色,最后又缩小变为茶褐色,其形状、色泽、大小均与油菜籽相似。小菌核菌丝不但与草菇菌丝争夺水及养料,还分泌抑制草菇生长的毒素,严重时完全不出菇。

（2）防治

未出菇时,可用0.1%升汞、0.1%多菌灵、0.1%退菌特、0.5%西力生或硫酸铜防治。局部感染时,用5%~8%的石灰水重喷。

12）水霉

（1）发生特点

在高湿栽培房内的层架背面,清楚看到水霉的白色胡须状菌丝垂下。水霉分泌毒素抑制蘑菇菌丝蔓延,绒毛菌丝很少,常呈线状。

（2）防治

因培养料没有得到充分发酵,而且在料湿、通风不足时发生。因此,应控制培养料的含水量,并保证足够的通风,防止棉塞受潮而引起染菌,穿透棉花塞造成菌丝窒息,这是杜绝污染的主要措施。

4.1.2 菌丝体阶段生理性病害识别与防治

1）菌丝徒长

蘑菇、香菇、平菇等栽培时均有发生。在菇房（床）湿度过大和通风不良的条件下,菌丝在覆土表面或培养料面生长过旺,形成一层致密的不透水的菌被,推迟出菇或出菇稀少,造成减产。菌丝徒长除了与上述环境条件有关外,还与菌种有关。在原种分离过程中,气生菌丝挑起过多,常使栽培种产生结块现象,出现菌丝徒长。

在栽培蘑菇的过程中,一旦出现菌丝徒长现象,应立即加强菇房通风,降低CO_2浓度,减少细土表面湿度,并适当降低菇房温度,抑制菌丝徒长,促进出菇。若上面已出现菌被,可将菌被划破,然后喷重水,大通风,仍可望出菇。

2）菌丝萎缩

在栽培种,常在发菌与出菇阶段出现菌丝发黄、发黑、萎缩的现象。其原因是复杂的,如下所示。

（1）料害

播种后3~5 d,因建堆时添加过多的氮肥,导致已萌发的菌丝"氨中毒"。发酵时间过长,培养料过于腐熟,发生酸化,则会造成菌丝萎缩。

（2）水害

覆土层喷水过急,水渗入料层,造成培养料过湿而缺氧,致使菌丝萎缩。

（3）烧菌

高温高湿下,菌丝新陈代谢加快,易发黄死亡,降温后仍难以恢复生长。

3）拮抗线

（1）症状

菌丝尖端不再继续发展,菌丝积聚,由白变黄,形成一道明显的菌丝线;或者菌丝接壤处形成一道明显的菌丝线条,如同两军对垒,互不相让。

(2)原因

①培养料含水量过高,菌丝不能向高含水料内深入,形成拮抗线。

②菌袋两头各接入了两个互不融合的菌种。

(3)防治措施

基料内的含水量要适宜;在一个菌袋内只接入同一菌株。

4)菌丝稀疏

(1)症状

菌丝表现稀疏、纤弱、无力、长速极慢等现象(在排除细菌污染的前提下)。

(2)原因

种源特性退化,种源老化,种源自身带有病毒病菌,基料营养配比不合理,基料含水量过低,基料 pH 过高或过低,培养温度过高,湿度过大等。

(3)防治措施

选用适龄的脱毒菌种,科学合理地调配基料,注意基料 pH 变化,调控培养室的温度。

5)菌丝不吃料

(1)症状

表面菌丝浓密、洁白,但菌丝不向下伸展。开料检查,发现有一道明显的"断线",培养料的基料色泽变褐,并有腐味。

(2)原因

基料配方不合理,原料中有不良物质,基料水分过大,菌种老化或退化。

(3)防治措施

合理选择原料,配方应科学合理,适量用水,选择适龄的脱毒菌种。

6)退菌

(1)症状

菌丝逐渐失白,继而消失。

(2)原因

种源种性退化,基料水分偏高,闷热、水大,菌丝自溶。

(3)防治措施

严格控制种源,控制基料的含水量在适宜水平,高温季节尽量避免菌袋间的过分拥挤。

7)发菌极慢

(1)症状

与正常生长速度相比菌丝生长极慢。

(2)原因

基料水分过大,通透性极差,菌丝无法深入内部;基料灭菌的起始温度低或者装料与灭菌之间的时间偏长,高温时基料酸败;基料配方不合理,某些化学物质对菌丝发生抑制;种源的特性不适应或者生物性状退化。

(3)防治措施

基料配方合理,调控适宜的含水量,选择适合本地区的脱毒适龄菌种;装瓶或装袋后应立即灭菌。

思考练习题)))

1. 生产上菌丝体阶段发生的杂菌有哪些?如何防治?

2. 食用菌菌丝体阶段生理性病害主要有哪些?如何防治?

任务4.2　子实体阶段病害识别及防治

工作任务单

项目4　食用菌病虫害识别及防治	姓名:	第　　组
任务4.2　子实体阶段病害识别及防治	班级:	

工作任务描述:

　　掌握子实体阶段侵染性病害的特征,并能正确防治;掌握子实体阶段生理性病害的特征,并能正确防治。

任务资讯:

　　1. 子实体阶段侵染性病害。

　　2. 子实体阶段侵染性病害防治方法。

　　3. 子实体阶段生理性病害。

　　4. 子实体阶段生理性病害防治方法。

具体任务内容:

　　1. 根据任务资讯获取学习资料,并获得相关知识。

　　2. 子实体阶段侵染性病害种类及特征。

　　3. 子实体阶段侵染性病害防治方法。

　　4. 子实体阶段生理性病害种类及特征。

　　5. 子实体阶段生理性病害防治方法。

　　6. 根据学习资料制订工作计划,完成工作任务。

考核方式及手段:

　　1. 考核方式:

教师对小组的评价、教师对个人的评价、学生自评相结合,将过程考核与结果考核相结合。

　　2. 考核手段:

笔试、口试、技能鉴定等方式。

任务相关知识点

4.2.1 子实体阶段侵染性病害识别与防治

1)褐腐病

(1)病症

褐腐病又称为白腐病、疣孢霉病、湿泡病等,是菇房最普遍且危害严重的病害,主要危害蘑菇和草菇。疣孢霉属于半知菌纲,能产生分生孢子和厚垣孢子。分生孢子及厚垣孢子只感染子实体,不侵害菌丝体,子实体受轻度感染时,菌柄膨大成泡状;严重感染时,子实体分化受阻,形成畸形菇。菇的发育阶段不同,病症也不一。子实体分化时被感染,形成如硬皮马勃状的不规则组织块,表面覆盖一层白色绒毛状菌丝,随着病情加深,菌丝变成暗褐色,从病菇组织中渗出暗褐色液滴,有特殊腐臭;如果在菌柄、菌盖分化后感染,菌柄会变为褐色;在子实体发育末期,菌柄基部被感染,常产生淡褐色病斑。当感病菌柄残留在菇床上时,会长出一团白色菌丝,最后变成暗褐色。

(2)原因

褐腐病大多在高温、高湿、通风不良的条件下发生,尤以空气不流通、空气湿度大时发病严重,在 10 ℃ 以下极少发生。

(3)防治

疣孢霉的孢子在 52 ℃ 下经 12 h 就能死亡,堆料采用后发酵法可杀灭病菌孢子。在覆土前用 500 倍的多菌灵、甲基托布津、苯菌灵等喷洒床面,可防止该病发生。覆土材料应在远离菇房的地方挖取,用巴氏消毒法(60 ℃)将土处理 1 h,或者用 4% 的甲醛消毒,也可在覆土中喷 500 倍多菌灵或甲基托布津,防止传病。

病害发生后,应立即停止喷水,加强通风换气,降低空气湿度,将温度降至 15 ℃ 以下,并在病区喷 1% ~2% 甲醛溶液,或 500 倍多菌灵、托布津等,喷 2~3 次,即可彻底消灭。使用甲醛后会使培养料酸化,对子实体产量和质量都有一定影响,近来使用 0.5% 波尔多液,连喷 3 次,停水 8 d 后再调节水分,以后便能正常出菇,对产量及质量没有影响。病情严重时,须改换覆土,将病菇及周围培养料烧掉,所有用具在 4% 甲醛溶液中消毒。

2)褐斑病

(1)病症

褐斑病也称轮枝霉病、干泡病,其病原菌是真菌轮枝霉。此菌感染力很强,是感染蘑菇的四大病害之一。轮枝霉不感染蘑菇菌丝,但病菌菌丝能沿菌索生长,具有很强的感染力,常在人们尚未发觉之前,早已蔓延到整个菌床。从侵染至蘑菇发病约需 14 d,病菌菌丝具有很强的穿透力,能侵入子实体的髓部,使幼菇成畸形而僵化,柄部异常膨大而呈节块状,菌盖发育极弱,且开裂成许多碎片。后期感染此病,使菌柄加粗变褐。外层组织剥裂。无论是大菇小菇,一旦染至此病,菇体表面出现许多不规则的针头状褐色斑点,以后斑点逐渐扩大并产生凹陷,凹陷部分呈灰白色,里面充满轮枝霉的分生孢子。褐斑病的菇体不腐烂,

不分泌汁液,无特殊臭味,最后干枯死亡。

(2)原因

栽培场地卫生环境差,通风换气不良,空气湿度大,一次喷水量过多,均能引起褐斑病。

(3)防治

搞好栽培场地的环境卫生,加强通风换气。降低空气相对湿度,一切用具用4%甲醛消毒。覆土的含水量要适宜,喷水量不得过多,喷水后要加强通风,保持菌盖表面干燥。发病后应及时清除病菇,在病区周围覆土层喷洒2%甲醛、0.3%波尔多液、0.2%多菌灵、苯菌灵或代森锌。

3)软腐病

(1)症状

软腐病是由树枝状轮枝孢霉菌引起的。该菌主要侵染蘑菇,其孢子在菇体或覆土表面长成菌落,并在短期内形成大量孢子,这些孢子主要借气流和溅起的水滴传播,孢子污染的覆土也会导致发病。发病时,覆土表面出现白色棉毛状菌丝,迅速蔓延扩大,后期菌丝变成红色或水红色,受感染的子实体逐渐变为褐色直至腐烂,但不发生畸形。

(2)发病原因

该病的发生与覆土层过湿、空气湿度过大有关。软腐病一般只小面积发生,很少大面积流行。

(3)防治

减少床面喷水,加强菇房通风,降低覆土和空气湿度。局部发生时,喷2%～5%的甲醛,5%石炭酸,0.2%多菌灵或托布津等,也可用石灰粉或漂白粉覆盖患病部位,或除去病区的覆土,换用消毒处理的新土。

4)猝倒病

(1)发生特点

猝倒病也称立枯病,由尖镰孢霉和菜豆镰孢霉所引起。此菌广泛分布在土壤中,主要借土壤传播,此外,病菇残体也是重要的传播媒介。病菌主要危害蘑菇菌柄,侵染后使菌柄髓部枯萎并变为褐色。病菇早期在外形上难以与正常菇区别开,只是菌盖部分色泽逐渐变暗,由于菌柄受损,影响了养分的输送,导致菌盖小,子实体不再长大,最后使病菇僵硬或猝倒。

(2)原因

当土层过厚,导致料面与土层透气性差,菇房通风不良时可促进发病。

(3)防治

用5%甲醛处理覆土材料,是防止发生此病的根本措施,加强菇房通风。覆土不可太厚,改善床面通气状况会有预防作用。发病时喷洒500倍多菌是或托布津,及时将清除的病菇深埋或烧毁;也可喷1.5%甲醛,或者将小份硫酸铵和1份硫酸铜混合,取其混合液56 g,加水18 kg喷洒。

5）细菌性斑点病

（1）发生特点

细菌性斑点病是由托氏假单孢杆菌所致。此菌广泛存在于自然界,通过土壤、水和空气传播,病菇碎片也是传染的媒介。在适宜条件下,感染后几小时就能使子实体产生病斑。该病仅限于菌盖上,先出现 1~2 个色斑,然后形成凹陷有黏液的黑褐色斑点,当凹陷斑点干燥后,菌盖有时开裂,形成不对称的畸形子实体。该病对产量影响不大,但因菌盖变色而影响其经济价值。

（2）原因

在高湿、通风不良环境中感染更为严重,尤其在喷水过多,菌盖积水处最易发病。

（3）防治

加强通风,控制喷水量,勿使菌盖表面积水和培养料、空气湿度过湿;料面薄撒一层石灰粉或喷 5% 石灰水,可有防病效果;局部发病时,喷洒 2% 甲醛、波尔多液或 600 倍漂白粉。

6）细菌性软腐病

（1）发生特点

细菌性软腐病又称细菌性腐烂病。由荧光假单胞杆菌引起,主要危害双孢蘑菇、凤尾菇。该病菌侵染后,发病部位多从菌盖开始,有时也先感染菌柄。发病初期,在菌盖上可出现淡黄色水渍状斑点,然后迅速扩展,当病斑遍及整个菌盖或延至菌柄后,使整个子实体变为褐色,最后引起子实体软腐,有黏性,并散发出恶臭气味,湿度大时菌盖上可见乳白色菌脓。

（2）原因

菇房及周围环境卫生差,温度高、湿度大有利于此病发生。

（3）防治

搞好菇房及周围环境卫生,控制好菇房的温度和湿度,空气相对湿度不宜超过95%;注意通风,并及时防治菇蝇、螨类。要及时清除病菇,停止喷水 1 d 后,再喷洒 0.2% 的漂白粉溶液;也可喷洒 800 倍的 50% 多菌灵或 50% 代森锌,还可喷洒每毫升含 100~200 IU 的链霉素或喷洒4%甲醛溶液。

7）病毒性病害

病毒病很多,可危害蘑菇、香菇、平菇、草菇、银耳等。各种病毒能单独发生,也可混合侵染。病毒主要寄生在担孢子、菌丝细胞和子实体的活细胞内,通过带病毒的孢子或菌丝的联结而传播。

因病毒的种类不同,病症的表现也很复杂。蘑菇菌丝感染病毒后,生长速度减慢,细胞短而膨胀,没有粗大的菌索;覆土后生长衰弱,逐渐腐烂,丧失形成子实体的能力,形成无菇病区,有时出现一些褐色小菇,但提前开伞。子实体受染后,菌柄拉长,盖小且歪斜;菌柄和菌盖上产生褐色斑块;菌褶变硬,呈革质状;在菌盖和菌柄上有水湿状黏液,数日内完全腐败。

平菇感染病毒后,菌柄肿大呈球形,不形成菌盖,只在肿胀的球体顶部留蓝灰色菌盖痕迹,无菌褶,无孢子形成,菇体僵缩而小,菌盖有明显水渍状条纹。

病毒病的防治措施一般是:选育抗病毒品种;一旦发现病菇,在子实体形成前予以淘汰,不让其孢子传播和扩散;所有用具均用煮沸法或甲醛消毒。

4.2.2　子实体阶段的生理性病害

1)畸形菇

在蘑菇、平菇、香菇等食用菌栽培过程中,常常出现形状不规则的子实体,或者形成未分化的组织块。如栽培平菇时,常常出现由无数原基堆集成花菜状的子实体,直径由几厘米到 20 cm 以上,菌柄不分化或极少分化,无菌盖。原基发生后的畸形菇,则是由异常分化的菌柄组成珊瑚状子实体,菌盖无或者极小。蘑菇、香菇常出现菌柄肥大,盖小肉薄,或者无菌褶的高脚菇等畸形菇。

造成食用菌畸形菇的原因很多,主要是 CO_2 浓度过大,供氧不足;或覆土颗粒过大,出菇部位过低;或光照不足;或温度偏高;或用药不当而引起药害等。根据具体情况采取相应的补救措施。

2)玫冠病

玫冠病主要出现在蘑菇上。病菇菌盖边缘上翻,在菌盖上表面形成菌褶;有时则在菌盖上形成菌管、菌褶分辨不清的瘤状物。玫冠病往往在最早的几潮菇发生较多。

玫冠病主要是化学药品污染所致,如矿物油、杂酚油、酚类化合物,或杀菌剂农药使用过量等产生。

3)薄皮早开伞

在蘑菇出菇旺季,由于出菇过密,菇房温度偏高(18 ℃以上),菇房内 CO_2 浓度过高,空气相对湿度不够,床面土层偏干,子实体生长快等,都会形成薄皮早开伞。

4)萎缩、死菇

出菇期间没有病虫害危害,幼小菇蕾及子实体发黄萎缩,停止生长并死亡。

造成菇蕾萎缩、子实体死亡的原因主要是菇床温度突然升高,菌丝与子实体生长平衡被破坏,菇蕾生长所需营养供应不上而导致死亡;出菇过密,营养供应不上,导致部分小菇蕾死亡;平菇菇蕾形成时,直接往蕾上喷水,导致菇蕾吸水过多而胀死;培养料过于干燥,形成生理性缺水,加之通风不良,氧气不足,CO_2 浓度过高,空气相对湿度过低,没有及时补充水分,使大批小菌蕾呼吸代谢受阻,造成闷死;农药使用不慎,用药过量而产生药害。

思考练习题)))

1.子实体阶段侵染性病害有哪些? 如何防治?

2.子实体阶段生理性病害有哪些? 如何防治?

任务4.3　食用菌虫害的识别及防治

项目4　食用菌病虫害识别及防治	姓名：	第　　组
任务4.3　食用菌虫害的识别及防治	班级：	

工作任务描述：

掌握食用菌常见虫害的特征，并能正确防治。

任务资讯：

1.食用菌常见虫害种类。

2.食用菌常见虫害特征。

3.食用菌虫害防治方法。

具体任务内容：

1.根据任务资讯获取学习资料，并获得相关知识。

2.食用菌常见虫害种类及特征。

3.食用菌虫害防治方法。

4.根据学习资料制订工作计划，完成工作任务。

考核方式及手段：

1.考核方式：

教师对小组的评价、教师对个人的评价、学生自评相结合，将过程考核与结果考核相结合。

2.考核手段：

笔试、口试、技能鉴定等方式。

食用菌生长发育过程常受到许多害虫危害，主要有菇蚊、瘿蚊、菇蝇、螨类、线虫等。菇蚊、瘿蚊、菇蝇均以幼虫危害食用菌的菌丝体，螨类和线虫也直接取食菌丝。害虫危害造成减产和影响菇体外观，致使食用菌降低甚至失去商品价值。

4.3.1　尖眼菇蚊类

尖眼菇蚊别名菇蚊、菌蚊、菇蛆。

1) 形态

尖眼菇蚊的成虫体长 2 ~ 3 mm,褐色或灰褐色,翅膜质,后翅退化为平衡棒,复眼发达,顶部尖,在头顶延伸并左右相接。幼虫细长,白色,头黑亮,无足,老熟幼虫长 5 mm。

2) 危害

成虫产卵在料面上,孵化出幼虫取食培养料,使培养料成黏湿状,不适合食用菌的生长。

幼虫咬食菌丝,造成菌丝萎缩,菇蕾枯萎。幼虫蛀食子实体的菌柄和菌盖,钻孔后发生腐烂,耳片被咬食后,腐烂消融。菇蚊为害双孢菇、平菇、金针菇、香菇、木耳、银耳等食用菌。

3) 防治方法

①经常保持菇房内外的清洁卫生,随时清除残菇废料。

②菇房的通风口及门窗要安装防虫飞入的纱窗。

③培养料按要求严格处理,用生石灰水浸泡或热力灭菌。

④菇房在进料前要进行熏蒸,硫黄 15 ~ 20 g/m³,时间为 24 ~ 48 h,或甲醛 15 ~ 20 mL/m³,时间为 24 ~ 48 h。

⑤黑光灯诱杀,在灯下放一个盛有洗衣粉溶液的水盆,引诱成虫投入水盆内。

⑥药物防治。发现虫害,及时采用药物防治,可用 2.5% 溴氰菊酯乳剂 2 000 ~ 3 000 倍稀释液喷雾或 50% 辛硫磷 1 000 倍稀释液喷雾。注意采菇前 7 ~ 10 d 禁止用药。也可用 5% 氯氰菊酯 500 ~ 800 倍稀释液喷雾杀虫。

4.3.2 瘿蚊类

瘿蚊别名菇蝇。

1) 形态

成虫体长 1.07 ~ 1.1 mm,翅展 1.8 ~ 2.3 mm,小蝇状,淡褐、淡黄或橘红色。幼虫蛆形,体长 2.9 mm 左右,头尖,无足,常为橘黄、淡黄或白色。

2) 危害

尖眼菇蚊既取食菌丝和培养料,也咬食子实体,使菌丝衰退,子实体残留伤痕和斑块,品质下降。

3) 防治方法

同尖眼菇蚊类。

4.3.3 蚤蝇类

蚤蝇别名,粪蝇、菇蝇。

1) 形态

成虫体小,淡褐色至黑色,翅较短尖圆。幼虫蛆形,白色无足,体长约 4 mm,无明显头部。

2）危害

蚤蝇主要为害双孢菇、平菇、银耳、黑木耳等食用菌。幼虫常在菇蕾附近取食菌丝,引起菌丝衰退而菇蕾萎缩,幼虫钻蛀子实体,导致枯萎、腐烂。

3）防治方法

同尖眼菇蚊类。

4.3.4 螨类

螨类属于节肢动物门,蛛形纲,蜱螨目,是食用菌害虫的主要类群之一,统称菌螨,又叫菌虱、菌蜘蛛。螨类繁殖力极强,一旦侵入,危害极大。危害食用菌的螨类很多,其中以蒲螨类和粉螨类的危害最为普遍和严重。

1）形态

（1）蒲螨

体小,长圆至椭圆,体壁毛短,咖啡色,行动缓慢,多在料面或土粒聚集成团,似一层土黄色的粉。

（2）粉螨

比蒲螨大,圆形,白色发亮,体壁有若干长毛。单独行动。

2）危害

螨类主要以若螨或成螨为害菌丝,将菌丝咬断,致使菌丝枯萎衰退,严重时可将菌丝吃光。菌丝消失后,培养料变黑腐烂。螨类将子实体蛀食成空洞,菇体色泽转为褐色或失去光泽,有的被害组织部位出现褐色病斑。危害菌种时稍不注意,会造成更大的灾害。

3）防治方法

①以防为主。首先搞好环境卫生,杜绝螨类栖息和繁殖。菌种场或栽培场周围严禁饲养家禽。麸皮、米糠等原辅材料存放场所尽可能通风干燥,并且远离菌种场。

②培养室、菇房在每次使用前都要进行消毒杀虫处理。

③培养料进行杀虫处理。用3%～5%生石灰水浸泡,高温堆积发酵,常压或高压蒸汽灭菌,以达到杀死螨虫的目的。

④发菌期间出现螨虫,可喷洒锐劲特、菇净、爱诺虫清等;出菇期间如有螨虫,可用毒饵诱杀。

⑤严防菌种带螨。

4.3.5 线虫

1）形态

目前报道的食用菌线虫,有寄生线虫和腐生线虫两大类。主要是滑刃线虫、双垫刃线

虫和小杆线虫。线虫极细小,在显微镜下才能观察到。

2)危害

所有食用菌均能被危害,受侵害的症状是子实体腐烂,发出特殊的腥臭味。危害平菇类时,造成平菇大幅度减产。现蕾期受害,菇盖中央先变黄,渐及整个菇蕾。幼蕾期受害,菇体畸形,柄长,盖小,整个菇体呈软腐。子实体受害时,从菌柄到菌盖颜色由浅变深,软腐呈水渍状,黄褐色,最后枯萎。

3)防治

线虫无处不有,在干燥基质上呈"休眠"状态,耐旱力长达 3 年。不清洁的水是线虫的主要来源。但线虫不耐热,40 ℃以上即死亡。进行正确的前、后发酵能有效地减少线虫的虫口数,并使躲藏在培养料缝隙间的幼虫致死。目前,草菇、侧耳类栽培时往往也将培养料进行预先建堆发酵,以减少堆内虫口数目。此外,建堆时随意在泥地上进行,易受土壤中线虫的侵害,故以在水泥地上建堆为宜。

用水要清洁,培养料发生线虫后,应将周围的培养料挖掉,然后病区停水,使其干燥,可用1%的醋酸或25%的米醋喷洒或用1.8%的集琦虫螨克乳油5 mL/m³,严重时用7.5 mL/m³,或高效低毒、无残留新型熏蒸杀线虫剂线克 150 ~ 200 倍液。

4.3.6　蛞蝓

1)形态

体裸露,无外壳,成虫体颜色因种类不同而异,有灰色、淡黄色、黄褐色、橙色等。头前端有两对触角,能伸缩。

2)危害

蛞蝓晚间外出活动取食,直接咬食子实体,造成不规则的缺刻,严重影响食用菌的品质,在过于潮湿的菇房、菇场活动,为害尤为猖獗。

3)防治方法

①保持场地清洁卫生,清除杂草及枯枝落叶,并洒一层生石灰粉。

②人工捕杀。

③毒饵诱杀。用多聚乙醛 300 g、砂糖 300 g、敌百虫 50 g、豆饼粉 400 g,加适量的水拌成颗粒状毒饵,施放在蛞蝓潜伏及活动的场所进行诱杀。

④发现为害后,可在夜间喷洒 5%甲醛皂液或稀释 100 倍的氨水。

思考练习题)))

草腐菌和木腐菌栽培种主要的虫害有哪些? 如何进行防治?

实训指导8　主要病虫害识别

一、目的要求

在病虫害危害症状宏观观察的基础上,通过微观镜检观察,进一步确认主要病虫的种类,并在此基础上能设计正确的防治方法。

二、实验准备

(一)材料用品

被侵染的培养料和子实体、主要食用菌病害、害虫标本、各种细菌的标本片、各种污染霉菌的标本片、培养料、吸水纸、火柴、无菌水、革兰氏染色液、香柏油等。

(二)仪器用具

放大镜、显微镜、解剖镜、接种针、尖头镊、载玻片、盖玻片、吸水纸、酒精灯、火柴、无菌水、染色剂等。

三、实验内容

(一)竞争性真菌侵染症状的识别

(二)真菌病害的识别

(三)主要虫害的识别

四、方法步骤

(一)竞争性真菌侵染症状的识别

1.细菌污染

(1)外观。用肉眼观察细菌污染菌种、菌袋、菌床培养料的外观特征。

(2)镜检。取一载玻片,中央滴一滴无菌水,用接种针从培养的细菌菌落上取少量黏液,在无菌水中混合均匀,载玻片快速通过火焰固定,然后用染色剂染色1 min,置于显微镜下,通过油镜头观察细菌形态特征。观察各种细菌的标本片。

2.真菌污染

(1)外观。用肉眼和放大镜观察根霉、毛霉、青霉、木霉、曲霉、链孢霉等竞争性杂菌的危害症状。

(2)镜检。载玻片中央滴半滴无菌水或染色剂,无菌尖头镊取少许污染材料置于水或染液中,无菌接种针轻轻拨散,放盖片。低倍镜找理想目标,高倍镜下观察各霉菌的形态特征。

(二)病害的识别

1.细菌病害识别

(1)外观。用肉眼和放大镜观察蘑菇细菌性褐斑病、平菇细菌性软腐病、金针菇锈斑病等子实体的危害症状。

(2)镜检。取一载玻片,中央滴一滴无菌水,无菌尖头镊取少许病部组织置于水或染液中,无菌接种针轻轻拨散,然后用染色剂染色 1 min,放盖片,置于显微镜下,通过油镜头观察细菌形态特征。

2. 真菌病害识别

(1)外观。用肉眼和放大镜观察褐腐、褐斑、软腐病的危害症状。

(2)镜检。载玻片中央滴半滴无菌水或染色剂,无菌尖头镊取少许病部组织置于水或染液中,无菌接种针轻轻拨散,放盖片。低倍镜找理想目标,高倍镜下观察各霉菌的形态特征。

(三)主要虫害的识别

1. 外观

用肉眼和放大镜观察菇蚊、菇蝇、螨虫、线虫等害虫的危害症状。

2. 镜检

(1)虫卵的观察:载玻片中央滴半滴无菌水或染色剂,无菌尖头镊取少许被害材料置于水或染液中,无菌接种针轻轻拨散,放盖玻片。低倍镜找理想目标,高倍镜下观察各虫卵的形态特征。

(2)虫体观察:将菇蚊、菇蝇、螨虫、线虫等虫体置于解剖镜下观察。

五、作业

(1)比较出根霉、毛霉、青霉、木霉、曲霉、链孢霉等竞争性真菌在危害症状及个体形态方面的不同点。

(2)比较褐腐、褐斑、软腐等真菌病的危害症状及个体形态的不同点。

(3)菇蚊、菇蝇的成虫、幼虫及卵的形态特征有哪些异同点?

六、考核办法与标准

(一)考核内容

1. 辨认发菌期间的病虫害。

2. 辨认子实体生长期间病虫害。

(二)考核标准

序号	考核项目	评价标准	分值	备 注
1	学习态度	遵守纪律和时间,不迟到,不早退,工作态度积极、发言积极、团队意识强,团队协作	10	以个人考核为主
2	技能操作	能识别发菌期间病害,并熟练制作标本片子,进行镜检;能识别子实体病害,并熟练制作标本片子,进行镜检;能识别虫害特征,并提出正确的防治方法	70	
3	提问	根据现场情况提问,回答问题熟练、正确并给出相应成绩	10	
4	完成任务的质量及速度	按时按标准完成任务	10	

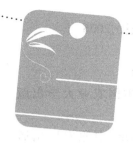

参考文献

[1] 黄年来,林志彬,陈国良,等.中国食药用菌学[M].上海:上海科学技术文献出版社,2010.

[2] 黄毅.食用菌栽培[M].北京:高等教育出版社,2008.

[3] 吕作舟.食用菌栽培学[M].北京:高等教育出版社,2005.

[4] 贺新生,王茂辉,王茂如.最新10种蕈菌栽培新技术[M].上海:上海科学技术文献出版社,2005.

[5] 常明昌.食用菌栽培[M].北京:中国农业出版社,2010.

[6] 刘振祥,张胜.食用菌栽培技术[M].北京:化学工业出版社,2011.

[7] 胡清秀.珍稀食用菌栽培实用技术[M].北京:中国农业出版社,2011.

[8] 盘崇环.食用菌优质高效栽培技术指南[M].北京:中国农业出版社,2000.

[9] 张金霞.食用菌安全优质生产技术[M].北京:中国农业出版社,2004.

[10] 张金霞,谢宝贵.食用菌菌种生产规范技术[M].北京:中国农业出版社,2008.

[11] 丁湖广,彭彪.名贵珍稀菇菌生产技术问答[M].北京:金盾出版社,2011.

[12] 催颂英.食用菌生产与加工[M].北京:中国农业大学出版社,2007.

[13] 常明昌.食用菌栽培[M].北京:中国农业出版社,2009.

[14] 周学政.精选食用菌栽培新技术250问[M].北京:中国农业出版社,2007.

[15] 卯晓岚.中国大型真菌[M].郑州:河南科学技术出版社,2000.

[16] 兰进,徐锦堂,贺秀霞.药用真菌栽培实用技术[M].北京:中国农业出版社,2001.

[17] 李晓.黑木耳标准化生产技术[M].北京:金盾出版社,2007.

[18] 陈艳秋.优质黑木耳生产技术百问百答[M].北京:中国农业出版社,2005.

[19] 何建芬,王伟平,曹隆枢.黑木耳优质高产栽培技术[M].北京:中国农业出版社,2009.

[20] 陈启武,刘健,陈莎,等.鸡腿菇、姬松茸、大球盖菇生产全书[M].北京:中国农业出版社,2009.

[21] 李素春,刘新周.鸡腿菇高效栽培技术[M].广州:广东科技出版社,2001.

[22] 郭恒,吴浩洁,和士盈,等.鸡腿菇高效栽培技术[M].郑州:河南科学技术出版社,2002.

[23] 吕作舟,李荣春,谢宝贵,等.双孢菇、巴西蘑菇、草菇、鸡腿菇生产百问百答[M].北京:中国农业出版社,2009.

[24] 张松.食用菌学[M].广州:华南理工大学出版社,2000.

[25] 陈士瑜.食用菌生产大全[M].北京:中国农业出版社,1988.

［26］潘崇环,孙萍.新编食用菌栽培技术图解［M］.北京:中国农业出版社,2006.

［27］李育岳.食用菌栽培手册［M］.北京:金盾出版社,2001.

［28］何培新,等.名特新食用菌30种［M］.北京:中国农业出版社,2000.

［29］薛金国,尤杨,黄广远.园林植物病害诊断与防治［M］.北京:中国农业大学出版社,2009.

［30］薛金国,张付根,闫惠吾.植物病害防治原理与实践［M］.郑州:中原农民出版社,2007.

［31］李振卿,陈建业,李红伟.彩叶树种栽培与应用［M］.北京:中国农业大学出版社,2011.

［32］陈俏彪.食用菌栽培技术［M］.北京:中国农业出版社,2012.

［33］王贺祥.食用菌栽培学［M］.北京:中国农业大学出版社,2008.

［34］杜敏华.食用菌栽培学［M］.北京:化学工业出版社,2007.

［35］《食药用菌》编辑部.食药用菌,2012-2014(2).

［36］《食用菌》杂志编辑部.食用菌,2012-2014(2).

［37］刘波,等.食用菌病害及其防治［M］.太原:山西科学教育出版社,1991.

［38］陈有来,等.袋栽杏鲍菇生产过程中存在的问题及对策［J］.浙江食用菌,2008,16(2):32-33.

［39］李汉昌,等.白色双孢蘑菇栽培技术［M］.北京:金盾出版社,2010.

［40］康源春,等.平菇精准高效栽培技术［M］.北京:金盾出版社,2013.

［41］宫志远,等.图说平菇栽培关键技术［M］.北京:中国农业出版社,2011.

［42］杜适普,等.草菇-双孢蘑菇"一料两菇"高效栽培技术［M］.北京:金盾出版社,2013.

［43］http://www.zgny.com.cn/ifm/tech/2006-6-1/43849.shtml.

［44］http://baike.baidu.com/view/598235.htm.

［45］郭成金.草菇标准化高效栽培技术［M］.北京:化学工业出版社,2011.

［46］邓优锦,等.图说草菇栽培关键技术［M］.北京:中国农业出版社,2011.